YIDONG TONGXIN

移动通信

◎主　编　董国芳　邢传玺
副主编　董　博　杨　曼　王　霞

U0334016

东北大学出版社
·沈　阳·

ⓒ 董国芳 邢传玺 2019

图书在版编目（CIP）数据

移动通信 / 董国芳，邢传玺主编 . — 沈阳 : 东北
大学出版社，2019.10
　ISBN 978-7-5517-2209-4

　Ⅰ . ①移… Ⅱ . ①董… ②邢… Ⅲ . ①移动通信
Ⅳ . ① TN929.5

中国版本图书馆 CIP 数据核字 (2019) 第 234269 号

出 版 者：东北大学出版社
　　　　　地址：沈阳市和平区文化路三号巷 11 号
　　　　　邮编：110819
　　　　　电话：024-83683655（总编室） 83687331（营销部）
　　　　　传真：024-83687332（总编室） 83680180（营销部）
　　　　　网址：http: // www.neupress.com
　　　　　E-mail：neuph@ neupress.com
印 刷 者：定州启航印刷有限公司
发 行 者：东北大学出版社
幅面尺寸：185mm × 260mm
印 　 张：15.75
字 　 数：354 千字
出版时间：2019 年 10 月第 1 版
印刷时间：2020 年 5 月第 1 次印刷
责任编辑：孙 锋
责任校对：叶 子
封面设计：河北优盛文化传播有限公司
责任出版：唐敏志

ISBN 978-7-5517-2209-4　　　　　　　　　　　定 价：69.00 元

前　言

移动通信是当前发展快、应用广和居于前沿的通信领域之一。自20世纪70年代末以来，经过40多年的发展，现代移动通信技术经历了由第一代移动通信系统（1G）向第四代移动通信系统（4G）的转变，分别以模拟蜂窝通信、数字蜂窝通信、数据通信业务和全IP网络结构的四代移动通信系统，伴随着各项通信技术的进步和信息工程的发展，目前，2G、3G和4G商用移动通信网络处于共存阶段，为各类用户服务，以满足不同业务需求。与此同时，作为面向2020年以后移动通信需求而发展的新一代移动通信系统，其研发工作已在全球范围内展开。

编写本书的目的是为了给通信工程专业的学生和从业人员提供一本合适的图书，方便其学习移动通信原理，并全面了解各类移动通信系统；同时，也给相近专业的人员提供一个了解移动通信的窗口。本书在编写过程中，力求做到内容充实、语言通俗易懂、结构条理清晰、图文并茂。

全书共分8章。其中，第1章对移动通信系统进行了总体概述；第2～4章介绍了移动通信的基本技术；第4～7章对移动通信系统进行了详细阐述；第8章讨论了移动通信与网络通信的关系及融合方法。需要说明的是，为了方便读者连贯阅读，书中有缩略书写方式的专业术语在正文中只给出了缩略语和中文解释。

此书与读者见面后，我们将虚心接受各位的批评与指证，并愿意和读者就移动通信的有关技术问题展开探讨。

著者

2019 年 7 月

目　录

第1章　移动通信概述

1.1　移动通信发展过程及趋势

移动通信是指通信双方至少有一方在移动中（或者临时停留在某一非预定的位置上）进行信息传输和交换，这包括移动体和移动体之间的通信以及移动体和固定点之间的通信，车辆、船舶、飞机、行人等都可以是移动通信终端的载体。移动通信系统即为采用移动通信技术和设备组成的通信系统。严格说来，移动通信属于无线通信的范畴，无线通信与移动通信虽然都是靠无线电波进行通信的，却是两个概念。无线通信包含移动通信，但无线通信侧重于无线性，移动通信侧重于移动性。

1.1.1　移动通信的出现

世界电信在近 40 年的发展过程中，发生了巨大的变化，移动通信特别是蜂窝组网技术的迅速发展，使用户彻底摆脱终端设备的束缚，实现了完整的个人移动性，也提供了可靠的传输手段和接续方式。进入 21 世纪，移动通信已逐渐演变成社会发展和进步必不可少的工具。

人类历史上最早使用的通信手段如烽火台、击鼓、旗语等，都可在短时间内将负载消息的内容经由不同的方式传递到远处，要完成消息的远距离传递都需要经过中继站的层层传递。发展到现代，移动通信依旧需要。只是由于无线电波的传播速度，让人们几乎察觉不到有中继站的存在。可以说，人类的移动通信史就是伴随着电的发现而发展起来的。

1753 年 2 月 17 日，《苏格兰人》杂志上发表了一封署名 C.M. 的书信。在这封书信中，作者提出了用电流进行通信的大胆设想。虽然在当时这还不十分成熟，而且缺乏应用推广的经济环境，却使人们看到了电信时代的一缕曙光。1820 年，丹麦物理学家奥斯特（Hans Christian Oersted，1777—1851）发现，当金属导线中有电流通过时，放在它附近的磁针便会发生偏转。英国物理学家法拉第（Michael Faraday，1791—1867）明确提出"电能生磁"，并发现了导线在磁场中运动时会有电流产生的现象，即"电磁感应"现象。麦克斯韦（James Clerk Maxwell，1831—1879）进一步用数学公式表达了法拉第等人的研究成果，并把电磁感应理论推广到空间。1864 年，麦克斯韦发表了电磁场理论，成为人类历史上预言电磁波存在的第一人。

1887 年，亨利希·鲁道夫·赫兹（Heinrich Rudolf Hertz，1857—1894）通过实验得

出电磁能量可以越过空间进行传播的结论。这一发现轰动了全世界的科学界，并于 1887 年成为近代科学技术史的一座里程碑。为了纪念这位杰出的科学家，电磁波的单位便被命名为"赫兹"（Hz）。赫兹的发现具有划时代的意义，它不但证明了麦克斯韦理论的正确性，更重要的是推动了无线电的诞生，开辟了电子技术的新纪元，标志着从"有线电通信"向"无线电通信"的转折点，也是整个移动通信的发源点。应该说，从这时开始，人类进入了无线通信的新领域。

1897 年，意大利人伽利尔摩·马可尼在一个固定站和一艘拖船之间完成了一项无线电通信实验，由此揭开了移动通信辉煌发展的序幕。这一年被认为是人类移动通信元年。

移动通信的出现，为人们带来了无线电通信的更大自由和便捷。移动通信已经成为现代社会中不可或缺的通信手段，在各个领域都发挥着不可替代的作用。真正意义上的现代移动通信系统起源于 20 世纪 20 年代，距今已有近百年的历史。按照技术的创新和发展可将现代移动通信系统分为四个发展阶段。

第一阶段从 20 世纪 20 年代至 40 年代，为早期发展阶段。在此期间，初步进行了一些传播特性的测试，并且在短波几个频段上开发出专用移动通信系统，其代表是美国底特律市警察使用的车载无线电系统。该系统工作频率为 2MHz，到 40 年代提高到 30～40MHz。可以认为这个阶段是现代移动通信的起步阶段。特点是专用系统开发，工作频率较低，工作方式为单工或半双工。

第二阶段从 20 世纪 40 年代中期至 60 年代初期。在此期间，公用移动通信业务问世。1946 年，根据美国联邦通信委员会（FCC）的计划，贝尔系统在圣路易斯城建立了世界上第一个公用汽车电话网，被称为"城市系统"。当时使用 3 个频道，间隔为 120kHz，通信方式为单工。随后，联邦德国（1950 年）、法国（1956 年）、英国（1959 年）等国家相继研制了公用移动电话系统，美国贝尔实验室完成了人工交换系统的接续问题。这一阶段的特点是从专用移动网向公用移动网过渡，接续方式为人工，网络的容量较小。

第三阶段从 20 世纪 60 年代中期至 70 年代中期。在此期间，美国推出了改进型移动电话系统（IMTS），使用 150MHz 和 450MHz 频段，采用大区制、中小容量，实现了无线频道自动选择并能够自动接续到公用电话网，联邦德国也推出了具有相同技术水平的 B 网。可以说，这一阶段是移动通信系统改进与完善的阶段。其特点是采用大区制、中小容量，使用 450MHz 频段，实现了自动选频与自动接续。

第四阶段从 20 世纪 70 年代中后期至今。在此期间，随着蜂窝理论的应用，频率复用的概念得以实用化。蜂窝移动通信系统是基于带宽或干扰受限，它通过分割小区，有效地控制干扰，在相隔一定距离的基站，重复使用相同的频率，从而实现频率复用，大大提高了频谱的利用率，有效地提高了系统的容量。同时，随着微电子技术、计算机技术、通信网络技术以及通信调制编码技术的发展，移动通信在交换、信令网络体制和无线调制编码技术等方面有了长足的进步。这是移动通信蓬勃发展的时期。其特点是通信容量迅速增加，新业务不断出现，系统性能不断完善，技术的发展呈加快趋势。

1.1.2　蜂窝移动通信系统的发展

随着移动通信技术的发展及应用范围的扩大，移动通信的类型越来越多，目前主要有蜂窝移动通信系统、无绳电话系统、集群移动通信系统、卫星移动通信系统等。蜂窝移动通信系统又可以划分为几个发展阶段：如按照多址方式来分，则模拟频分多址（FDMA）系统是第一代移动通信系统（1G），使用电路交换的数字时分多址（TDMA）或码分多址（CDMA）系统是第二代移动通信系统（2G），使用分组/电路交换的 CDMA 系统是第三代移动通信系统（3G），将使用了不同的高级接入技术并采用全 IP（互联网协议）网络结构的系统称为第四代移动通信系统（4G）；如按照系统的典型技术来划分，则模拟系统是 1G，数字话音系统是 2G，数字话音/数据系统是超二代移动通信系统（B2G），宽带数字系统是 3G，而极高速数据速率系统是 4G。

20 世纪 70 年代中期至 80 年代中期是第一代蜂窝移动通信系统的发展阶段。1978 年年底，美国贝尔试验室成功研制出先进移动电话系统（AMPS），建成了蜂窝状移动通信网，大大提高了系统容量。1983 年，首次在芝加哥投入商用。同年 12 月，在华盛顿也开始启用。之后，服务区域在美国逐渐扩大，到 1985 年 3 月已扩展到了 7 个地区，约 10 万移动用户。其他工业化国家也相继开发出蜂窝式公用移动通信网，日本于 1979 年推出了 AMPS 版本——800MHz 汽车电话系统（HAMTS），并在东京、大阪、神户等地投入商用，成为全球首个商用蜂窝移动通信系统；联邦德国于 1984 年完成 C 网，频段为 450MHz；英国在 1985 年开发出全球接入通信系统（TACS），首先在伦敦投入使用，以后覆盖了全国，频段为 900MHz；法国开发出 450 系统；加拿大推出 450MHz 移动电话系统 MTS；瑞典等北欧四国于 1980 年开发出 NMT-450 移动通信网，并投入使用，频段为 450MHz。

20 世纪 80 年代中期至 20 世纪末，是 2G 这样的数字移动通信系统发展和成熟的时期。以 AMPS 和 TACS 为代表的 1G 是模拟系统，模拟蜂窝网虽然取得了很大成功，但也暴露了一些问题，例如频谱利用率低、移动设备复杂、资费较贵、业务种类受限制以及通话易被窃听等，最主要的问题是其容量已不能满足日益增长的移动用户需求。解决这些问题的方法是开发新一代数字蜂窝移动通信系统。数字无线传输的频谱利用率高，可大大提高系统容量。另外，数字网能提供语音、数据等多种业务服务，并与 ISDN 等兼容。实际上，早在 70 年代末期，当模拟蜂窝系统还处于开发阶段时，一些发达国家就着手数字蜂窝移动通信系统的研究。1983 年，欧洲开始开发 GSM（最初定名为移动通信特别小组，后改称为全球移动通信系统），GSM 是数字 TDMA 系统，1991 年在德国首次部署，它是世界上第一个数字蜂窝移动通信系统。1988 年，NA-TDMA（北美 TDMA）——有时也叫 DAMPS（数字 AMPS）在美国作为数字标准得到表决通过；1989 年，美国 Qualcomm 公司开始开发窄带 CDMA（N-CDMA）；1995 年美国电信产业协会（TIA）正式颁布了 N-CDMA 的标准，即 IS-95A。随着 IS-95A 的进一步发展，于 1998 年制定了新的标准 IS-95B。

自 2000 年左右开始，伴随着对第三代移动通信的大量论述以及 2.5G（B2G）产品 GPRS（通用无线分组业务）系统的过渡，3G 走上了通信舞台的前沿。其实早在 1985 年，国际电信联盟（ITU）就提出了第三代移动通信系统的概念，当时称为未来公众陆地移动通信系统（FPLMTSh）。1996 年 ITU 将其更名为国际移动通信 –2000（IMT-2000），其含义为该系统预期在 2000 年左右投入使用，工作于 2000MHz 频段，最高传输数据速率为 2000kb/s。在此期间，世界上许多著名电信制造商或国家和地区的标准化组织向 ITU 提交了十几种无线接口协议，通过协商和融合，1999 年，在芬兰赫尔辛基召开的 ITUTG8/1 第 18 次会议最终通过了 IMT-2000 无线接口技术规范建议（IMT.RSPC），基本确立了 IMT-2000 的 3 种主流标准，即欧洲和日本提出的 WCDMA、美国提出的 CDMA2000 和我国提出的 TD-SCDMA。在业务和性能方面，3G 系统比 2G 系统有了很大提高，不仅可以实现全球普及和全球无缝漫游，而且具有支持多媒体业务的能力，数据传输速率大大提高。在技术上，3G 系统采用 CDMA 技术和分组交换技术，而不是 2G 系统通常采用的 TDMA 技术和电路交换技术。

2005 年，ITU 给了 B3G（超三代移动通信系统）/4G 一个正式名称 IMT-Advanced。2009 年，在其 ITU–RWP5D 工作组第 6 次会议上收到了 6 项 4G 技术提案，并在 2010 年正式确定 LTE-Advanced 和 802.16m 作为 4G 国际标准候选技术，均包含时分双工（TDD）和频分双工（FDD）两种制式。4G 技术是各种技术的无缝链接，其关键技术包括正交频分复用（OFDM）技术、软件无线电、智能天线技术、多输入多输出（MIMO）技术和基于 IP 的核心网。2013 年 6 月韩国电信运营商 SK 在全球率先推出 LTE-A 网络，宣告 4G 商用网络正式进入移动通信市场。

现阶段，移动通信已在全球迅猛发展。2G、3G 和 4G 商用移动通信网络处于共存阶段，并将在相当一段时间内共存下去，为各类用户服务，以满足不同业务需求。与此同时，第五代移动通信系统（5G）作为面向 2020 年以后移动通信需求而发展的新一代移动通信系统，ITU 将其暂命名为 IMT-2020，其研发工作已在全球范围内展开。

1.1.3 移动通信的发展趋势

自 20 世纪 80 年代以来，移动通信成为现代通信网络中发展最快的通信方式，近年来更是呈加速发展的趋势。随着其应用领域的扩大和对性能要求的提高，移动通信在技术上和理论上向更高水平发展，通常，每 10 年将发展并更新一代移动通信系统。

从市场需求来看，移动互联网和物联网是下一代移动通信系统发展的两大主要驱动力，其中移动互联网颠覆了传统移动通信业务模式，而物联网则扩展了移动通信的服务范围。和现有的 4G 系统相比，5G 系统的性能将在 3 个方面提高 1000 倍：一是传输速度提高 1000 倍，平均传输速率将达到 100Mb/s ~ 1Gb/s；二是总的数据流量提高 1000 倍；三是频谱效率和能耗效率提高 1000 倍。总体来看，下一代移动通信技术发展将呈现出以下新特点：

① 5G 研究在推进技术变革的同时将更加注重用户体验，网络平均吞吐速率、传输

时延以及对虚拟现实、3D（三维）体验、交互式游戏等新兴移动业务的支撑能力等将成为衡量 5G 系统性能的关键指标。

②与传统的移动通信系统理念不同，5G 系统研究将不仅仅把点到点的物理层传输与信道编译码等经典技术作为核心目标，而是从更为广泛的多点、多用户、多天线、多小区协作组网作为突破的重点，力求在体系构架上寻求系统性能的大幅度提高。

③室内移动通信业务已占据应用的主导地位，5G 室内无线覆盖性能及业务支撑能力将作为系统优先设计目标，从而改变传统移动通信系统"以大范围覆盖为主、兼顾室内"的设计理念。

④高频段频谱资源将更多地应用于 5G 移动通信系统，但由于受到高频段无线电波穿透能力的限制，无线与有线的融合、光载无线组网等技术将被更为普遍地应用。

⑤可"软"配置的 5G 无线网络将成为未来的重要研究方向，运营商可根据业务流量的动态变化实时调整网络资源，有效地降低网络运营的成本和能源的消耗。

下一代移动通信系统的无线关键技术方向包括以下几点：

①新型信号处理技术，如更先进的干扰消除信号处理技术、新型多载波技术、增强调制分集等。

②超密集网络和协同无线通信技术，如小基站的优化、分布式天线的协作传输、分层网络的异构协同、蜂窝 /WLAN（无线局域网）/ 传感器等不同接入技术的协同通信等。

③新型多天线技术，如有源天线阵列、三维波束赋型、大规模天线等。

④新的频谱使用方式，如 TDD/FDD 的融合使用、实现频谱共享的认知无线电技术等。

⑤高频段的使用，如 6GHz 以上高频段通信技术等。

总体来说，未来移动通信系统将向新业务不断推出、接入技术多样化、网络高度融合的方向发展，而其主要技术突破点仍然是新频段、无线传输技术和蜂窝组网技术。

1.1.4　移动通信在中国的发展概况

回顾我国移动通信近 30 年的发展历程，我国移动通信市场的发展速度和规模令世人瞩目，可以说，中国的移动通信发展史是超常规、成倍数、跳跃式的发展史。早在 2001 年 8 月，中国的移动通信用户数已达到 1.2 亿，超过美国跃居世界第一位。截至 2014 年 1 月，中国移动通信用户总数已达到 12.35 亿，其中 3G 用户数超过 4 亿，4G 用户数超过 1400 万。总体来说，我国移动通信发展经历了引进、吸收、改造、创新 4 个阶段。现阶段，我国的移动通信技术水平已同步于世界先进水平，并有望在下一阶段占领移动通信技术制高点，引领移动通信的发展方向。

1987 年 11 月，从国外引进的第一个模拟蜂窝移动电话系统（TACS 体制）在广东省建成并投入商用。虽然最初只有 700 个用户，但从此开启了中国移动通信产业发展的序幕。20 世纪 90 年代初，当以数字技术为标志的 2G 在全球兴起时，我国虽然也对 2G 给予了足够的关注，但因为自身研究实力的问题，面对 2G 的发展，我国的技术发展还是以引进为主。在北美的 DAMPS、日本的 PDC 和欧洲的 GSM 之间，我国选择了 GSM。1992年，邮电部批准在嘉兴地区建立了 GSM 实验网，并在 1993 年进入了商业运营阶段。随后，市场的迅猛发展证实了 GSM 的许多技术优势，因此 1994 年成立的中国联通也选择了 GSM 技术建网。这样一来，GSM 系统成为目前我国最成熟和市场占有量最大的一种数字蜂窝系统。2000 年 2 月，中国联通以运营商的身份与美国 Qualcomm 公司签署了 CDMA 知识产权框架协议，为中国联通 CDMA 的建设扫清了道路，并于同年宣布启动窄带 CDMA 的建设。到 2002 年 10 月，全国 CDMA 用户数达到了 400 万。

随着 2G 网络和产品的成熟，我国移动通信采取边吸收边改造的发展思路。有大唐、中兴、华为等通信设备供应商的群体突破；在网络上，逐步建立了移动智能网，以 GPRS 和 CDMA2000lx 为代表的 2.5G 分别在 2002 年和 2003 年正式投入商用。为寻求创新，真正拥有自主知识产权，以改变移动通信技术的落后面貌，1998 年 6 月，中国信息产业部电信科技研究院成功向 ITU 提交了第三代移动通信国际标准 TD-SCDMA 建议，并在其后得到了采纳。自 2009 年 1 月，中国 3G 牌照正式发放以来，国内 3 家移动运营商斥资数千亿元进行了轰轰烈烈的 3G 网络建设、产业链建设和营销推广。随着 3G 网络的不断完善、智能终端的逐步普及和移动互联网应用的飞速发展，3G 概念日渐深入人心，我国 3G 进入规模化发展时期。2013 年底，工信部给运营商发放了 3 张 4G 牌照，标志着中国也进入了 4G 的商用化时代。

我国自 3G 时代以来，就紧跟移动通信的发展潮流，积极参与移动通信标准的制定，也取得了骄人的成绩，TD-SCDMA 和 TD-LTE-Advanced 先后成为 3G 和 4G 国际标准。目前，我国也启动了 5G 的需求、频谱、关键技术及预标准化筹研发工作。

1.2　移动通信典型系统介绍

在信息时代，信息在经济发展、社会进步乃至人民生活等各个方面都起着日益重要的作用。人们对于信息的充裕性、及时性和便捷性的要求也越来越高，能够随时随地、方便而及时地获取所需要的信息是人们一直都在追求的梦想。

现代移动通信技术是一门复杂的高新科学技术，不仅集中了无线通信和有线通信的最新技术成就，而且集中了电子技术、计算机技术和通信技术的许多成果。它不但可以传递语音信息，而且能像公用交换电话网那样具有数据终端功能，使用户能随时随地、快速而可靠地进行多种信息交换，因此是一种理想的通信形式。目前，移动通信早已从模拟移动通信阶段发展到了数字移动通信阶段，并且正朝着个人通信这一更高阶段发展。

移动通信的出现，为人们带来了无线电通信的更大自由和便捷。移动通信已经成为现代社会中不可或缺的通信手段，在各个领域都发挥着不可替代的作用。随着移动通信技术的发展及应用范围的扩大，移动通信的类型越来越多，目前主要有蜂窝移动通信系统、无绳电话系统、集群移动通信系统、卫星移动通信系统等。下面分别对它们加以简要介绍。

1.2.1　蜂窝移动通信系统

陆地蜂窝移动通信是当今移动通信发展的主流和热点，而蜂窝组网理论的提出和应用要追溯到 20 世纪 70 年代中期。随着民用移动通信用户数量的增加和业务范围的扩大，有限的频谱供给与可用频道数要求递增之间的矛盾日益尖锐。为了更有效地利用有限的频谱资源，美国贝尔实验室提出了在移动通信发展史上具有里程碑意义的小区制、蜂窝组网的理论，它为移动通信系统在全球的广泛应用开辟了道路。蜂窝移动通信系统结构如图 1-1 所示。蜂窝组网理论中的几个重要部分是移动通信发展的基础，具体如下。① 频率复用。有限的频率资源可以在一定的范围内被重复使用。② 小区分裂。当容量不够时，可以缩小蜂窝的范围，划分出更多的蜂窝，进一步提高频率的利用效率。③ 多信道共用和越区切换。多信道共用是为了保证大量用户共同使用仍能满足服务质量的信道利用技术，越区切换则为了保证通信的连续性。

1.2.1.1　第一代蜂窝移动通信系统

蜂窝移动通信的飞速发展是超乎寻常的，它是 20 世纪人类最伟大的科技成果之一。1946 年，美国电话电报公司（American Telephone & Telegraph，AT & T）作为先驱者第一个推出移动电话，为通信领域开辟了一个崭新的发展空间。然而，移动通信真正走向广泛的商用，为普通大众所使用，还应该从蜂窝移动通信的推出算起。20 世纪 70 年代，美国贝尔实验室提出了蜂窝小区和频率复用的概念，现代移动通信开始发展起来。1978 年，美国贝尔实验室开发了先进的高级移动电话系统（Advanced Mobile Phone Service，AMPS），这是第一种真正意义上可以随时随地通信的大容量的蜂窝移动通信系统。其他工业化国家也相继开发出蜂窝式公用移动通信网。

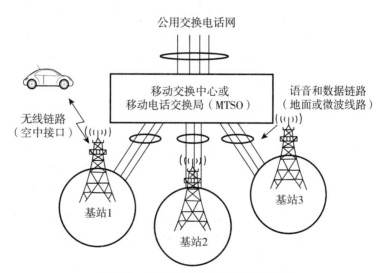

图 1-1　蜂窝移动通信系统结构示意图

日本于 1979 年推出 800MHz 汽车电话系统，在东京、大阪、神户等地投入商用。瑞典等北欧四国于 1980 年开发出北欧移动电话（Nordic Mobile Telephone，NMT）通信网，并投入使用，频段为 450MHz。联邦德国于 1984 年完成 C-450 网，频段为 450MHz。英国在 1985 年开发出全接入通信系统（Total Access Communication System，TACS），首先在伦敦投入使用，以后覆盖了全英国，频段为 900MHz。法国 1985 年开发出 Radiocom 2000 系统，工作在 450MHz 和 900MHz 频带。

这些系统都是双工的基于频分多址（Frequency Division Multiple Access，FDMA）的模拟制式系统，其传输的无线信号为模拟量，因此人们称此时的移动通信系统为模拟通信系统，也称为第一代蜂窝移动通信系统（1G）。第一代系统利用蜂窝组网技术以提高频率资源利用率，采用蜂窝网络结构，解决了容量密度低、活动范围受限的问题。

但是它也存在很多缺点：频谱利用率低；通信容量有限；通话质量一般，保密性差；制式太多，标准不统一，互不兼容；不能提供非话数据业务，不能提供自动漫游等。

随着移动通信市场的快速发展，人们对移动通信技术提出了更高的要求。由于模拟系统存在着上述缺陷，导致模拟系统无法满足人们的需求。因此，基于数字通信的移动通信系统，即所谓数字蜂窝移动通信系统在 20 世纪 90 年代初期应运而生，这就是第二代蜂窝移动通信系统（2G）。

1.2.1.2　第二代蜂窝移动通信系统

第二代系统是蜂窝数字移动通信系统，它具有数字传输的种种优点，并克服了模拟系统的很多缺陷，话音质量、保密性能获得很大提高，而且可以进行省内、省际自动漫游。因此，2G 系统一经推出就备受人们关注，得到了迅猛的发展，短短十几年就成为世界范围内最大的移动通信网，几乎完全取代了模拟移动通信系统。

第一个数字蜂窝标准 GSM（Global System for Mobile Communication）基于时分多址（Time Division Multiple Access，TDMA）方式，于 1992 年由欧洲提出。美国提出两个数字标准，分别为基于 TDMA 的 IS-54 和基于窄带直接序列码分多址（Direct Sequence-Code Division Multiple Access，DS-CDMA）的 IS-95。日本第一个数字蜂窝系统是个人数字蜂窝（Personal Digital Cellular，PDC）系统，于 1994 年投入运行。在这些数字移动通信系统中，应用最广泛、影响最大、最具代表性的是 GSM 系统和 IS-95 系统。这两大系统在目前世界第二代蜂窝数字移动通信市场中占据着主要份额。

GSM 系统的空中接口采用的是 TDMA 的接入方式，到目前为止 GSM 还是全世界最大的移动网，占移动通信市场的大部分份额。GSM 是为了改变欧洲第一代蜂窝系统四分五裂的状态而发展起来的。在 GSM 之前，欧洲各国在整个欧洲大陆上采用了不同的蜂窝标准。对用户来讲，他们就不能用一种制式的移动台在整个欧洲进行通信。另外，由于模拟网本身的弱点，它的容量也受到了限制。为此，欧洲邮电委员会的移动通信特别小组从 1985 年开始进行 GSM 系统标准的开发，1988 年完成技术标准的制定，1990 年开始投入商用，如今 GSM 移动通信系统已经遍及全世界。

IS-95 系统采用的是码分多址（Code Division Multiple Access，CDMA）的接入方式。CDMA 技术最先是由美国的高通（Qualcomm）公司提出的，1990 年 9 月，高通公司发布了 CDMA "公共空中接口"规范的第一个版本；1992 年 1 月 6 日，电信工业协会

（Telecommunications Industry Association，TIA）开始准备 CDMA 的标准化；1995 年正式的 CDMA 标准即 IS-95 登上了移动通信的舞台。CDMA 技术向人们展示的是它独特的无线接入技术：系统区分地址时在频率、时间和空间上是重叠的，它使用相互准正交的地址码来完成对用户的识别。从当前人们对无线接入方式的认识角度来讲，码分多址技术有其独特的优越性，因而得到迅速的发展。

但是随着人们对数据通信业务的需求日益提高，人们已不再满足以话音业务为主的移动通信网所提供的业务了。特别是 Internet 的发展大大推动了人们对数据业务的需求。从近年来的统计可以看出，固定数据通信网的用户需求和业务使用量一直呈增长趋势。因此必须开发研究适用于数据通信的移动通信系统。人们首先着手开发的是基于 2G 的数据系统，在不大量改变 2G 系统的条件下，适当增加一些模块和一些适合数据业务的协议，可使系统以较高的效率来完成数据业务的传送，这就是通常所说的 2.5G 系统。

目前的 GPRS/EDGE（General Packet Radio Service /Enhanced Data Rate for GSM Evolution）就是这样的系统，现在已在我国组网投入商用。另外，CDMA2000 1x 也属于这一范畴。

尽管 2.5G 系统可以方便地传输数据业务，但是其系统带宽有限，限制了数据业务的发展，也无法实现移动的多媒体业务，同时无法从根本上解决无线信道传输速率低的问题。而且由于各国标准不统一，第二代系统无法实现全球漫游。因此，2.5G 系统只是个过渡产品。在市场和技术的双重驱动下，推行第三代蜂窝移动通信系统势在必行。

1.2.1.3 第三代蜂窝移动通信系统

第三代蜂窝移动通信系统是第二代的演进和发展，而不是重新建设一个移动网。在 2G 的基础上，3G 增加了强大的多媒体功能，不仅能接收和发送话音、数据信息，而且能接收和发送静、动态图像及其他数据业务；同时 3G 克服了多径、时延扩展、多址干扰、远近效应、体制问题等技术难题，具有较高的频谱利用率，解决了全世界存在的系统容量问题；系统设备价低，业务服务高质、低价，满足个人通信化要求。

3G 的目标主要有以下几个方面：

① 全球漫游，以低成本的多模手机来实现。全球具有公用频段，用户不再局限于一个地区和一个网络，而能在整个系统和全球漫游，但不要求各系统在无线传输设备及网络内部技术完全一致，而是要求在网络接口、互通及业务能力方面的统一或协调；在设计上具有高度的通用性，拥有足够的系统容量和强大的多种用户管理能力，能提供全球漫游；是一个覆盖全球的、具有高度智能和个人服务特色的移动通信系统。

② 能提供高质量的多媒体业务，包括高质量的话音、可变速率的数据、高分辨率的图像等多种业务，实现多种信息一体化。

③ 适应多种环境，采用多层小区结构，即微微蜂窝、微蜂窝、宏蜂窝，将地面移动通信系统和卫星移动通信系统结合在一起，与不同网络互通，提供无缝漫游和业务一致性，网络终端具有多样性，并与第二代系统共存和互通，开放结构，易于引入新技术。

④ 具有足够的系统容量、强大的多种用户管理能力、高保密性能和服务质量。用户可用唯一的个人电信号码在任何终端上获取所需要的电信业务，这就超越了传统的终端

移动性，真正实现了个人移动性。

为实现上述目标，对无线传输技术提出了以下要求：

① 高速传输以支持多媒体业务。室内环境至少 2Mb/s。室外步行环境至少 384kb/s。室外车辆环境至少 144kb/s。

② 传输速率按需分配。

③ 上下行链路能适应不对称业务的需求。

④ 简单的小区结构和易于管理的信道结构。

⑤ 灵活的频率和无线资源的管理、系统配置和服务设施。

第三代移动通信标准通常指无线接口的无线传输技术标准。截至 1998 年 6 月 30 日，提交到国际电信联盟（International Telecommunications Union，ITU）的陆地第三代移动通信无线传输技术标准共有 10 种。ITU 在 2000 年 5 月召开的全球无线电大会（World Radio communication Conference，WRC）上正式批准了第三代移动通信系统（International Mobile Telecommunication-2000，IMT-2000）的无线接口技术规范建议，此规范建议了 5 种技术标准，如表 1-1 所示。

最终只有 3 种 CDMA 技术实际成为第三代移动通信系统的标准。这三种 CDMA 技术分别受到两个国际标准化组织 3GPP（3rd Generation Partnership Project）和 3GPP2（3rd Generation Partnership Project 2）的支持：3GPP 负责 DS-CDMA 和 CDMA-TDD 的标准化工作，分别称为 3GPP FDD（Frequency Division Duplex，频分双工）和 3GPPTDD（Time Division Duplex，时分双工）；3GPP2 负责 MC-CDMA（Multi Carrier-code Division Multiple Access），即 CDMA2000 的标准化工作。由此，形成了世界公认的第三代移动通信的 3 个国际标准及其商用的系统，即 WCDMA、CDMA2000 和 TD-SCDMA。在中国，这 3 个标准的系统分别由中国联通（WCDMA）、中国电信（CDMA2000）和中国移动（TD-SCDMA）建设和运行。

表1-1　IMT-2000无线接口的5种技术标准

多址接入技术	正式名称	习惯称呼
CDMA	IMT-2000 CDMA-DS	WCDMA
	IMT-2000 CDMA-MC	CDMA2000
	IMT-2000 CDMA-TDD	TD-SCDMA/UTRA-TDD
TDMA	IMT-2000 TDMA-SC	UWC-136
	IMT-2000 TDMA-MC	EP-DECT

但是，随着 3G 逐渐走向商用，以及信息社会对无线 Internet 业务需求的日益增长，

第三代移动通信系统 2Mb/s 的峰值传输速率已远远不能满足需求。因此，第三代移动通信系统正在采用各种速率增强技术，以期提高实际的传输速率。CDMA2000 1x 系统增强数据速率的下一个发展阶段称为 CDMA2000 1xEV，其中 EV 是 Evolution 的缩写，意指在 CDMA2000 1x 基础上的演进系统。新的系统不仅要和原有系统保持后向兼容，而且要能提供更大的容量、更佳的性能，满足高速分组数据业务和语音业务的需求。CDMA2000 1xEV 又分为两个阶段：CDMA2000 1xEV DO 和 CDMA2000 1xEV DV。WCDMA 和 TD-SCDMA 系统增强数据速率技术为 HSPA（High Speed Packet Access），HSPA+ 是在 HSPA 基础上的演进。3G 无线系统高速解决方案要求数据传输具有非对称性、激活时间短、峰值速率高等特点，能够更加有效地利用无线频谱资源，增加系统的数据吞吐量。

另外，于 2007 年加入 3G 标准的 WiMAX（Worldwide Interoperability for Microwave Access）技术的崛起打破了 WCDMA、CDMA2000 和 TD-SCDMA 三足鼎立的格局，使竞争进一步升级，并加快了技术演进的步伐。为了保证 3G 移动通信的持续竞争力，移动通信业界提出了新的市场需求，要求进一步加强 3G 技术，提供更强大的数据业务能力，向用户提供更优质的服务，同时具有与其他技术进行竞争的实力。因此，3GPP 和 3GPP2 分别启动了 3G 技术长期演进（Long Term Evolution，LTE）和空中接口演进（Air Interface Evolution，AIE）。

按照 ITU 的定义：IMT-2000 技术和 IMT-Advanced 技术拥有一个共同的前缀"IMT"，表示移动通信；当前的 WCDMA、CDMA2000、TD-SCDMA 及其增强型技术统称为 IMT-2000 技术；未来新的接口技术，叫作 IMT-Advanced 技术。ITU 在 2008 年初开始公开征集下一代通信技术 IMT-Advanced 标准，并开始对候选技术和系统做出评估，最终选定相关技术作为 4G 标准。

为满足移动宽带数据业务对传输速率和网络性能的要求，研究开发速率更高、性能更先进的新一代移动通信技术正成为世界各国和相关机构关注的重点。LTE 和移动 WiMAX 技术性能相对 3G 技术大幅提高，已经可以满足 B3G（Beyond 3G）系统高速移动场景的需求，在系统载波带宽扩展到 100MHz 时，应该可以满足游牧和固定场景需求。目前，WiMAX 和 LTE 正沿着无线宽带接入和宽带移动通信两条路线向 IMT-Advanced 演进。

1.2.1.4　第四代蜂窝移动通信系统

通信技术日新月异，给人们带来极大的便利，大约每 10 年就有一项技术更新。因此，对于移动通信服务业者、系统设备供货商和其他相关产业来说，必须随时注意移动通信技术的变化，以适应市场需求。随着数据通信与多媒体业务需求的发展，适应移动数据、移动计算及移动多媒体运作需要的第四代移动通信（4G）开始兴起。

4G 是 3G 的进一步演化，是在传统通信网络和技术的基础上不断提高无线通信的网络效率和功能。同时，它包含的不仅仅是一项技术，而是多种技术的融合。它不仅包括传统移动通信领域的技术，还包括宽带无线接入领域的新技术及广播电视领域的技术。因此，对于 4G 中使用的核心技术，业界并没有太大的分歧。总结起来，有正交频分复用

（Orthogonal Frequency Division Multiplexing，OFDM）技术、软件无线电技术、智能天线技术、多输入多输出（Multiple Input Multiple Output，MIMO）技术、基于 IP 的核心网等。

　　根据 ITU 网站公布的消息，ITU 在 2012 年 1 月 18 日举行的 WRC 全体会议上，正式审核通过了 4G 国际标准，WCDMA 的后续演进标准 FDD-LTE 以及我国主导的 TD-LTE 入选。WiMAX 的后续研究标准，即基于 IEEE 802.16m 的技术也获得通过。4G 国际标准的确定工作历时三年，从 2009 年初开始，ITU 在全世界范围内征集 IMT-Advanced 候选技术。截至 2009 年 10 月，ITU 共征集到了 6 项候选技术，这 6 项技术基本上可以分为两大类：一类是基于 3GPP 的 LTE 的技术，我国提交的 TD-LTE-Advanced 是其中的 TDD 部分；另外一类是基于 IEEE 802.16m 的技术。

　　从字面上看，LTE-Advanced 就是 LTE 技术的升级版，LTE-Advanced 的正式名称为 Further Advancements for E-UTRA，它满足 ITU-R 的 IMT-Advanced 技术征集的需求，是 3GPP 形成欧洲 IMT-Advanced 技术提案的一个重要来源。LTE-Advanced 是一个后向兼容的技术，完全兼容 LTE，是演进而不是革命，相当于 HSPA 和 WCDMA 这样的关系。LTE-Advanced 的相关特性：带宽 100MHz；峰值速率为下行 1Gb/s，上行 500Mb/s；峰值频谱效率为下行 30b/（s·Hz），上行 15b/（s·Hz）；针对室内环境进行优化；有效支持新频段和大带宽应用；峰值速率大幅提高，频谱效率改进有限。

　　严格地讲，LTE 作为 3.9G 移动互联网技术，那么 LTE-Advanced 作为 4G 标准更加确切一些。LTE-Advanced 的入围，包含 TDD 和 FDD 两种制式。其中，TD-SCDMA 将能够进化到 TDD 制式，而 WCDMA 将能够进化到 FDD 制式。802.16 系列标准在 IEEE 正式称为 Wireless MAN，而 Wireless MAN-Advanced 即为 ffiEE802.16m。802.16m 最高可以提供 1Gb/s 的无线传输速率，还将兼容未来的 4G 无线网络。802.16m 可在"漫游"模式或高效率 / 强信号模式下提供 1Gb/s 的下行速率。其优势如下：扩大网络覆盖，改建链路预算；提高频谱效率；提高数据和 VoIP 容量；低时延和 QoS 增强；节省功耗。

　　目前的 Wireless MAN-Advanced 有 5 种网络数据规格，其中极低速率为 16kb/s，低速率数据及低速多媒体为 144kb/s，中速多媒体为 2Mb/s，高速多媒体为 30Mb/s，超高速多媒体则达到了 30Mb/s ～ 1Gb/s。

　　在全球各大网络运营商都在筹划下一代网络的时候，北欧 Telia Sonera 于 2009 年底率先完成了 LTE 网络的建设，并宣布开始在瑞典首都斯德哥尔摩、挪威首都奥斯陆提供 LTE 服务，这也是全球正式商用的第一个 LTE 网络。而我国也已于 2011 年初在广州、上海、杭州、南京、深圳、厦门六城市进行了 TD-LTE 规模技术试验，并于 2011 年年底在北京启动了 TD-LTE 规模技术试验演示网建设。

1.2.2　无绳电话系统

　　无绳电话系统是市话系统的延伸，主要由无绳电话机（手机）、基站和网络管理中心组成，信号是用无线电波传输的，所以在无绳电话的话机和基站内都装有一台收发信机，其网络结构如图 1-2 所示。因为现在使用的电话机、手持机和座机间的连接缆绳长度是有限的，所以人们打电话只能在座机周围进行；而无绳电话采用无线信道来代替这根缆绳，则给用户带来了很大方便。来自无绳电话机的语音先经过无线通信到达基站，经变换后再进入市话系统，用户拿着无绳电话就可以在基站周围的一定距离内进行移动通信。由于无绳电话与基站的无线辐射功率都很小，因而无绳电话机可活动的范围不大。无绳电话系统采用的是微蜂窝或微微蜂窝的无线传输技术。

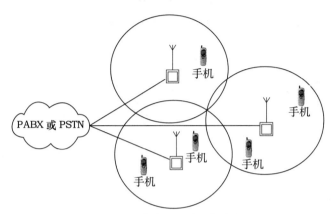

图 1-2　无绳电话系统网络结构图

可见，无绳电话是移动电话的又一种形式，无绳电话系统经历了从模拟到数字、从室内到室外、从专用到公用的发展历程，最终形成了以公用交换电话网（Public Switched Telephone Network，PSTN）为依托的多种网络结构。早期的无绳电话是单信道单移动终端，采用模拟调制。20 世纪 70 年代出现的无绳电话系统称为第一代模拟无绳电话系统（Cordless Telephone-1，CT-1），亦称子母机系统，仅供室内使用，用无线信道代替有线电话机中连接送、受话机的电缆，不受电缆限制，用户可以在座机周围 100 ~ 200m 范围内方便地使用手提机通话。由于采用模拟技术，通话质量不太理想，保密性也较差。

在蜂窝移动通信系统走向数字化的同时，无绳电话也在向数字化发展。20 世纪 90 年代中期出现的第二代数字无绳电话系统，具有容量大、覆盖面宽、支持数据通信业务、应用灵活、成本低廉等特点。其典型的代表有英国的 CT-2、泛欧数字无绳电话系统（Digital Enhanced Cordless Telecommunications，DECT）、日本的个人手持电话系统（Personal Handy-phone System，PHS）和美国的个人接入通信系统（Personal Access Communication System，PACS）等。这些系统均具有双向呼叫和越区切换的功能，适合于无线 PBX（Private Branch Exchange）和无线 LAN 场合。

表 1-2 给出了几种数字无绳电话系统的主要参数。在表 1-2 中，DECT 满足 ITU 对第三代移动通信系统的要求，也是唯一入选 IMT-2000 的数字无绳通信标准（称为 IMT-FT）。

表1-2   几种数字无绳电话系统的主要参数

主要参数	CT-2	CT-2+	DECT	PHS	PACS
国家或地区	欧洲	加拿大	欧洲	日本	美国
双工方式	TDD	TDD	TDD	TDD	FDD
频段 /MHz	864~868	944~948	1880~1900	1895~1918	1850~1910/1930~1990
载波数	40		10	77	16 对 /MHz
每载波承载信道数	1		12	4	8
信道速率 /kb·s⁻¹	72		1152	384	384
调制方式	GMSK		GMSK	TC/4-DQPSK	TC/4-DQPSK
语音编码速率 /kb·s⁻¹	32		32	32	32
平均手机发射功率 /mW	5		10	10	25
峰值手机发射功率 /mW	10		250	80	200
中帧长度 /ras	2		10	5	2.5

1.2.3　专用业务移动通信技术的演变

专用业务移动通信系统是在给定业务范围内，为部门、行业、集团服务的专用移动通信系统（简称专用移动通信系统），典型的如生产调度系统。集群移动通信系统是专用移动通信系统高层次发展的形式，它与公众移动通信系统的比较如表1-3所示。

表1-3   集群移动通信系统与公众移动通信系统的比较

比较项目	集群移动通信系统	蜂窝移动通信系统
用途	专用网	公用网
目标用户群	以团体为单位，团体中的个体用户往往在工作上具有一定的联系，并分为不同的优先等级	以个体用户为单位，通话对象具有随机性，系统内部用户之间是平等的，不区分优先级
业务特征	"一呼百应"的群组呼叫，通信作业一般以群组为单位，以调度台管理为特征	"一对一"的通信，个体用户之间是平等的，被叫用户有权拒绝主叫用户的呼叫请求
组网模式	需要根据用户的工作区域进行组网，而不是根据业务量的大小决定组网的先后顺序	通过事先预测和事后统计观察，根据业务量和用户地理分布进行网络组织

续表 1-3

比较项目	集群移动通信系统	蜂窝移动通信系统
系统性能要求	在系统安全性、可靠性、通信接续时间、通信延时等方面都有更高的要求，适合于承载大量频繁的通信接续需要	适合于次数不多但接续时间较长的通信要求
系统功能	基本功能包括组呼、全呼、广播呼、私密呼以及电话互联呼叫等，补充功能包括调度区域选择、多优先级等，对于特殊用户还需要提供双向鉴权、空中加密、端到端加密等功能	公众移动通信系统功能没有特殊要求
终端要求	除功能、性能的一般性要求外，从外观上，还要适应现场恶劣工作环境的需要，往往很难做到外观小巧、漂亮；从类型上，除手持终端外，还要求有车载和固定终端	除一般的功能、性能要求外，主要追求外观的精美、小巧等，而且主要是手持终端
运营管理	具备用户（指团体用户）自行管理的能力	由运营商统一进行网络建设、运营维护和日常用户管理
计费方式	与用户团体的终端用户数量、服务质量要求、业务区域范围、业务功能种类等因素有关	按照统一的资费政策，基于个体用户的业务使用情况进行计费

集群通信是移动通信中不可缺少的一个分支，它是实现移动中指挥调度通信最有效的手段之一，也是指挥调度最重要的通信方式之一，因此它从"诞生"起就受到了人们的关注。下面对集群通信尤其是数字集群通信做简要的介绍。

所谓集群通信系统，就是指系统具有的可用信道可为系统的全体用户共用，具有自动选择信道功能。它是共享频率资源、共担建设费用、共用信道及服务的多用途、高效率的无线调度通信系统，是专用通信系统的高级发展阶段。集群移动通信网主要面向各专业部门，如公安、铁道、水利、市政、交通、建筑、抢险、救灾、军队等，以各专业部门用户为服务对象，用户之间存在一定的服务关系和呼叫级别。资费标准较公网灵活，而且便宜；呼叫接续速度高，接续时间最短可达 300ms。集群网的主要业务为调度业务，兼有互联电话和数据业务。

集群移动通信系统有以下几种分类方式。

（1）按控制方式分

有集中控制式和分散控制式。集中控制式是指由一个智能控制终端统一管理系统内话务信道的方式。分散式是指每一信道都有单独的智能控制终端的管理方式。

（2）按信令方式分

有共路信令和随路信令方式。共路信令是设定一个专门控制信道传信令，这种方式的优点是信令速度高，电路容易实现。随路信令是在一个信道中同时传话音和信令，不单独占用信道，优点是节约信道，缺点是接续速度低。

（3）按通话占用信道分

有信息集群和传输集群系统。信息集群系统中，用户通话占用一次信道完成整个通话过程。而传输集群系统中，一个完整的通话要分几次在不同的信道上完成。信息集群在有些资料中也称消息集群。其优点是通话完整性好；缺点是讲话停顿期间仍占用信道，信道利用率不高。传输集群又分为纯传输集群和准传输集群，也可两者兼用。这种方式的优点是信道利用率高，通信保密性好；缺点是通话完整性较差。

（4）按呼叫处理方式分

有损失制和等待制系统。在损失制系统中，当话音信道被占满时，呼叫显示忙，要通话需重新呼叫，信道利用率低。在等待制系统中，当信道被占满时，对新申请者采用排队方式处理，不必重新申请，信道利用率高。

（5）按信令占用信道方式分

有固定式和搜索式。在固定式中，起呼占用固定信道。搜索式中起呼占用信道随机变化，需要不断搜索信令信道（忙时信令信道可作为话音信道，新空出的话音信道接替控制信道）。前者实施简单，后者实施复杂。

集群移动通信系统最早是以单区单基站网络形式出现的，这种网络结构最为简单，在开始一段时间内大部分用户都建立这种网络。但随着国民经济的发展，各部门的工作业务面扩大了，相互联系增多了，有许多工作还需要跨部门、跨地区进行；加上一些大城市的地域在不断扩大，高楼大厦越建越高、越建越多，原来的单一基站网就不能满足覆盖要求，即单区单基站的模拟集群通信网已不够用了，于是单区多基站及多区多基站的集群通信系统就发展起来了。

集群通信共网是新发展起来的一种运营模式。国际移动通信协会对集群通信的发展曾提出"商用集群无线通信"这一术语，它实际上就是一种集群通信共网，也可称作专用网的公网。这样的网络通常由一个运营公司来运营，主要由投资集团来投资，在某个区域构成一个由几万或十几万用户组成的大网。这个网的用户是集团用户，他们可像使用蜂窝手机那样到运营公司去购买用户终端，缴纳入网费和通信费等。在这个大网中，不同的部门和行业又可各自组成一个群（组）进行各自的调度指挥，而群之间相互不会干扰。这样，集群通信共网是在体现社会效益的基础上以体现经济效益为主的。它的用户面很广，可以有各个部门的用户；而在这个大网中各个部门又可各自组成一个组（群），运行各自的指挥调度。这样，这些要建网的部门就不必为频率、中继线、资金的筹划而费力，也不必为设计、建网而花工夫了。集群通信共网与集群通信专网的区别如表1-4所示。

集群移动通信系统是从集群通信专网发展起来的，而集群通信共网也是随着集群通信的发展而形成的。集群通信专网在一定的时间内还将发挥其作用，不能完全由集群通信共网代替。所以，这两种都要发展而不能偏废。

表1-4　集群通信共网与集群通信专网的区别

比较项目	集群通信共网	集群通信专网
性质	它是一个商业性实体，由运营公司来运营，向用户提供服务	仅供部门使用
目的	在体现社会效益的基础上以体现经济效益为主	主要是为满足本部门工作需要而建立的，体现社会效益
用户	用户面很广，用户是集团用户	用户只限本部门
频率利用率	集中使用频率，使这些频率为更多的用户所共有，提高了频率利用率	频率利用率不高

当前，各种通信系统的全数字化已是大势所趋，集群通信也不例外。国际电联制定的数字集群报告（ITU-RDocuments 8/12-E），提出了为陆地调度的集群专网与共用集群共网数字陆地移动系统的总目标。该报告同时提出数字集群系统的基本业务可分为以下三类。

（1）用户终端业务

集群和非集群能力，允许直接移动对移动用户任选的成组语音呼叫功能，允许选择并保密呼叫。

提供电话、传真和某些扩展业务，如交互视传、用户电报等。

（2）承载业务

电路方式数据功能，允许非保护数据最小 7.2kb/s 及保护数据最小 4.8kb/s。

分组面向连接数据功能和无连接数据功能。

（3）补充业务

专用集群移动分类：接入优先、抢占优先、优先呼叫；内部呼叫、控制转移、迟入网；由调度员授权的呼叫；环境监听、缜密监听；地区选择；短码寻址；通话方识别；动态组数目指配等。

电话类：呼叫转移—无条件/遇忙/用户不应答/用户不可及；呼叫禁止—呼入/呼出；呼叫报告；呼叫等待；呼叫/被连接线路身份表示；呼叫/被连接线路识别限制；对于忙用户/对不回答呼叫接通等。

1.2.4　卫星移动通信系统

20 世纪 80 年代以来，随着数字蜂窝网的发展，地面移动通信得到了飞速的发展，但受到地形和人口分布等客观因素的限制，地面固定通信网和移动通信网不可能实现全球各地全覆盖，如海洋、高山、沙漠和草原等成为地面网盲区。这一问题现在不可能解决，而且在将来的几年甚至几十年也很难得到解决。这不是由于技术上不能实现，而是由于在这些地方建立地面通信网络耗资巨大。而相比较而言，卫星通信具有良好的地域覆盖特性，可以快捷、经济地解决这些地方的通信问题，正好是对地面移动通信的补充。

卫星移动通信系统是指利用人造地球卫星作为空间链路的一部分进行移动业务的通信系统。移动卫星通信不受地理条件的限制，覆盖面大，信道频带宽，通信容量大，电波传输稳定，通信质量好。但卫星通信系统造价昂贵，运行费用高。

由于卫星的高度，卫星系统能建立全球覆盖。采用卫星建立公众通信最早发生在1962 年，在 AT & T 公司贝尔实验室成功地实施了 Echo 和 Telstar 实验后，Comsat 通信有限公司成立，它的早期工作是基于美国国家航空航天局（National Aeronautics and Space Administration，NASA）的应用技术卫星规划。卫星系统可提供无线移动通信，卫星在地球上实际的覆盖区域面积取决于地球上方的卫星轨道，可分为以下三种。

（1）对地静止地球轨道（Geostationary Earth Orbit，GEO）卫星

GEO 卫星处在地球上方 35 786km 的轨道上，沿轨道的运行速度和地球自转速度相同。因此，从地球上看，GEO 卫星停留在某一点上。GEO 卫星具有将近 13 000km 的视场（Field-of-view，FOV）直径，它可以覆盖一个国家的大部分区域。GEO 卫星是区域性卫星，它具有多波束并能通过小波束进行频率复用。GEO 卫星的优点是能和节点保持连续状态；缺点是信号的往返路径延迟大约为 250ms，当用户打电话或使用实时视频时，可能会感觉到这种延迟。

（2）中等地球轨道（Medium Earth Orbit，MEO）卫星

MEO 处在地球上方大约 10 000km 的轨道上，而其 FOV 直径大约为 7000km。为了使卫星覆盖区涵盖全世界的重要区域，要使用一组 MEO 卫星，MEO 卫星每 12 小时绕地球一圈，如全球定位系统（Global Positioning System，GPS）卫星。GPS 系统中共有 24 颗 GPS 卫星，其中，18 颗处于活跃状态，6 颗备用。GPS 覆盖了整个世界，在任何时间，在地球上的任何一点至少能"看见"处于地球上方的 4 颗 GPS 卫星，从而能对该点定位。GPS 卫星发射的信号有 P 码和 C/A 码，其中 P 码供美国军方及特许用户使用，C/A 码供民用。自从 2003 年以来，已将 GPS 导航系统安装在很多汽车和蜂窝电话中，它的定位精确度在 3m 以内。

Odyssey 系统也是一个 MEO 卫星系统，它只有 16 颗卫星并覆盖了全世界。这个系统的造价不是很昂贵，卫星使用寿命可达 10 年或更长。国际海事卫星组织的中圆轨道（Intermedia Circular Orbit，ICO）也是一个 MEO 系统，它有 8 颗卫星，只提供数据传输业务。

（3）低地球轨道（Low Earth Orbit，LEO）卫星

LEO 卫星是一种低轨道卫星，处于地球上方大约 800km 的轨道上。它的 FOV 直径为 800km 左右，每个 LEO 卫星的 FOV 绕地球一圈需要 2 小时左右。使用 LEO 卫星部署蜂窝通信系统的概念不同于陆地蜂窝系统。"小区是移动的"，而地面移动台（终端）只能"看见"卫星几分钟。在 LEO 系统中，覆盖区域的短时变化引起频率上的切换。切换可引起系统容量的低效，并可降低连接稳定性。从 LEO 卫星到地球，往返传输产生的延

迟时间只有 5ms；而与此对照，从 GEO 卫星往返传输产生的延迟时间为 250ms。LEO 卫星系统具有如下优点：

① 可取得 5ms 的延迟时间。

② 由于视线条件，可取得较小的路径损耗，这样地球上的天线可更小更轻。

③ 比陆地系统提供更宽的覆盖，也像陆地系统一样提供频率复用。

④ 需要的基站（也就是卫星）较少。

⑤ 能覆盖海洋、陆地和空中。

然而，LEO 卫星系统也存在如下几个缺点：

① 信号太弱，以至于不能穿透建筑物的墙壁，但有线和无线 LAN 可帮助将卫星的覆盖扩展到室内。

② 由于 LEO 卫星系统工作在 10GHz 的频率上，所以信号上的雨衰效应是另一个大的隐患。LEO 卫星系统包括摩托罗拉公司的铱（Iridium）系统、Loral 公司和 Qualcomm 公司的全球星（Global Star）系统，以及 Teledesic 公司的 Teledesic 系统。

随着 21 世纪的到来，卫星通信将进入个人通信时代。这个时代的最大特点就是卫星通信终端达到手持化，个人通信实现全球化。所谓个人通信，是移动通信的进一步发展，是面向个人的通信，国际电联称为通用个人通信，在北美则称为个人通信业务，其实质是任何人在任何时间、任何地点可与其他任何人实现任何方式的通信。只有利用卫星通信覆盖全球的特点，通过卫星通信系统与地面通信系统（光纤、无线等）的结合，才能实现名副其实的全球个人通信。

当前，小卫星技术的发展，为实现非同步的中、低轨道卫星通信系统提供了条件。中、低轨道具有传播时延短、路径损耗低、能更有效地频率复用、卫星研制周期短、能多星发射、卫星互为备份、抗毁能力强、多星组网可实现真正意义上的全球覆盖等特点。同时，利用小卫星组成卫星通信系统，具有降低小卫星本身的成本、降低相应的发射费用、缩短卫星计划酝酿和制定时间、卫星能及时采用最新的技术等优点。这些特点和优点对于实现终端手持化具有同步卫星不可比拟的优势，从而使卫星移动通信系统成为个人通信、信息高速公路积极发展的通信手段之一。

1.2.5 无线数据网络

无线数据网络可根据其覆盖的区域来划分。无线个域网（Wireless Personal Area Network，WPAN）是最小覆盖区所对应的网络，覆盖的范围一般在 10m 半径以内，用于实现同一地点终端与终端间的连接，如连接手机和蓝牙耳机等，必须运行于许可的无线频段。无线局域网（Wireless Local Area Network，WLAN）用于在建筑物特定楼层范围内连接用户。团体局域网服务于工业园区或大学校园，在这些地方，网络能漫游遍及整个园区，使用相当便利。无线城域网（Wireless Metropolitan Area Network，WMAN）主要用于解决城域网的接入问题，覆盖范围为几千米到几十千米。覆盖范围最大的网络是无线广域网（Wireless Wide Area Network，WWAN），它在整个国家范围内实现了连接。

1.2.5.1　无线个域网

在过去的几十年里，无线技术产生了革命性的飞跃。近年来，电子制造商们意识到，用户对于"将有线变为无线"有着巨大的需求。利用隐形、低功耗、小范围的无线连接取代笨重的线缆，可极大地提高组网的灵活性，从而使人们的生活更加方便、快捷。并且无线连接可以使人们方便地移动设备，也能够在个人之间、设备之间和其生活环境之间实现协作通信。因此，WPAN 应运而生。

WPAN 是一种采用无线连接的个人局域网，它被用于诸如计算机、电话、各种附属设备以及小范围（一般在 10m 以内）内的数字助理设备之间的通信。WPAN 是为了实现活动半径小、业务类型丰富、面向特定群体、无线无缝连接而提出的新兴无线通信网络技术，它能够有效地解决"最后几米电缆"的问题，进而将无线联网进行到底。

支持 WPAN 的技术有很多，每一项技术只有被用于特定的用途或领域才能发挥最大的作用。此外，虽然在某些方面，有些技术被认为是在无线个人局域网空间中相互竞争的，但是它们又常常是互补的。主要包括蓝牙、ZigBee、超宽带（Ultra Wide band，UWB）、IrDA（Infrared Data Association）、HomeRF（Home Radio Frequency）等，其中蓝牙技术在无线个人局域网中使用最广泛。"蓝牙"这个名称源自北欧国家中的一个海盗国王。爱立信公司在 1978 年发展的蓝牙技术，用无线代替了短线，实现了 10m 内的短距离通信。其信道带宽为 200kHz，使用 QAM 调制，数据速率可达 1Mb/s。现在大多数蜂窝电话都配备了蓝牙。在美国，ZigBee 是依据 IEEE 802.15 标准发展起来的，它的有效接入距离可达 30m，但数据速率为 144kb/s 左右，它可用于视频网络等应用。

从 20 世纪 80 年代开始，随着频带资源的紧张以及对于高速通信的需求，超宽带技术开始被应用于无线通信领域。2002 年，美国联邦通信委员会发布了超宽带无线通信的初步规范，正式解除了超宽带技术在民用领域的限制。脉冲超宽带是超宽带通信最经典的实现方式，通信时利用宽度在纳秒或亚纳秒级别的、具有极低占空比的基带窄脉冲序列携带信息。发射信号是由单脉冲信号组成的时域脉冲序列，无须经过频谱搬移就可以直接辐射。脉冲超宽带具有潜在的支持高数据速率或系统容量的能力，可共享频谱资源，定位精度高，探测能力强，穿透能力强，而且还具有低截获、抗干扰、保密性好、低成本、低功耗等特点。可见，脉冲超宽带技术满足低速率 WPAN 对物理层基本的业务要求。在 IEEE 802.15.4a 标准中，明确提出使用脉冲超宽带技术作为物理层标准也正是基于上述原因。

1.2.5.2　无线局域网

WLAN 是利用无线通信技术在一定的局部范围内建立的网络，是计算机网络与无线通信技术相结合的产物。它以无线多址信道作为传输媒介，提供传统有线局域网（Local Area Network，LAN）的功能，能够使用户真正实现随时、随地、随意的宽带网络接入。

WLAN 起初是作为有线局域网的延伸而存在的，广泛用于构建办公网络。但随着应用的进一步发展，WLAN 正逐渐从传统的局域网技术发展成为"公共无线局域网"，成为国际互联网宽带接入手段。WLAN 具有易安装、易扩展、易管理、易维护、高移动性、保密性强、抗干扰等特点。

WLAN 中的标准化行动是扩展其应用的关键，而且大多数是针对非授权频带的。可以通过两个主要途径来管制非授权频带：一个是所有设备间的共同操作所遵循的规则；另一个是频谱格式，也就是能够由不同的供应商制造 WLAN 设备，以公平地分享无线资源。由于 WLAN 是基于计算机网络与无线通信技术的，在计算机网络结构中，逻辑链路控制（Logical Link Control，LLC）层及其之上的应用层对不同的物理层的要求可以是相同的，也可以是不同的，因此，WLAN 标准主要是针对物理层和媒质访问控制（Media Access Control，MAC）层的，涉及所使用的无线频率范围、空中接口通信协议等技术规范与技术标准。

IEEE 802.11 WLAN 工作组成立于 1987 年，它一直致力于 ISM 频段的扩频标准化工作。尽管频谱不受限制，业界也有着强烈的兴趣，但直到 20 世纪 90 年代，当网络互联现象更加普及、便携计算机应用更加广泛的时候，WLAN 才成为现代无线通信市场中一个重要的快速增长点。IEEE 802.11 在 1997 年标准化。随着标准得到认可，众多制造商开始遵照互操作性原则制造设备，相关市场也得到迅猛发展。1999 年，IEEE 802.11 高数据速率标准（IEEE 802.11b）得到认可，能够为用户提供高达 11Mb/s 和 5.5Mb/s 的速率；此外，它仍保留着最初的 2Mb/s 和 1Mb/s 速率。

1999 年，IEEE 802.11a 标准制定完成。它是 IEEE 802.11b 的后续标准，其设计初表是取代 IEEE 802.11b 标准。该标准规定 WLAN 工作频段在 5.15 ~ 5.825GHz，数据传输速率达到 54Mb/s ~ 72Mb/s，传输距离控制在 10 ~ 100m。工作在 2 ~ 4GHz 频段是不需要执照的，该频段属于工业、教育、医疗等专用频段，是公开的；然而，工作于 5.15 ~ 5.825GHz 频段是需要执照的。一些公司仍没有表示对 IEEE 802.11a 标准的支持，一些公司更加看好后续推出的混合标准——IEEE 802.11g。IEEE 802.11g 标准提出拥有 IEEE 802.11a 的传输速率，安全性较 IEE 802.11b 好，采用 2 种调制方式，含 IEEE 802.11a 中采用的 OFDM 与 IEEE 802.11b 中采用的 CCK（Complementary Code Keying）调制，做到与 IEEE 802.11a 和 IEEE 802.11b 兼容。

虽然 IEEE 802.11 系列的 WLAN 应用广泛，自从 1997 年 IEEE 802.11 标准实施以来，先后有 IEEE 802.11b、IEEE 802.11a、IEEE 802.11g、IEEE 802.11e、IEEE 802.11f、IEEE 802.11h、IEEE 802.11i、IEEE 802.11j 等标准制定或者在制定中，但是 WLAN 依然面临带宽不足、漫游不便捷、网管不强大、系统不安全和没有强大的应用等缺点。为了实现高带宽、高质量的 WLAN 服务，使无线局域网达到以太网的性能水平，IEEE 802.11n 应运而生。据报道，IEEE 委员会在 2009 年 9 月 11 日批准了 IEEE 802.11n 高速无线局域网标准。IEEE 802.11n 使用 2.4GHz 频段和 5GHz 频段，其核心是 MIMO 和 OFDM 技术，传输速率为 300Mb/s，最高可达 600Mb/s，可向下兼容 IEEE 802.11b、802.11g。

欧洲电信标准化协会（European Telecommunications Standards Institute，ETSI）的宽带无线电接入网络小组着手制定 Hiper（High Performance Radio）接入泛欧标准，已推出 Hiper LAN1 和 Hiper LAN2。Hiper LAN1 对应 IEEE 802.11b；Hiper LAN2 与 IEEE 802.11a 具有相同的物理层，它们可以采用相同的部件，并且 Hiper LAN2 强调与 3G 整合。

Hiper LAN2 标准也是目前较完善的 WLAN 协议之一。

1.2.5.3　无线城域网

WMAN 标准的开发主要由两大组织机构负责：一是 IEEE 的 802.16 工作组，开发的主要是 IEEE 802.16 系列标准；二是欧洲的 ETSI，开发的主要是 Hiper Access。因此，IEEE 802.16 和 Hiper Access 构成了 WMAN 的接入标准。

1999 年，IEEE 802 委员会成立了 802.16 工作组，为宽带无线接入的无线接口及其相关功能制定标准。它由三个小工作组组成，每个小工作组分别负责不同的方面：IEEE 802.16.1 负责制定频率为 10 ~ 60GHz 的无线接口标准，IEEE 802.16.2 负责制定宽带无线接入系统共存方面的标准，IEEE 802.16.3 负责制定在 2~10GHz 频率范围获得频率使用许可的无线接口标准。

虽然 802.16 系列标准在 IEEE 被正式称为 Wireless MAN，但它已被商业化名义下的 WiMAX 产业联盟称为 WiMAX 论坛。而且，IEEE 802.16m（也被称为 WiMAX2）与 LTE-Advanced 已经并肩成为 4G 的标准之一。WiMAX 是一项新兴的宽带无线接入技术，能提供面向互联网的高速连接，数据传输距离最大可达 50km。WiMAX 还具有 QoS 保障、传输速率高、业务丰富多样等优点。WiMAX 的技术起点较高，采用了代表未来通信技术发展方向的 OFDM、MIMO 等先进技术。随着技术标准的发展，WiMAX 逐步实现宽带业务的移动化，而 3G 则实现移动业务的宽带化，两种网络的融合程度也越来越高。

WiMAX 能掀起大风大浪，其自身必然有许多优势，而各厂商也正是看到了 WiMAX 的优势可能带来的强大市场需求才对其抱有浓厚的兴趣。但是，我们也必须认识到 WiMAX 还存在不足之处，其优缺点如表 1-5 所示。

1.2.5.4　无线广域网

WWAN 主要用于全球及大范围的覆盖和接入，具有移动、漫游、切换等特征，业务能力主要以移动性为主，包括 IEEE 802.20 技术以及 3G、B3G 和 4G。IEEE 802.20 和 2G、3G 蜂窝移动通信系统共同构成 WWAN 的无线接入，其中 2G、3G 蜂窝移动通信系统当前使用居多。

表1-5　WiMAX的优缺点

优点	缺点
实现更大的传输距离	不能支持用户在移动过程中无缝切换
提供更高速的宽带接入	不是移动通信系统的标准，而是一项无线城域网的技术
提供优良的最后 1km 网络接入服务	WiMAX 要到 802.16m 才能成为具有无缝切换功能的移动通信系统，而 802.16m 的进展还存在不确定因素
提供多媒体通信服务	WiMAX 的产业链还需要经过像 WCDMA 产业链的规模试验过程

IEEE 802.20 移动宽带无线接入标准也被称为 Mobile-Fi，是 WWAN 的重要标准。该标准是由 IEEE 802.16 工作组于 2002 年 3 月提出的，并在 2002 年 9 月为此成立专门的 IEEE 802.20 工作组。IEEE 802.20 的目的是实现高速移动环境下的高速率数据传输，以弥补 IEEE 802.1X 协议族在移动性上的劣势。IEEE 802.20 技术可以有效解决移动性与传输速率相互矛盾的问题，是一种适用于高速移动环境下的宽带无线接入系统空中接口规范。

IEEE 802.20 标准在物理层技术上，以 OFDM 和 MIMO 为核心，充分挖掘时域、频域和空间域的资源，大大提高了系统的频谱效率。在设计理念上，IEEE 802.20 是真正意义上基于 IP 的蜂窝移动通信系统，并采用移动 IP 技术来进行移动性管理。对移动用户的移动性管理以及认证授权等功能，通常由 IP 基站本身或者由 IP 基站通过移动核心 IP 网络访问核心网络中相关服务器来完成。这种基于分组数据的纯 IP 架构适应突发性数据业务的性能优于 3G 技术，与 3.5G（HSDPA、EV-DO）性能相当；在实现和部署成本上也具有较大的优势。

IEEE 802.20 技术标准的特点包括：全面支持实时和非实时业务；始终在线连接；广泛的频率复用；支持在各种不同技术间漫游和切换，如从 MBWA（Mobile Broadband Wireless Access）切换到 WLAN；小区之间、扇区之间的无缝切换；支持空中接口的 QoS 与端到端核心网 QoS 一致；支持基于策略的 QoS 保证；支持多个 MAC 协议状态以及状态之间的快速转移；对上行链路和下行链路的快速资源分配；用户数据速率管理；支持与 RF 环境相适应的自动选择最佳用户数据速率；空中接口提供消息方式用于相互认证；允许与现有蜂窝系统的混合部署；空中接口的任何网络实体之间都为开放接口，从而允许服务提供商和设备制造商分别实现这些功能实体。

从以上特点可以看出，IEEE 802.20 能够满足无线通信市场高移动性和高吞吐量的需求，具有性能好、效率高、成本低和部署灵活等优势。IEEE 802.20 移动性优于 IEEE 802.11，在数据吞吐量上强于 3G 技术，其设计理念符合下一代无线通信技术的发展方向，因而是一种非常有前景的无线技术。

1.3 移动通信的基本技术

1.3.1 多址连接

在通信系统中，通常是多用户同时通信并发送信号。而在蜂窝系统中，是以信道区分和分选这种同时通信中的不同用户，一个信道只容纳一个用户通信，也就是说，不同信道上的信号必须具有各自独立的物理特征，以便于相互区分，避免互相干扰，解决这一问题的技术即称为多址技术。从本质上讲，多址技术是研究如何将有限的通信资源在多个用户之间进行有效的切割与分配，在保证多用户之间通信质量的同时尽可能地降低系统的复杂度并获得较高系统容量的一门技术。其中对通信资源的切割与分配也就是对多维无线信号空间的划分，在不同的维上进行不同的划分就对应着不同的多址技术。移动通信中常用的多址技术有三类，即 FDMA、TDMA、CDMA，实际中也常用到这 3 种基本多址方式的混合多址方式。

多址技术一直以来都是移动通信的关键技术之一，甚至是移动通信系统换代的一个重要标志。早期的第一代模拟蜂窝系统采用 FDMA 技术，配合频率复用技术初步解决了利用有限频率资源扩展系统容量的问题；TDMA 技术是伴随着第二代移动通信系统中的数字技术出现的，实际采用的是 TDMA/FDMA 的混合多址方式，每载波中又划分时隙来增加系统可用信道数；CDMA 技术以码元来区分信道。当然蜂窝系统也是采用 CDMA/FDMA 的混合多址方式，系统容量不再受频率和时隙的限制，部分 2G 系统采用了窄带 CDMA 技术，而 3G 的 3 个主流标准均采用了宽带 CDMA 技术。通常来说，TDMA 系统的容量是 FDMA 系统的 4 倍，而 CDMA 系统容量是 FDMA 系统容量的 20 倍。在 3G 系统中，为进一步扩展容量，也辅助使用 SDMA（空分多址）技术，当然它需要智能天线技术的支持。在蜂窝系统中，随着数据业务需求日益增长，另一类随机多址方式如 ALOHA（随机接入多址）和 CSMA（载波侦听多址）等也得到了广泛应用。在 B3G/4G 系统中，使用了 OFDMA（正交频分多址）多址接入技术，未来移动通信系统中还可能用到 BDMA（射束分割多址）、FBMC（基于滤波器组的多载波）、KMC-CDMA（多载波码分多址）和 LAS-CDMA（大区域同步码分多址）等高级多址接入方式。

1.3.2　组网技术

组网技术是移动通信系统的基本技术，所涉及的内容比较多，大致可分为网络结构、网络接口和网络的控制与管理等几个方面。组网技术要解决的问题是如何构建一个实用网络，以便完成对整个服务区的有效覆盖，并满足业务种类、容量要求、运行环境与有效管理等系统需求。

蜂窝网采用基站小区（如有必要增加扇区）、位置区和服务区的分级结构，并以小区为基本蜂窝结构的方式来组网。网络中具体的网元或者说功能实体对于不同系统是不相同的，而最基本的数字蜂窝网的网络结构如图 1-3 所示，系统由移动台、基站子系统和网络子系统 3 部分组成，网络中的功能实体有移动交换中心、基站控制器（BSC）、基站收发信机（BTS）、移动台、归属位置寄存器、访问位置寄存器、设备标识寄存器（EIR）、认证中心（AUC）和操作维护中心（OMC）。

系统在进行网络部署时，为了相互之间交换信息，有关功能实体之间都要用接口进行连接。同一通信网络的接口必须符合统一的接口规范，而这种接口规范由一个或多个协议标准来确定。图 1-4 是基本数字蜂窝系统所用到的接口，共 10 类接口，如果网络中的功能实体增加，则要用到更多的接口。

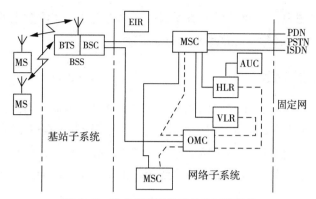

图 1-3 数字蜂窝通信系统的网络结构

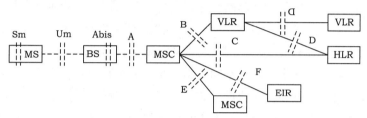

图 1-4 基本数字蜂窝系统所用接口

在诸多接口当中,"无线接口 Um"(也称 MS–BS 空中接口)是最受关注的接口之一,因为移动通信网是靠它来完成移动台与基站之间的无线传输的,它对移动环境中的通信质量和可靠性具有重要的影响。Sm 接口是用户与移动设备间的接口,也称为人机接口;而 Abis 是基站控制器和基站收发信台之间的接口,根据实际配置情况,有可能是一个封闭的接口。

1.3.3 信道建模技术

移动信道的传播特性对移动通信技术的研究、规划和设计十分重要,也是人们十分关注的课题。由于移动通信双方可能处于运动状态,再加上地形、地物等各种因素的影响,因此电波在信道中的传播非常复杂,信号衰落包括多径传播带来的多径衰落和扩散损耗等带来的慢衰落,而移动信道也是一个时变的随参信道。对移动信道传播特性进行研究的目的就是要找出电波在移动信道中的传播规律及对信号传输产生的不良影响,并由此找出相应的对策来消除不良影响。

通常采用对移动信道建模的方法来进行传播预测,以便为系统的设计与规划提供依据。已建立的移动信道模型有几何模型、经验模型和概率模型 3 类,几何建模的方法是在电子地图的基础上,根据直射、折射、反射、散射与绕射波动现象,用电磁波理论计算电波传播的路径损耗及有关信道参数;经验建模的方法在进行大量实测数据的基础上总结出经验公式或图表，以便进行传播预测；概率建模是在实测数据的基础上，用理论和统计的方法分析出传播信号强度的概率分布规律。

1.3.4　抗干扰措施

移动通信中，由于存在多径效应而带来的深度衰落，因此适当的抗衰落技术是需要的。同样，移动信道中存在同频干扰、邻近干扰、交调干扰与自然干扰等各种干扰因素，因此采用抗干扰技术也是必要的。移动通信中主要的抗衰落、抗干扰技术有均衡、分集和信道编码 3 种技术，另外也采用交织、跳频、扩频、功率控制、多用户检测、话音激活与间断传输等技术。

均衡技术可以补偿时分信道中由于多径效应产生的码间干扰（ISI），如果调制信号带宽超过了信道的相干带宽，则调制脉冲将会产生时域扩展，从而进入相邻信号，产生码间干扰，接收机中的均衡器可对信道中的幅度和延迟进行补偿，从而消除码间干扰。由于移动信道的未知性和时变性，因此均衡器需要是自适应的。分集技术是一种补偿信道衰落的技术，通常的分集方式有空间分集、频率分集和时间分集，也可以在接收机中采用 RAKE 接收这样一种多径接收的方式，以提高链路性能。信道编码技术是通过在发送信息中加入冗余数据位来一定程度上提高纠检错能力。移动通信中常用的信道编码有分组码、卷积码和 Turbo 码。信道编码通常被认为独立于所使用的调制类型，不过最近随着网格编码调制方案、OFDM、新的空时处理技术的使用，这种情况有所改变，因为这些技术把信道编码、分集和调制结合起来，不需要增加带宽就可以获得巨大的编码增益。

以上技术均可以改进无线链路性能，但每种技术在实现方法、所需费用和实现效率等方面有很大的不同，因此实际系统要认真选取所需采用的抗衰落、抗干扰技术。

1.3.5　调制与解调

调制是指将需传输的低频信息加载到高频载波上这样一个过程。而调制技术的作用就是将传输信息转化为适合于无线信道传输的信号，以便于从信号中恢复信息。移动通信系统中采用的调制方案要求具有良好的抗衰落、抗干扰的能力，还要具有良好的带宽效率和功率效率，对应的解调技术中有简单高效的非相干解调方式。

通常线性调制技术可获得较高频谱利用率，而恒定包络（连续相位）调制技术具有相对窄的功率谱和对放大设备没有纯属性要求，所以这两类数字调制技术在数字蜂窝系统中使用最多。

1.3.6　语音编码技术

语音信号是模拟信号，而数字通信传输的是数字信号，因此，在数字通信系统中需要在发送端将语音信号转换成数字信号，在接收端再将数字信号还原成模拟信号，这样一个模－数、数－模转换的过程就叫作语音编解码，简称语音编码。语音编码技术起源于信源编码，却在数字通信系统中得到了很好的应用。它是数字蜂窝系统中的关键技术，并且对它有特殊的要求，因为数字蜂窝网的带宽是有限的，需要压缩语音，采用低编码速率，使系统容纳最多的用户。

综合其他因素，数字蜂窝系统对语音编码技术的要求有：

①编码的速率适合在移动信道内传输，纯编码速率应低于 16kb/s；

②在一定编码速率下，语音质量应尽可能高，即译码后的恢复语音的保真度要尽量高，一般要求到达长话质量，MOS 评分（主观评分）不低于 3.5；

③编译码时延要小，总时延不大于 65ms；

④算法复杂度要适中，便于大规模集成电路实现；

⑤要能适应移动衰落信道的传输，即抗误码性能要好，以保持较好的语音质量。

语音编码技术通常分为 3 类，即波形编码、参量编码和混合编码。其中，混合编码是将波形编码与参量编码结合起来，吸收两者的优点，克服两者的不足，它能在 4 ~ 16kb/s 的编码速率上得到高质量的合成语音，因而适用于移动通信。

1.4　移动通信标准化组织

1.4.1　国际标准化组织

与移动通信相关的国际标准化组织有 ITU 和 IEEE-SA（电气和电子工程师协会标准化协会），有些组织不是标准化组织，但会促进其感兴趣的标准，并影响标准化组织。

1.4.1.1　ITU

ITU 是国际上电信业最权威的标准制定结构，它的成员是各国政府的电信主管部门。ITU 成立于 1865 年，它的总部设在瑞士的日内瓦，1947 年成为联合国的一个下属机构。ITU 每年召开 1 次理事会，每 4 年召开 1 次全权代表大会、世界电信标准大会和世界电信发展大会，每 2 年召开 1 次世界无线电通信大会。1993 年，ITU 对其机构进行了改组，将 ITU 中的电信标准化组织划分成两个部门：无线通信部门（ITU-R）和电信通信部门（ITU-T），由 ITU-R 的下属任务组负责无线和网络标准。ITU 虽然以前制定了大量的电信标准，但对于移动蜂窝通信直到 3G 才开始负责标准的制定，并取得了极大成功，后续也完成了 4G 标准的制定，并有意主持 5G 标准的制定。另外，ITU 在管理无线传输技术（RTT）评估过程和无线频谱分配中发挥了重要作用。

3GPP（第三代合作伙伴）和 3GPP2（第三代合作伙伴 2）是两家经 ITU 授权的具体负责 3G 标准制定的组织。3GPP 成立于 1998 年，负责 WCDMA、TD-SCDMA 的标准制定；3GPP2 成立于 1999 年，负责 CDMA2000 标准的制定。

1.4.1.2　IEEE-SA

IEEE-SA 在广泛的产业范围内负责全球产业标准的制定，它负责的其中一部分就是关于电信产业的。IEEE 802 是其关于局域和城域网络的计划，其中，与局域和城域网络有关的有如下工作组：

① 802.11——无线局域网工作组。Wi-Fi 联盟是成立于 1999 年的非营利性的国际性协会，它的任务是验证基于 IEEE 802.11a/b/g 技术规范的无线局域网产品的互用性，IEEE 802.11n 在拥有 130Mb/s 高速数据速率的固定无线网络上工作。

② 802.15——无线个人局域网（WPAN）工作组。它们之中共有 8 个工作组，其中 6 个是任务组（TG）。802.15.1 是一个蓝牙标准；802.15.3a 是一个用于超宽带（UWB）的高速率（20Mb/s 或以上）备用 WPAN 标准；802.15.4 研究使用长久寿命电池和简单设备的低速率解决方案；ZigBee 设备是基于 802.15.i 的制造业产品，也将蓝牙、UWB 和 ZigBee 称为有线替代设备。

③ 802.16——宽带无线接入工作组。WiMax 是产业导向、非营利性社团组织，它的成立是为了促进和验证基于 802.16d 和 802.16e 的宽带无线产品的兼容性和互用性。

④ 802.20——移动宽带无线接入（MBWA）工作组。这个组的目标是能在全世界范围内部署可消费得起、普遍存在、永远在线和能共用的多供应商的移动宽带无线接入网，它将工作在 3.5GHz 以下的授权频带，在运行速度高达 250km/h 的情况下，用户数据速率为 1Mb/s。Flarion 公司的 Flash-OFDMA 系统是候选系统之一。

对于 4G、5G 的标准化制定，ITU 和 IEEE-SA 都着手这方面的工作，并取得了相当的成效，IEEE-SA 制定的 802.16e 和 802.16m 分别被 ITU 吸收为 3G 和 4G 标准。另外，OMA（开放移动联盟）自 2002 年成立以来发展迅猛，也试图对 4G 和 5G 的标准的制定具有话语权。

1.4.2　不同地区中的标准化组织

1.4.2.1　美国

20 世纪 70 年代，贝尔实验室开发了 AMPS 系统，当时，没有有关的标准化组织。后来，AMPS 变成了 TIA 的 IS-3；北美 TDMA 是称为 IS-54 的 TIA 标准，后来改为 IS-136；CdmaOne 是称为 IS-95 的另一个 TIA 标准。

美国国家标准化协会（ANSI）可从负责无线移动系统的两个标准化组织建立标准：TIA 和 T1 委员会。在 TIA 内部，无线通信分会负责无线技术的标准化。两个主要的委员会是 TR45（公众移动）和 TR46（个人通信）。在 TR45 中，共有 6 个常设的分委员会，在它们之中，TR45.4、TR45.5 和 TR45.6 负责作为 3G 标准的 CDMA2000，在 TR45.5 中，又有 4 个下设的分委员会来给 CDMA2000 数字技术进行标准化。在 T1 内部，T1P1 分委员会负责涉及 PCS1900/GSM 技术的个人通信系统的管理和协调行动。

1.4.2.2　欧洲

ETSI 是 1988 年由欧共体委员会批准建立的一个非营利性的电信标准化组织，其标准化领域主要是电信业，并涉及与其他组织合作的信息及广播技术领域。ETSI 作为一个被 CEN（欧洲标准化协会）和 CEPT（欧洲邮电主管部门会议）认可的电信标准协会，其制定的推荐性标准常被欧共体作为欧洲法规的技术基础而采用并被要求执行。ETSI 制定的最成功的移动蜂窝标准是 GSM，有力地促进了 GSM 的全球化运营；其后制定的 UMTS

（通用移动通信系统）和 DECT 为 3G 与数字无绳电话的全球标准化做出了重要贡献。

1.4.2.3　中国

由原信息产业部（MII）主导的最初的标准化组织叫作中国无线电信标准组织（CWTS）。2002 年 12 月，中国通信标准化协会（CCSA）成立，它统一了所有标准化组织，并从 MII 中独立出来，其组织结构如图 1-5 所示，由会员大会、理事会、专家咨询委员会、技术管理委员会、若干技术工作委员会和分会、秘书处构成。技术工作委员会下设若干工作组，工作组下设若干子工作组 / 项目组；技术工作委员会下属的无线通信技术工作委员会保留了和 CWTS 相同的功能。CCSA 的工作网站为 www.ccsa.org.cn，CCSA 的主要任务是更好地开展通信标准研究工作，把通信运营企业、制造企业、研究单位、大学等关心标准的企事业单位组织起来，按照公平、公正、公开的原则制定标准，进行标准的协调、把关，把高技术、高水平、高质量的标准推荐给政府，把具有我国自主知识产权的标准推向世界，支撑我国的通信产业，为世界通信做出贡献。

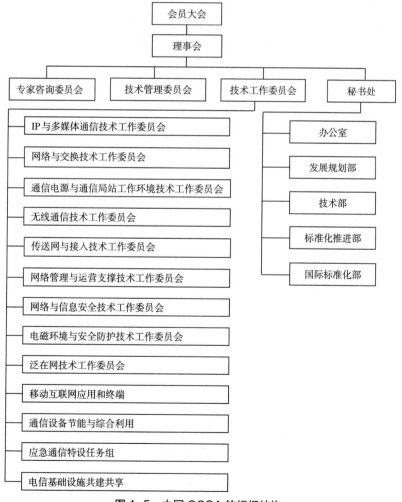

图 1-5　中国 CCSA 的组织结构

思考题与习题

1.1　简述移动通信的发展历史与现状。

1.2　未来移动通信系统向什么方向发展?

1.3　移动通信的基本技术包括哪些?

1.4　试比较蜂窝移动通信系统、无绳电话系统、集群移动通信系统与移动卫星通信系统的技术特点,各自有何异同点?

1.5　移动通信的最主要的国际性标准组织是什么?各个国家与地区又有哪些标准化组织?

第2章　移动通信电波传播与传播预测模型

本章主要介绍移动通信电波传播的基本概念和原理，并介绍常用的几种传播预测模型。首先介绍电波传播的基本特性，在此基础上介绍影响电波传播的 3 种基本机制：反射、绕射和散射。然后较详细地介绍移动无线信道及其特性参数，给出常用的几种传播预测模型和使用方法。最后介绍中继协同信道及其建模的一些基本概念。

2.1　电波传播

2.1.1　电波传播的基本特性

移动通信的首要问题就是研究电波的传播特性，掌握移动通信电波传播特性对移动通信无线传输技术的研究、开发和移动通信的系统设计具有十分重要的意义。移动通信的信道是指基站天线、移动用户天线和收发天线之间的传播路径，也就是移动通信系统面对的传播环境。总体来说，移动通信的传播环境包括地貌、人工建筑、气候特征、电磁干扰、通信体移动速度和使用的频段等。

无线电波在此环境下传播表现出了几种主要传播方式：直射、反射、绕射和散射，以及它们的合成。图 2-1 描述了一种典型的信号传播环境。

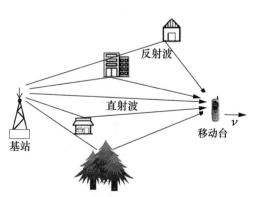

图 2-1　一种典型的信号传播环境

移动通信系统的传播环境的各种复杂因素本身可能与时间有关，收发两端的位置也是随机的和时变的，因而移动信道是时变的随机参数信道。信道参数的随机变化导致接收信号幅度和相位的随机变化，这种现象称为衰落。

无线电波在这种传播环境下受到的影响主要表现在如下几个方面：随信号传播距离变化而导致的传播损耗，即自由空间传输损耗；由于传播环境中的地形起伏、建筑物及其他障碍物对电磁波的遮蔽所引起的损耗，一般称为阴影衰落；无线电波在传播路径上受到周围环境中地形地物的作用而产生的反射、绕射和散射，使得其到达接收机时是从多条路径传来的多个信号的叠加，这种多径传播所引起的信号在接收端幅度、相位和到达时间的随机变化将导致严重的衰落，即所谓多径衰落。

另外，移动台在传播径向方向的运动将使接收信号产生多普勒（Doppler）效应，其结果会导致接收信号在频域的扩展，同时改变了信号电平的变化率。这就是所谓多普勒频移，它的影响会产生附加的调频噪声，出现接收信号的失真。

通常人们在分析、研究无线信道时，常常将无线信道分为大尺度（Large-Scale）传播模型和小尺度传播模型两种。大尺度模型主要用于描述发射机与接收机（T-R）之间的长距离（几百或几千米）上信号强度的变化。小尺度模型用于描述短距离（几个波长）或短时间（秒级）内信号强度的快速变化。通常在同一个无线信道中大尺度衰落和小尺度衰落是同时存在的，如图 2-2 所示。

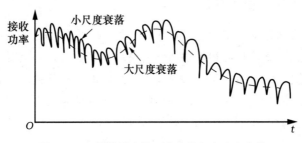

图 2-2　无线信道中大尺度衰落和小尺度衰落

根据发送信号与信道变化快慢程度的不同，无线信道的衰落又可分为长期慢衰落和短期快衰落。一般而言，大尺度表征了接收信号在一定时间内的均值随传播距离和环境的变化而呈现的缓慢变化，小尺度表征了接收信号短时间内的快速波动。

因此，无线信道的衰落特性可用下式描述：

$$r(t) = m(t) \cdot r_0(t) \tag{2-1}$$

式中，$r(t)$ 为信道的衰落因子；$m(t)$ 为大尺度衰落；$r_0(t)$ 为小尺度衰落。

大尺度衰落是由移动通信信道路径上的固定障碍物（建筑物、山丘、树林等）的阴影引起的，衰减特性一般服从 Tn 律，平均信号衰落和关于平均衰落的变化具有对数正态分布的特征。利用不同测试环境下的移动通信信道的衰落中值计算公式，可以计算移动通信系统的业务覆盖区域。从无线系统工程的角度看，传播衰落主要影响无线区的覆盖。

小尺度衰落由移动台运动和地点的变化而产生，主要特征是多径。多径产生时间扩散，引起信号符号间干扰；运动产生多普勒效应，引起信号随机调频。不同的测试环境有不同的衰落特性。而多径衰落严重影响信号传输质量，并且是不可避免的，只能采用抗衰落技术来减小其影响。

2.1.2　电波传播特性的研究方法

理论上来说，电波传播的基本细节可以通过求解带边界条件的麦克斯韦方程得到。边界条件反映了传播环境中各种因素的影响。然而，表征传播环境的各种复杂因素就是一个复杂的问题，甚至无法得到必要的参数；求解带有复杂边界条件的麦克斯韦方程涉及非常复杂的计算，因而通常采用一次近似的方法分析电波的传播特性，以避免上述问题。

常用的近似方法是射线跟踪。根据电波在各种障碍物表面上的反射、折射等特性，计算出到达接收端的电波受到的影响。最简单的射线跟踪模型是两径模型，通常是一个直射路径和一个地面反射路径，接收信号是这两个路径信号的叠加。

很多复杂的传播环境不能用射线跟踪模型描述。此时，一般要对传播环境进行实际测量，根据实际测量数据，建立经验模型，如奥村模型、哈塔模型等。

本章下面将分析无线移动通信信道中信号的场强、概率分布及功率谱密度、多径传播与快衰落、阴影衰落、时延扩展与相关带宽，以及信道的衰落特性，包括平坦衰落和频率选择性衰落、衰落率与电平通过率、电平交叉率、平均衰落周期与长期衰落、衰落持续时间，以及衰落信道的数学模型。另外，介绍主要的用于无线网络工程设计的无线传播损耗预测模型。

2.2　自由空间的电波传播

自由空间是指在理想的、均匀的、各向同性的介质中，电波传播不发生反射、折射、绕射、散射和吸收现象，只存在电磁波能量扩散而引起的传播损耗。在自由空间中，设发射点处的发射功率为 P_t，以球面波辐射；设接收的功率为 P_r，则有

$$P_r = \frac{A_r}{4\pi d^2} P_t G_t \tag{2-2}$$

式中，$A_r = \frac{\lambda^2 G_r}{4\pi}$，$\lambda$ 为工作波长，分别为发射天线和接收天线增益；d 为发射天线和接收天线的距离。

自由空间的传播损耗 L 定义为

$$L = \frac{P_t}{P_r} \tag{2-3}$$

当 $G_r = G_t = 1$ 时，自由空间的传播损耗可写成

$$L = \frac{4\pi d}{\lambda} \overset{2}{\div} \tag{2-4}$$

若以分贝（dB）表示，则有

$$[L] = 32.45 + 20\lg f + 20\lg d \qquad (2\text{-}5)$$

式中：f 为工作频率，MHz；d 为收发天线间距离，km。

需要指出的是，自由空间是不吸收电磁能量的介质。实质上自由空间的传播损耗是指：球面波在传播过程中，随着传播距离的增大，电磁能量在扩散过程中引起的球面波扩散损耗。电波的自由空间传播损耗是与距离的平方成正比的。实际上，接收机天线所捕获的信号能量只是发射机天线发射能量的一小部分，大部分能量都散失掉了。

【例 1】对于自由空间路径损耗模型，求使接收功率达到 1dBm 所需的发射功率。假设载波频率 $f = 5\text{GHz}$，全向天线（$G_t = G_r = 1$），距离分别为 $d=10\text{m}$ 及 $d=100\text{m}$。

解：由于 $G_t = G_r = 1$，所以由式（2-5）有

$$L = 32.45 + 20\lg f + 20\lg d$$

求出发射和接收端距离分别为 10m 和 100m 自由空间的路径损耗，然后依据式（2-3）

$$L = P_t / P_r$$

即

$$P_t(\text{dBm}) = L + P_r$$

求出所需要的发射功率。

当 $d = 10\text{m}$ 时 $\quad L = 32.45 + 20\lg(5 \times 10^3) + 20\lg(10 \times 10^{-3}) = 66.43$

$$P_t(\text{dBm}) = L + P_r = 67.43\text{dBm}$$

当 $d = 100\text{m}$ 时 $\quad L = 32.45 + 20\lg(5 \times 10^3) + 20\lg(100 \times 10^{-3}) = 86.43$

$$P_t(\text{dBm}) = L + P_r = 87.43\text{dBm}$$

另外，要说明一点，在移动无线系统中通常接收电平的动态范围很大，因此常常用 dBm 或 dBW 为单位来表示接收电平，即

$$P_r(\text{dBm}) = 10\lg P_r(\text{mW})$$

$$P_r(\text{dBW}) = 10\lg P_r(\text{W})$$

2.3　三种基本电波传播机制

一般认为，在移动通信系统中影响传播的 3 种最基本的机制为反射、绕射和散射。

反射发生在地球表面、建筑物和墙壁表面，当电磁波遇到比其波长大得多的物体时，就会发生反射。反射是产生多径衰落的主要因素。

当接收机和发射机之间的无线路径被尖利的边缘阻挡时会发生绕射。由阻挡表面产生的二次波分布于整个空间，甚至绕射于阻挡体的背面。当发射机和接收机之间不存在视距路径时，围绕阻挡体也产生波的弯曲。视距路径（LOS，Line of Sight）是指移动台可以看见基站天线；非视距（NLOS）是指移动台看不见基站天线。

散射波产生于粗糙表面、小物体或其他不规则物体。在实际的移动通信系统中，树叶、街道标志和灯柱等都会引起散射。

2.3.1　反射

2.3.1.1　反射

电磁波的反射发生在不同物体界面上，这些反射界面可能是规则的，也可能是不规则的；可能是平滑的，也可能是粗糙的。为了简化，考虑反射表面是平滑的，即所谓理想介质表面。如果电磁波传输到理想介质表面，则能量都将反射回来。图 2-3 示出了平滑表面的反射。

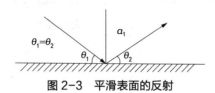

图 2-3　平滑表面的反射

入射波与反射波的比值称为反射系数。反射系数 R 与入射角 θ、电磁波的极化方式及反射介质的特性有关。

反射系数可表示为

$$R = \frac{\sin\theta\quad z}{\sin\theta + z} \qquad (2\text{-}6)$$

其中，

$$z = \frac{\sqrt{\varepsilon_0\quad\cos^2\theta}}{\varepsilon_0}(\text{垂直极化}), \quad z = \sqrt{\varepsilon_0\quad\cos^2\theta}(\text{水平极化})$$

$$\varepsilon_0 = \varepsilon\quad j60\sigma\lambda$$

式中：ε 为介电常数；σ 为电导率；λ 为波长。

2.3.1.2　两径传播模型

移动传播环境是复杂的，实际上由于众多反射波的存在，在接收机端是大量多径信号的叠加。为了使问题简化，首先考虑简单的两径传播情况，然后研究多径的问题。

图 2-4 所示为有一条直射波和一条反射波路径的两径传播模型。图中 A 表示发射天线，B 表示接收天线，AB 表示直射波路径，ACB 表示反射波路径。在接收天线 B 处的接收信号功率可表示为

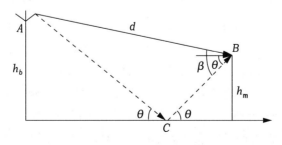

图 2-4　两径传播模型

$$P_r = P_t \frac{\lambda}{4\pi d} \div^2 G_r G_t \left| 1 + Re^{\Delta\phi} + (1-R)Ae^{\Delta\phi} + \cdots \right|^2 \qquad (2\text{-}7)$$

式中，在绝对值号内，第一项代表直射波，第二项代表地面反射波，第三项代表地表面波，省略号代表感应场和地面二次效应。

在大多数场合，地表面波的影响可以忽略，则式（2-7）可以简化为

$$P_r = P_t \left(\frac{\lambda}{4\pi d} \right)^2 G_r G_t \left| 1 + Re^{\Delta\phi} \right|^2 \qquad (2\text{-}8)$$

式中：P_t 和 P_r 分别为接收功率和发射功率；G_r 和 G_t 分别为基站和移动台的天线增益；R 为地面反射系数，可由式（2-6）求出；d 为收发天线距离；λ 为波长；$\Delta\phi$ 为两条路径的相位差，且有

$$\Delta\phi = \frac{2\pi\Delta l}{\lambda} \qquad (2\text{-}9)$$

$$\Delta l = (AC + CB) - AB \qquad (2\text{-}10)$$

2.3.1.3　多径传播模型

考虑 N 个路径时，式（2-8）可推广为

$$P_r = P_t \left(\frac{\lambda}{4\pi d} \right)^2 G_r G_t \left| 1 + \sum_{i=1}^{N-1} R_i \exp(\mathrm{j}\Delta\phi_i) \right|^2 \qquad (2\text{-}11)$$

当多径数目很大时，已无法用式（2-11）准确计算出接收信号的功率，必须用统计的方法计算接收信号的功率。

2.3.2　绕射

在发送端和接收端之间有障碍物遮挡的情况下，电波绕过遮挡物传播称为绕射现象。绕射通常会引起电波的损耗。损耗的大小与遮挡物的性质，以及与传播路径的相对位置有关。

绕射现象可由惠更斯（Huygens）- 菲涅耳原理来解释，即波在传播过程中，行进中的波前（面）上的每一点，都可作为产生次级波的点源，这些次级波组合起来形成传播方向上新的波前（面）。绕射由次级波的传播进入阴影区而形成。阴影区绕射波场强为围绕阻挡物所有次级波的矢量和。

图 2-5 是对惠更斯 - 菲涅耳原理的一个说明。在 P' 点处的次级波前中，只有夹角为 θ（即 $<TP'R$）的次级波前能到达接收点 R。在 P 点，$\theta=180°$；对于扩展波前上的其他点，θ 将在 $0° \sim 180°$ 之间变化。θ 的变化决定了到达接收点的辐射能量的大小。显然，P'' 点的二次辐射波对 R 处接收信号电平的贡献小于 P' 点。

若经由 P' 点的间接路径比经由 P 点的直接路径 d 长 $\lambda/2$，则这两条信号到达 R 点后，由于相位相差 $180°$ 而相互抵消。如果间接路径长度再增加 $\lambda/2$ 波长，则通过这条间接路径的信号到达 R 点与直接路径信号（经由 P 点）是同相叠加的；间接路径的继续增加，经这条路径的信号就会在接收点交替抵消和叠加。

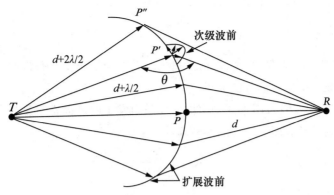

图 2-5　惠更斯 – 菲涅耳原理的说明

上述现象可用菲涅耳区来解释。菲涅耳区表示从发射点到接收点次级波的路径长度比直接路径长度大 $n\lambda/2$ 的连续区域。图 2-6 示意了菲涅耳区的概念。

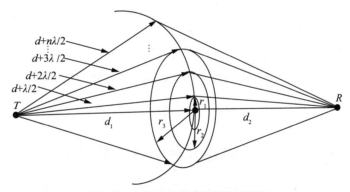

图 2-6　菲涅耳区无线路径的横截面

经推导可得出，菲涅耳区同心圆的半径为

$$r_n = \sqrt{\frac{n\lambda d_1 d_2}{d_1 + d_2}} \qquad (2-12)$$

当 $n=1$ 时，就得到第一菲涅耳区半径。通常认为，在接收点处第一菲涅耳区的场强是全部场强的一半。若发射机和接收机的距离略大于第一菲涅耳区，则大部分能量可以到达接收机。

建立了上述概念后，就可以利用基尔霍夫（Kirchhoff）公式求解从波前点到空间任何一点的场强：

$$E_\mathrm{R} = \frac{1}{4\pi} \int_s \left(E_s \frac{\partial}{\partial n} \frac{\mathrm{e}^{jkr}}{r} - \frac{\mathrm{e}^{jkr}}{r} \frac{\partial E_s}{\partial n} \right) \mathrm{d}s \qquad (2-13)$$

式中：E_R 为波面场强；$\partial E_s / \partial n$ 为与波面正交的场强导数。

在实际计算绕射损耗时，很难给出精确的结果。为了计算方便，人们常常采用一些典型的绕射模型。

2.3.3 散射

当无线电波遇到粗糙表面时，反射能量由于散射而散布于所有方向，这种现象称为散射。散射给接收机提供了额外的能量。

前面提到的反射一般采用平滑的表面，而散射发生的表面常常是粗糙不平的。给定入射角 θ_i，则可以得到表面平整度的参数高度：

$$h_c = \frac{\lambda}{8\sin\theta_i} \tag{2-14}$$

式中：λ 为入射电波的波长。

若平面上最大的突起高度 $h < h_c$，则可认为该表面是光滑的；反之，认为该表面是粗糙的。计算粗糙表面的反射时需要乘以散射损耗系数 ρ_s，以表示减弱的反射场。Ament 提出表面高度 A 是具有局部平均值的高斯（Gaussian）分布的随机变量，此时

$$\rho_s = \exp\left[-8\left(\frac{\pi\sigma_h\sin\theta_i}{\lambda}\right)^2\right] \tag{2-15}$$

式中：σ_h 为表面高度的标准差。

当 $h < h_c$ 时，可以用粗糙表面的修正反射系数表示反射场强：

$$\Gamma_{\text{rough}} = \rho_s\Gamma \tag{2-16}$$

2.4　阴影衰落的基本特性

阴影衰落是移动无线通信信道传播环境中的地形起伏、建筑物及其他障碍物对电波传播路径的阻挡而形成的电磁场阴影效应。阴影衰落的信号电平起伏是相对缓慢的，又称为慢衰落。其特点是衰落与无线电传播地形和地物的分布、高度有关。图 2-7 示意了阴影衰落。

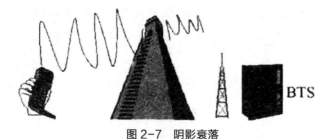

图 2-7　阴影衰落

阴影衰落一般表示为电波传播距离 r 的 m 次幂与表示阴影损耗的正态对数分量的乘积。移动用户和基站之间的距离为 r 时，传播路径损耗和阴影衰落可以表示为

$$l(r,\zeta) = r^m \cdot 10^{\zeta/10} \tag{2-17}$$

式中：ζ为由于阴影产生的对数损耗，服从零平均和标准偏差为 σ 的对数正态分布，dB。
当用 dB 表示时，式（2-17）变为

$$10\lg l(r,\zeta) = 10m\lg r + \zeta \qquad (2-18)$$

人们将 m 称为路径损耗指数，实验数据表明 m = 4，标准差 σ = 8dB 是合理的。

2.5　多径传播模型

2.5.1　多径衰落的基本特性

移动无线信道的主要特征是多径传播。多径传播是由于无线传播环境的影响，在电波传播路径上产生了反射、绕射和散射，这样当电波传输到移动台的天线时，信号不是从单一路径来的，而是由许多路径来的多个信号的叠加。因为电波通过各个路径的距离不同，所以各个路径电波到达接收机的时间不同，相位也就不同。不同相位的多个信号在接收端叠加，有时是同相叠加而加强，有时是反相叠加而减弱。这样接收信号的幅度将急剧变化，即产生了所谓多径衰落。多径衰落将严重影响信号的传输质量，所以研究多径衰落对移动通信传输技术的选择和数字接收机的设计尤为重要。

按照对大尺度衰落和小尺度衰落的分类，这里所讨论的属于小尺度衰落。

多径衰落的基本特性表现为信号幅度的衰落和时延扩展。具体地说，从空间角度考虑多径衰落时，接收信号的幅度将随着移动台移动距离的变动而衰落，其中本地反射物所引起的多径效应表现为较快的幅度变化，而其局部均值是随距离增减而起伏的，反映了地形变化所引起的衰落及空间扩散损耗；从时间角度考虑，由于信号的传播路径不同，所以到达接收端的时间也就不同，当基站发出一个脉冲信号时，接收信号不仅包含该脉冲，还包括此脉冲的各个延时信号，这种由于多径效应引起的接收信号中脉冲的宽度扩展现象称为时延扩展。一般来说，模拟移动通信系统主要考虑多径效应引起的接收信号的幅度变化，数字移动通信系统主要考虑多径效应引起的脉冲信号的时延扩展。

基于上述多径衰落特性，在研究多径衰落时从以下几个方面进行：研究无线信道的数学描述方法；考虑无线信道的特性参数；根据测试和统计分析的结果，建立移动无线信道的统计模型；考察多径衰落的衰落特性参数。

2.5.2　多普勒频移

当移动体在 x 轴上以速度 v 移动时会引起多普勒频率漂移，如图 2-8 所示。

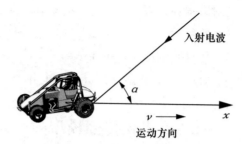

图 2-8　多普勒频率示意图

此时，多普勒效应引起的多普勒频移可表示为

$$f_d = \frac{v}{\lambda}\cos\alpha \tag{2-19}$$

式中：v 为移动速度；λ 为波长；α 为入射波与移动台移动方向之间的夹角；$v/\lambda = f_m$，为最大多普勒频移。

由式（2-19）可以看出，多普勒频移与移动台运动的方向、速度以及无线电波入射方向之间的夹角有关。若移动台朝向入射波方向运动，则多普勒频移为正（接收信号频率上升）；反之，若移动台背向入射波方向运动，则多普勒频移为负（接收信号频率下降）。信号经过不同方向传播，其多径分量将造成接收机信号的多普勒扩散，因而增加了信号带宽。

2.5.3　多径信道的信道模型

多径信道对无线信号的影响表现为多径衰落特性。通常可以将信道视为作用于信号上的一个滤波器，因此可通过分析滤波器的冲激响应和传递函数得到多径信道的特性。

设传输信号

$$x(t) = \text{Re}\{s(t)\exp(j2\pi f_c t)\} \tag{2-20}$$

式中：f_c 为载频。当此信号通过无线信道时，会受到多径信道的影响而产生多径效应。假设第 i 径的路径长度为 x_i、衰落系数（或反射系数）为 a_i，则接收到的信号可表示为

$$\begin{aligned}
y(t) &= \sum_i a_i x\left(t - \frac{x_i}{c}\right) = \sum_i a_i \text{Re}\left\{s\left(t - \frac{x_i}{c}\right)\exp\left[j2\pi f_c\left(t - \frac{x_i}{c}\right)\right]\right\} \\
&= \text{Re}\left\{\sum_i a_i s\left(t - \frac{x_i}{c}\right)\exp\left[j2\pi\left(f_c t - \frac{x_i}{\lambda}\right)\right]\right\}
\end{aligned} \tag{2-21}$$

式中：c 为光速；$\lambda = c / f_c$ 为波长。

经简单推导可得出接收信号的包络：

$$y(t) = \text{Re}\{r(t)\exp(j2\pi f_c t)\} \tag{2-22}$$

式中：$r(t)$ 为接收信号的复数形式，即

$$r(t) = \sum_i a_i \exp\left(-j2\pi\frac{x_i}{\lambda}\right)s\left(t - \frac{x_i}{c}\right) = \sum_i a_i \exp(-j2\pi f_c \tau_i)s(t - \tau_i) \tag{2-23}$$

式中：$\tau_i = x_i / c$ 为时延。

$r(t)$ 实质上是接收信号的复包络模型，是衰落、相移和时延都不同的各个路径的总和。上面的讨论忽略了移动台的移动情况。考虑移动台移动时，由于移动台周围的散射体较杂乱，则多径的各个路径长度将发生变化。这种变化会导致每条路径的频率发生变化，产生多普勒效应。

设路径 i 的到达方向和移动台运动方向之间的夹角为 θ_i，则路径的变化量为

$$\Delta x_i = -vt \cos \theta_i \qquad (2-24)$$

这时信号输出的复包络将变为

$$
\begin{aligned}
r(t) &= \sum_i a_i \exp\left(-\mathrm{j}2\pi \frac{x_i + \Delta x_i}{\lambda}\right) s\left(t - \frac{x_i + \Delta x_i}{c}\right) \\
&= \sum_i a_i \exp\left(-\mathrm{j}2\pi \frac{x_i}{\lambda}\right) \exp\left(\mathrm{j}2\pi \frac{x_i}{\lambda} t \cos \theta_i\right) s\left(t - \frac{x_i}{c} + \frac{vt \cos \theta_i}{c}\right)
\end{aligned} \qquad (2-25)
$$

简化式（2-25），忽略信号的时延变化量 $\dfrac{vt \cos \theta_i}{c}$ 在 $s\left(t - \dfrac{x_i}{c} + \dfrac{vt \cos \theta_i}{c}\right)$ 中的影响，但 $\dfrac{vt \cos \theta_i}{c}$ 在相位中不能忽略，则

$$
\begin{aligned}
r(t) &= \sum_i a_i \exp\left[\mathrm{j}2\pi\left(\frac{v}{\lambda} t \cos \theta - \frac{x_i}{\lambda}\right)\right] s\left(t - \frac{x_i}{c}\right) \\
&= \sum_i a_i \exp\left[\mathrm{j}2\pi\left(f_m t \cos \theta_i - \frac{x_i}{\lambda}\right)\right] s(t - \tau_i) \\
&= \sum_i a_i \exp\left[\mathrm{j}(2\pi f_m t \cos \theta_i - 2\pi f_c \tau_i)\right] s(t - \tau_i) \\
&= \sum_i a_i s(t - \tau_i) \exp\left[-\mathrm{j}(2\pi f_c \tau_i - 2\pi f_m t \cos \theta_i)\right]
\end{aligned} \qquad (2-26)
$$

式中：f_m 为最大多普勒频移。

式（2-26）表明了多径和多普勒效应对复基带传输信号 $s(t)$ 施加的影响。令

$$\psi_i(t) = 2\pi f_c \tau_i - 2\pi f_m t \cos \theta_i = \omega_c \tau_i - \omega_{\mathrm{D},\,i} t \qquad (2-27)$$

式中：τ_i 为第 i 条路径到达接收机的信号分量的增量延迟，它随时间变化。增量延迟是实际延迟减去所有分量取平均的延迟，因此 $\omega_c \tau_i$ 表示多径延迟对随机相位的影响。$\omega_{\mathrm{D},i} t$ 表示多普勒效应对 $\psi_i(t)$ 的影响。在任何时刻 t，随机相位 $\psi_i(t)$ 都可产生对 $r(t)$ 的影响，从而引起多径衰落。进一步分析式（2-26），可得：

$$r(t) = \sum_i a_i s(t - \tau_i) \mathrm{e}^{-\mathrm{j}\psi_i(t)} = s(t) * h(t, \tau) \qquad (2-28)$$

式中：$s(t)$ 为复基带传输信号；$h(t, \tau)$ 为信道的冲击响应；符号 $*$ 表示卷积。图 2-9 所示为这种等效的冲击响应的信道模型。其中冲击响应可表示为

$$h(t, \tau) = \sum_i a_i \mathrm{e}^{-\mathrm{j}\psi_i(t)} \delta(\tau - \tau_i) \qquad (2-29)$$

式中：a_i，τ_i 为第 i 个分量的实际幅度和增量延迟；相位 $\psi_i(t)$ 包含在第 i 个增量延迟内一个多径分量所有的相移。

假设信道冲激响应具有时不变性，或者至少在一小段时间间隔或距离内具有保持不

变的特性，则信道冲激响应可以简化为

$$h(\tau) = \sum_i a_i e^{-j\psi_i(t)} \delta(\tau - \tau_i) \qquad (2-30)$$

此冲激响应完全描述了信道特性。研究表明，相位 ψ_i 服从 $[0, 2\pi]$ 的均匀分布，多径信号的个数、每个多径信号的幅度（或功率）以及时延需要进行测试，找出其统计规律。此冲激响应模型在工程上可用抽头延迟线实现。

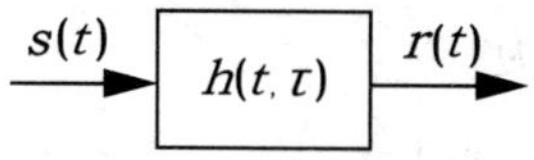

图 2-9　等效冲击响应模型

2.5.4　多径信道的主要描述参数

受多径环境和移动台运动等因素的影响，移动信道对传输信号在时间、频率和角度上造成了色散。通常用功率在时间、频率及角度上的分布来描述这种色散，即用功率延迟分布（Power Delay Profile，PDP）描述信道在时间上的色散，用多普勒功率谱密度（Doppler Power Spectral Density，DPSD）描述信道在频率上的色散，用角度谱（Power Azimuth Spectrum，PAS）描述信道在角度上的色散。定量描述这些色散时，常用一些特定参数来描述，即所谓多径信道的主要参数。

2.5.4.1　时间色散参数和相关带宽

（1）时间色散参数

用平均附加时延 $\bar{\tau}$ 和 rms 时延扩展 σ_τ 以及最大附加延时扩展（XdB）来描述时间色散参数 $P(\tau)$，其中，平均附加时延 $\bar{\tau}$ 定义为

$$\bar{\tau} = \frac{\sum_k a_k^2 \tau_k}{\sum_k a_k^2} = \frac{\sum_k P(\tau_k)\tau_k}{\sum_k P(\tau_k)} \qquad (2-31)$$

rms 时延扩展 σ_τ 定义为

$$\sigma_\tau = \sqrt{E(\tau^2) - (\bar{\tau})^2} \qquad (2-32)$$

其中

$$E(\tau^2) = \frac{\sum_k a_k^2 \tau_k^2}{\sum_k a_k^2} = \frac{\sum_k P(\tau_k)\tau_k^2}{\sum_k P(\tau_k)} \qquad (2-33)$$

最大附加时延扩展（XdB）定义为，多径能量从初值衰落到比最大能量低 X（dB）处的时延。也就是说，最大附加时延扩展定义为 $\tau_x - \tau_0$，其中 τ_0 是第一个到达信号的时刻，τ_x 是最大时延值，该期间到达的多径分量不低于最大分量减去 XdB。实际上最大附加时延定义了高于某特定门限的多径分量的时间范围。

在市区环境中常将公路延迟分布近似为指数分布，如图 2-10 所示。其指数分布为

$$P(\tau) = \frac{1}{T} e^{-\tau/T} \tag{2-34}$$

式中：T 为常数，为多径时延的平均值。图 2-11 给出了典型的对最强路径信号功率的归一化时延扩展谱。

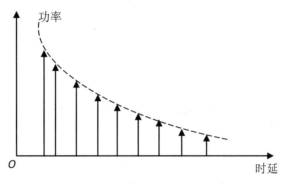

图 2-10　功率延迟分布示意图

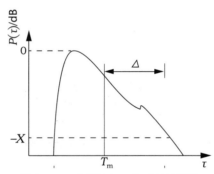

图 2-11　典型的归一化时延扩展谱

（2）相关带宽

与时延扩展有关的另一个重要概念是相关带宽。当信号通过移动信道时，会引起多径衰落。我们自然会考虑信号中不同频率分量通过多径衰落信道后所受到的衰落是否相同。频率间隔靠得很近的两个衰落信号存在不同时延，这可使两个信号变得相关。使得这一情况经常发生的频率间隔取决于时延扩展 σ_r。这一频率间隔称为"相干"（coherence）或"相关"（correlation）带宽（B_C）。

为了说明问题简单起见，先考虑两径的情况。

图 2-12 给出了两条路径信道模型。第一条路径信号为 $x_i(t)$，第二条路径信号为 $rx_i(t)e^{j\omega\Delta(t)}$，$r$ 为比例常数，$\Delta(t)$ 为两径时延差。

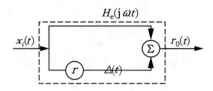

图 2-12　两条路径信道模型

接收信号为

$$r_0(t) = x_i(t)(1 + re^{j\omega\Delta(t)}) \tag{2-35}$$

两路径信道的等效网络传递函数为

$$H_e(j\omega, t) = \frac{r_0(t)}{x_i(t)} = 1 + re^{j\omega\Delta(t)} \tag{2-36}$$

信道的幅频特性为

$$A(\omega, t) = \left|1 + r\cos\omega\Delta(t) + jr\sin\omega\Delta(t)\right| \tag{2-37}$$

所以，当 $\omega\Delta(t) = 2n\pi$ 时（n 为整数），两径信号同相叠加，信号出现峰点；而当 $\omega\Delta(t) = (2n+1)\pi$ 时，双径信号反相相减，信号出现谷点。幅频特性曲线如图 2-13 所示。

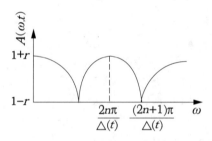

图 2-13　通过两条路径信道的接收信号幅频特性曲线

由图 2-13 可见，相邻两个谷点的相位差 $\Delta\Psi = \Delta\omega \cdot \Delta(t) = 2\pi$，$\Delta\omega = 2\pi / \Delta(t)$ 或 $B_c = \Delta\omega / 2\pi = 1/\Delta(t)$。两相邻场强为最小值的频率间隔是与两径时延 $\Delta(t)$ 成反比的。

实际上，移动信道中的传播路径通常是多条而不止两条，且由于移动台处于运动状态，因此当考虑多径时，$\Delta(t)$ 应为 rms 时延扩展 $\sigma_r(t)$。上面从时延扩展出发比较直观地说明了相关带宽的概念，但由于 $\sigma_r(t)$ 是随时间变化的，所以合成信号的振幅的谷点和峰点在频率轴上的位置也随时间变化，使得信道的传递函数变得复杂，很难准确地分析相关带宽的大小。通常的做法是先考虑两个信号包络的相关性，当多径时其 rms 时延扩展 $\sigma_r(t)$ 可以由大量实测数据经过统计处理计算出来，这样再确定相关带宽，这也说明相关带宽是信道本身的特性参数，与信号无关。

下面来说明当考虑两个信号包络的相关性时，推导出的相关带宽。

设两个信号的包络为 $r_1(t)$ 和 $r_2(t)$，频率差为 $\Delta f = |f_1 - f_2|$，则包络相关系数为

$$\rho_r(\Delta f, \tau) = \frac{R_r(\Delta f, \tau) - \langle r_1 \rangle \langle r_2 \rangle}{\sqrt{\left[\langle r_1^2 \rangle - \langle r_1 \rangle^2\right]\left[r_2^2 - \langle r_2 \rangle^2\right]}} \tag{2-38}$$

式中，$R_r(\Delta f, \tau)$ 为相关函数，有

$$R_r(\Delta f, \tau) = \langle r_1, r_2 \rangle = \int_0^\infty r_1 r_2 \, p(r_1, r_2) \mathrm{d}r_1 \mathrm{d}r_2 \tag{2-39}$$

若信号衰落服从瑞利分布，则可计算出

$$\rho_r(\Delta f, \tau) \approx \frac{J_0^2(2\pi f_m \tau)}{1 + (2\pi\Delta f)^2 \sigma_\tau^2} \tag{2-40}$$

令 $\tau = 0$，式（2-40）简化可得

$$\rho_r(\Delta f) \approx \frac{1}{1 + (2\pi\Delta f)^2 \sigma_\tau^2} \tag{2-41}$$

当频率间隔增加时，包络的相关性降低。通常根据包络的相关系数来测度相关带宽。例如，$2\pi f \sigma_\tau = 1$，得到 $\rho_r(\Delta f) = 0.5$，相关带宽为

$$\Delta f = 1/(2\pi\sigma_\tau) \tag{2-42}$$

即相关带宽为

$$B_c = 1/(2\pi\sigma_\tau) \tag{2-43}$$

根据衰落与频率的关系，将衰落分为两种：频率选择性衰落和非频率选择性衰落，后者又称为平坦衰落。

频率选择性衰落是指传输信道对信号不同的频率成分有不同的随机响应，信号中不同频率分量衰落不一致，引起信号波形失真。

非频率选择性衰落是指信号经过传输信道后，各频率分量的衰落是相关的，具有一致性，衰落波形不失真。

是否发生频率选择性衰落或非频率选择性衰落要由信道和信号两方面来决定。对于移动信道来说，存在一个固有的相关带宽。当信号的带宽小于相关带宽时，发生非频率选择性衰落；当信号的带宽大于相关带宽时，发生频率选择性衰落。

对于数字移动通信来说，当码元速率较低、信号带宽小于信道相关带宽时，信号通过信道传输后各频率分量的变化具有一致性，衰落为平坦衰落，信号的波形不失真；反之，当码元速率较高、信号带宽大于信道相关带宽时，信号通过信道传输后各频率分量的变化是不一致性的，衰落为频率选择性衰落，将引起波形失真，造成码间干扰。

2.5.4.2　频率色散参数和相关时间

频率色散参数是用多普勒扩展来描述的，而相关时间是与多普勒扩展相对应的参数。与时延扩展和相关带宽不同的是，多普勒扩展和相关时间描述的是信道的时变特性。这种时变特性或是由移动台与基站间的相对运动引起的，或是由信道路径中的物体运动引起的。

当信道时变时，信道具有时间选择性衰落，这种衰落会造成信号的失真。这是因为发送信号在传输过程中，信道特性发生了变化。信号尾端的信道特性与信号前端的信道特性发生了变化，不一样了，就会产生时间选择性衰落。

（1）多普勒扩展

假设发射载频为 f_c，接收信号是由许多经过多普勒频移的平面波合成的，即是由 N

个平面波合成的。当时，接收天线在 N 趋向于无穷大时，接收天线在 $\alpha \sim \alpha + d\alpha$ 角度内的入射功率趋于连续。

再假设 $p(\alpha)d\alpha$ 表示在角度 $\alpha \sim \alpha + d\alpha$ 内的入射功率，$G(\alpha)$ 表示接收天线增益，则入射波在 $\alpha \sim \alpha + d\alpha$ 内的功率为

$$b \cdot G(\alpha) \cdot p(x) \cdot d\alpha \tag{2-44}$$

式中：b 为平均功率。

考虑多普勒频移时，则接收的频率为

$$f(\alpha) = f = f_c + f_m \cos\alpha = f(-\alpha) \tag{2-45}$$

用 $S(f)$ 表示功率谱，则

$$S(f)\big|df\big| = b\big|p(\alpha)G(\alpha) + p(-\alpha)G(-\alpha)\big| \cdot \big|d\alpha\big| \tag{2-46}$$

式中：$d\big|f(\alpha)\big| = f_m \big|-\sin\alpha\big|\big|d\alpha\big|$，又由式（2-45）可知，$\alpha = \arccos\left(\dfrac{f - f_c}{f_m}\right)$，则可推导出：

$$\sin\alpha = \sqrt{1 - \left(\frac{f - f_c}{f_m}\right)^2} \tag{2-47}$$

$$
\begin{aligned}
S(f) &= \frac{b}{\big|df(\alpha)\big|}\big[p(\alpha)G(\alpha) + p(-\alpha)G(-\alpha)\big] \cdot \big|d\alpha\big| \\
&= \frac{b\big[p(\alpha)G(\alpha) + p(-\alpha)G(-\alpha)\big]}{f_m\sqrt{1 - \left(\dfrac{f - f_c}{f_m}\right)^2}}, \big|f - f_c\big| < f_m
\end{aligned}
\tag{2-48}
$$

对 b 归一化，并设 $G(\alpha)=1$，$p(\alpha)=1/2\pi$，$-\pi \leqslant \alpha \leqslant \pi$，则可得到典型的多普勒功率谱：

$$S(f) = \frac{1}{\pi\sqrt{f_m^2 - (f - f_c)^2}}, \big|f - f_c\big| < f_m \tag{2-49}$$

由于多普勒效应，接收信号的功率谱展宽到 $f_c - f_m$ 至 $f_c + f_m$ 范围。图 2-14 给出了多普勒扩展功率谱，即多普勒扩展。

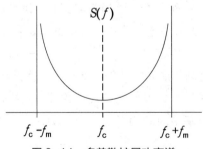

图 2-14　多普勒扩展功率谱

在应用多普勒频谱时，通常假设以下条件成立：

① 对于室外传播信道，大量接收信号波到达后均匀地分布在移动台的水平方位上，每个时延间隔的仰角为 0。假设天线方向图在水平方位上是均匀的。在基站一侧，一般来说，到达的接收波在水平方位上处于一个有限的范围内。这种情况的多普勒扩展由式

（2-49）表示，称为典型（Class）多普勒扩展。

② 对于室内传播信道，在基站一侧，对于每个时延间隔，大量到达的接收波均匀地分布在仰角方位和水平方位上。假设天线是短波或半波垂直极化天线，此时天线增益 $G(\alpha)=1.64$。这种情况的多普勒扩展由式（2-50）表示，称为平坦（Flat）多普勒扩展。

$$S(f) = 1/2\,f_{\mathrm m}, |f - f_{\mathrm c}| \ll f_{\mathrm m} \tag{2-50}$$

（2）相关时间

相关时间是信道冲激响应维持不变的时间间隔的统计平均值。也就是说，相关时间是指一段时间间隔，在此间隔内，两个到达信号具有很强的相关性，换句话说，在相关时间内信道特性没有明显的变化。因此相关时间表征了时变信道对信号的衰落节拍，这种衰落是由多普勒效应引起的，并且发生在传输波形的特定时间段上，即信道在时域具有选择性。一般称这种由多普勒效应引起的在时域产生的选择性衰落为时间选择性衰落。时间选择性衰落对数字信号误码有明显的影响，为了减小这种影响，要求基带信号的码元速率远大于信道的相关时间。

时间相关函数 $R(\Delta r)$ 与多普勒功率谱 $S(f)$ 之间是傅里叶变换关系，即

$$R(\Delta\tau) \leftrightarrow S(f) \tag{2-51}$$

所以多普勒扩展的倒数就是对信道相关时间的度量，即

$$T_{\mathrm c} \approx 1/f_{\mathrm D} \approx 1/f_{\mathrm m} \tag{2-52}$$

式中：$f_{\mathrm D}$ 为多普勒扩展，即多普勒频移。当入射波与移动台移动方向之间的夹角 $\alpha=0$ 时，式（2-52）成立。如果以信号包络相关度为 0.5 来定义相关时间，令式（2-40）中的 $\Delta f=0$，则相关时间的计算如下：

$$\rho_{\mathrm r}(0,\tau) \approx J_0^2(2\pi f_{\mathrm m}\tau) \tag{2-53}$$

$$\rho_{\mathrm r}(0,T_{\mathrm c}) \approx J_0^2(2\pi f_{\mathrm m}T_{\mathrm c}) = 0.5 \tag{2-54}$$

$$T_{\mathrm c} \approx \frac{9}{16\pi f_{\mathrm m}} \tag{2-55}$$

由相关时间的定义可知，时间间隔大于 $T_{\mathrm c}$ 的两个到达信号受到信道的影响各不相同。例如，移动台的移动速度为 30m/s，信道的载频为 2GHz，则相关时间为 1ms。所以要保证信号经过信道后不会在时间轴上产生失真，就必须保证传输的符号速率大于 1kb/s。

另外，在测量小尺度电波传播时，要考虑选取适当的空间取样间隔，以避免连续取样值有很强的时间相关性。一般认为，式（2-55）给出的 $T_{\mathrm c}$ 是一个保守值，所以可以选取 $T_{\mathrm c}/2$ 作为取样值的时间间隔，以此求出空间取样间隔。

在现代数字通信中，比较粗糙的方法是规定 $T_{\mathrm c}$ 为式（2-52）和式（2-55）的几何平均作为经验关系：

$$T_{\mathrm c} \approx \sqrt{\frac{9}{16\pi f_{\mathrm m}^2}} = \frac{0.423}{f_{\mathrm m}} \tag{2-56}$$

2.5.4.3 角度色散参数和相关距离

无线通信中移动台和基站周围的散射环境不同，使得多天线系统中不同位置的天线经历的衰落不同，从而产生了角度色散，即空间选择性衰落。与单天线的研究不同，在对多天线研究过程中，不仅要了解无线信道的衰落、延时等变量的统计特性，还需了解有关角度的统计特性，如到达角度和离开角度等，正是这些角度的原因才引发了空间选择性衰落。角度扩展和相关距离是描述空间选择性衰落的两个主要参数。

（1）角度扩展

角度扩展（Azimuth Spread，AS）Δ 是用来描述空间选择性衰落的重要参数，它与角度功率谱（PAS）$p(\theta)$ 有关。

角度功率谱是信号功率谱密度在角度上的分布。研究表明，角度功率谱（PAS）一般为均匀分布、截短高斯分布和截短拉普拉斯分布。

角度扩展 Δ 等于角度功率谱的二阶中心矩的平方根，即

$$\Delta = \sqrt{\frac{\int_0^\infty (\theta - \overline{\theta})^2 p(\theta)\mathrm{d}\theta}{\int_0^\infty p(\theta)\mathrm{d}\theta}} \tag{2-57}$$

其中，

$$\overline{\theta} = \frac{\int_0^\infty \theta p(\theta)\mathrm{d}\theta}{\int_0^\infty p(\theta)\mathrm{d}\theta} \tag{2-58}$$

角度扩展 Δ 描述了功率谱在空间上的色散程度，角度扩展在 [0，360°] 区间分布。角度扩展越大，表明散射环境越强，信号在空间的色散度越高；反之，角度扩展越小，表明散射环境越弱，信号在空间的色散度越低。

（2）相关距离

相关距离是指信道冲激响应应保证有一定相关度的空间距离。在相关距离内，信号经历的衰落具有很大的相关性。在相关距离内，可以认为空间传输函数是平坦的，如果天线元素放置的空间距离比相关距离小得多，即

$$\Delta x \ll D_c \tag{2-59}$$

则信道就是非空间选择性信道。

2.5.5 多径衰落信道的分类

前面详细讨论了信号通过无线信道时，所产生的多径时延、多普勒效应，以及信号的包络所服从的各种分布等。由此导致了信号通过无线信道时，经历了不同类型的衰落。移动无线信道中的时间色散和频率色散可能产生 4 种衰落效应，这是由信号、信道以及发送频率的特性引起的。

概括起来这 4 种衰落效应是：由于时间色散导致发送信号产生的平坦衰落和频率选择性衰落；根据发送信号与信道变化快慢程度的比较，也就是频率色散引起的信号失真，可将信道分为快衰落信道和慢衰落信道。

2.5.5.1　平坦衰落和频率选择性衰落

如果信道带宽大于发送信号的带宽，且在带宽范围内有恒定增益和线性相位，则接收信号就会经历平坦衰落过程。在平坦衰落情况下，信道的多径结构使发送信号的频谱特性在接收机内仍能保持不变，所以平坦衰落也称为频率非选择性衰落。平坦衰落信道的条件可概括为

$$\begin{aligned} B_s \ll B_c \\ T_s \gg \sigma_\tau \end{aligned} \tag{2-60}$$

式中：T_s 为信号周期（信号带宽 B_s 的倒数）；σ_τ 为信道的时延扩展；B_c 为相关带宽。

如果信道具有恒定增益和相位，其带宽范围小于发送信号带宽，则此信道特性会导致接收信号产生选择性衰落。此时，信道冲激响应具有多径时延扩展，其值大于发送信号波形带宽的倒数。在这种情况下，接收信号中包含经历了衰减和时延的发送信号波形的多径波，因而将产生接收信号失真。频率选择性衰落是由信道中发送信号的时间色散引起的。这种色散会引起符号间干扰。

对于频率选择性衰落而言，发送信号的带宽大于信道的相关带宽。由频域可以看出，不同频率获得不同增益时，信道就会产生频率选择。产生频率选择性衰落的条件为

$$\begin{aligned} B_s > B_c \\ T_s < \sigma_\tau \end{aligned} \tag{2-61}$$

通常若 $T_s \leqslant 10\sigma_\tau$，可认为该信道是频率选择性的，但这一范围依赖于所用的调制类型。

2.5.5.2　快衰落信道和慢衰落信道

当信道的相关时间比发送信号的周期短，且基带信号的带宽 B_s 小于多普勒扩展 B_D 时，信道冲激响应在符号周期内变化很快，从而导致信号失真，产生衰落，此衰落为快衰落。所以信号经历快衰落的条件为

$$\begin{aligned} T_s > T_c \\ B_s < B_D \end{aligned} \tag{2-62}$$

当信道的相关时间远远大于发送信号的周期，且基带信号的带宽 B_s 远远大于多普勒扩展 B_D 时，信道冲激响应变化比要传送的信号码元的周期低很多，可以认为该信道是慢衰落信道，即信号经历慢衰落的条件为

$$\begin{aligned} T_s \ll T_c \\ B_s \gg B_D \end{aligned} \tag{2-63}$$

显然，移动台的移动速度（或信道路径中物体的移动速度）及基带信号发送速率，决定了信号是经历了快衰落还是慢衰落。

另外，当考虑角度扩展时，会有角度色散，即空间选择衰落。这样可以根据信道是否考虑了空间选择性，把信道分为标量信道和矢量信道。标量信道是指只考虑时间和频率的二维信息信道；而矢量信道指的是考虑了时间、频率和空间的三维信息信道。

2.5.6 衰落特性的特征量

通常用衰落率、电平交叉率、平均衰落周期及衰落持续时间等特征量表示信道的衰落特性。

2.5.6.1 衰落率和衰落深度

衰落率是指信号包络在单位时间内以正斜率通过中值电平的次数。简单地说，衰落率就是信号包络衰落的速率。衰落率与发射频率、移动台行进速度和方向以及多径传播的路径数有关。测试结果表明，当移动台行进方向朝着或背着电波传播方向时，衰落最快。频率越高，速度越快，则平均衰落率的值越大。

平均衰落率为

$$A = \frac{\upsilon}{\lambda/2} = 1.85 \times 10^{-3} vf \tag{2-64}$$

式中：v 为运动速度，km/h；f 为频率，MHz；A 为平均衰落率，Hz。

衰落深度指信号的有效值与该次衰落的信号最小值的差值。

2.5.6.2 电平通过率和衰落持续时间

（1）电平通过率

电平通过率的定义为信号包络单位时间内以正斜率通过某一规定电平值的平均次数，用于描述衰落次数的统计规律。衰落信道的实测结果发现，衰落率是与衰落深度有关的。深度衰落发生的次数较少，而浅度衰落发生得则相当频繁。电平通过率用于定量描述这一特征。

电平通过率为

$$N(R) = \int_0^\infty \dot{r} p(R, \dot{r}) \, \mathrm{d}\dot{r} \tag{2-65}$$

式中：$\dot{r}$ 为信号包络 r 对时间的导函数；$p(R, \dot{r})$ 为 R 和 $\dot{r}$ 的联合概率密度函数。

图 2-15 为电平通过率的基本概念示意图。

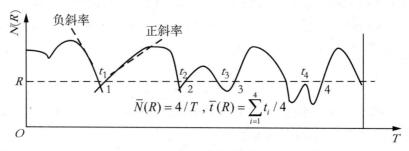

图 2-15 电平通过率的基本概念示意图

图 2-15 中 R 为规定电平，在时间 T 内以正斜率通过 R 电平的次数为 4，所以电平通过率为 $4/T$。

由于电平通过率是随机变量，通常用平均电平通过率来描述。对于瑞利分布，可以得到：

$$N(R) = \sqrt{2\pi} f_m \cdot \rho e^{-\rho^2} \qquad (2\text{-}66)$$

式中：f_m 为最大多普勒频率；$\rho = \dfrac{R}{\sqrt{2}\sigma} = \dfrac{R}{R_{rms}}$（信号的平均功率 $E(r^2) = \int_0^\infty r^2 p(r)\mathrm{d}r = 2\sigma^2$，$R_{rms} = \sqrt{2}\sigma$ 为信号有效值）。

（2）衰落持续时间

平均衰落持续时间的定义为信号包络低于某个给定电平值的概率与该电平所对应的电平通过率之比。由于衰落是随机发生的，所以只能给出平均衰落持续时间：

$$\overline{\tau}_R = \frac{P(r \leq R)}{N_R} \qquad (2\text{-}67)$$

对于瑞利衰落，可以得出平均衰落持续时间：

$$\overline{\tau}_R = \frac{1}{\sqrt{2\pi} f_m \rho}\left(e^{\rho^2} - 1\right) \qquad (2\text{-}68)$$

电平通过率描述了衰落次数的统计规律，那么，信号包络衰落到某一电平之下的持续时间是多少，也是一个很有意义的问题。当接收信号电平低于接收机门限电平时，就可能造成话音中断或误比特率突然增大。了解接收信号包络低于某个门限的持续时间的统计规律，就可以判定话音受影响的程度，以及在数字通信中是否会发生突发性错误和突发性错误的长度。

在图 2-15 中时间 T 内的衰落持续时间为 $t_1+t_2+t_3+t_4$，则平均衰落持续时间为

$$\overline{\tau}_R = \sum \frac{t_i}{N} = (t_1 + t_2 + t_3 + t_4)/4 \qquad (2\text{-}69)$$

2.6　电波传播损耗预测模型

研究建立电波传播损耗预测模型的目的是，在进行无线移动通信网络设计时，很好地掌握在基站周围所有地点处接收信号的平均强度及其变化特点，以便为网络覆盖的研究以及整个网络设计提供基础。

无线传播环境决定了电波传播的损耗，然而由于传播环境极为复杂，所以在研究建立电波传播预测模型时，人们常常根据测试数据分析归纳出基于不同环境的经验模型，在此基础上对模型进行校正，以使其更加接近实际，更准确。

确定某一特定地区的传播环境的主要因素有：① 自然地形（高山、丘陵、平原、水域等）；② 人工建筑的数量、高度、分布和材料特性；③ 该地区的植被特征；④ 天气状况；⑤ 自然和人为的电磁噪声状况。另外，还要考虑系统的工作频率和移动台运动等因素。

电波传播预测模型通常分为室外传播模型和室内传播模型。室外传播模型相对于室内传播模型来说比较成熟，所以这里重点介绍室外传播模型，对室内传播模型只做简单的介绍。

2.6.1　室外传播模型

常用的几种电波传播损耗预测模型有 Okumura-Hata 模型、COST-231 Hata 模型、CCIR 模型、LEE 模型及 COST231-Walfisch-Ikegami 模型。

Hata 模型是广泛使用的一种中值路径损耗预测的传播模型，适用于宏蜂窝（小区半径大于 1km）的路径损耗预测。根据应用频率的不同，Hata 模型又分为以下两种。

① Okumura-Hata 模型，适用的频率范围为 150～1500MHz，主要用于 900MHz。

② COST-231 Hata 模型，是 COST-231 工作委员会提出的将频率扩展到 2GHz 的 Hata 模型扩展版本。

本节选取两个常用的模型介绍。

2.6.1.1　Okumura-Hata 模型

Okumura-Hata 模型是根据测试数据统计分析得出的经验公式，应用频率为 150～1500MHz，适用于小区半径大于 1km 的宏蜂窝系统，基站有效天线高度为 30～200m，移动台有效天线高度为 1～10m。

Okumura-Hata 模型路径损耗计算的经验公式为

$$L_p(\text{dB}) = 69.55 + 26.16\lg f_c - 13.82\lg h_{\text{te}} - \alpha(h_{\text{re}}) + \qquad (2\text{-}70)$$
$$(44.9 - 6.55\lg h_{\text{te}})\lg d + C_{\text{cell}} + C_{\text{terrain}}$$

式中：f_c 为工作频率，MHz；h_{te} 为基站天线有效高度，定义为基站天线实际海拔高度与基站沿传播方向实际距离内的平均地面海拔高度之差，m；h_{re} 为移动台有效天线高度，定义为移动台天线高出地表的高度，m；d 为基站天线和移动台天线之间的水平距离，km；$\alpha(h_{\text{re}})$ 为有效天线修正因子，是覆盖区大小的函数，有

$$\alpha(h_{\text{re}}) = \begin{cases} (1.11\lg f_c - 0.7)h_{\text{re}} - (1.56\lg f_c - 0.8) & \text{（中小城市）} \\ 8.29(\lg 1.54h_{\text{re}})^2 - 1.1 & (f_c \leqslant 300\text{MHz}) \\ 3.2(\lg 11.75h_{\text{re}})^2 - 4.97 & (f_c \geqslant 300\text{MHz}) \end{cases} \quad \text{（大城市、郊区、乡村）} \qquad (2\text{-}71)$$

C_{cell} 为小区类型校正因子，有

$$C_{\text{cell}} = \begin{cases} 0 & \text{（城市）} \\ -2\left(\lg(f_c/28)\right)^2 - 5.4 & \text{（郊区）} \\ -4.78(\lg f_c)^2 - 18.33\lg f_c - 40.98 & \text{（乡村）} \end{cases} \qquad (2\text{-}72)$$

C_{terrain} 为水形校正因子。

地形分为：水域、海、湿地、郊区开阔地、城区开阔地、绿地、树林、40m 以上高层建筑群、20～40m 规则建筑群、20m 以下高密度建筑群、20m 以下中密度建筑群、20m 以下低密度建筑群、郊区乡镇及城市公园。地形校正因子反映了一些重要的地形环境因素对路径损耗的影响，如水域、树木、建筑等，合理的地形校正因子取值通过对传播模型的测试和校正得到，也可以由人为设定。

2.6.1.2　COST-231 Hata 模型

COST-231 Hata 模型是 EURO-COST 组成的 COST 工作委员会开发的 Hata 模型的扩展版本，应用频率为 1500 ~ 2000MHz，适用于小区半径大于 1km 的宏蜂窝系统，发射有效天线高度为 30 ~ 200m，接收有效天线高度为 1 ~ 10m。

COST-231 Hata 模型路径损耗计算的经验公式为

$$
\begin{aligned}
L_{50}(\mathrm{dB}) = &\ 46.3 + 33.9\lg f_{\mathrm{c}} - 13.82\lg h_{\mathrm{te}} - \alpha(h_{\mathrm{re}}) + \\
&\ (44.9 - 6.55\lg h_{\mathrm{te}})\lg d + C_{\mathrm{cell}} + C_{\mathrm{terrain}} + C_{\mathrm{M}}
\end{aligned}
\tag{2-73}
$$

式中：C_{M} 为大城市中心校正因子，有

$$
C_{\mathrm{M}} = \begin{cases} 0\mathrm{dB} \ (\text{中等城市和郊区}) \\ 3\mathrm{dB} \ (\text{大城市中心}) \end{cases}
\tag{2-74}
$$

COST-231 Hata 模型和 Okumura-Hata 模型的主要区别是频率衰减的系数不同，前者的频率衰减因子为 33.9，后者的频率衰减因子为 26.16。另外，COST-231 Hata 模型还增加了一个大城市中心衰减 C_{M}，大城市中心地区路径损耗增加 3dB。

2.6.2　室内传播模型

室内无线信道与传统的无线信道相比，具有两个显著的特点：室内覆盖面积要小得多；收发机间的传播环境变化更大。研究结果表明，影响室内传播的因素主要是建筑物的布局、建筑材料和建筑类型等。

室内的无线传播同样受到反射、绕射和散射 3 种主要传播方式的影响，但是与室外传播环境相比，条件却大大不同。实验研究结果表明，建筑物内部接收到的信号强度随楼层高度增加，在建筑物的较低层，由于都市群的原因有较大的衰减，使穿入建筑物的信号电平很小；在较高楼层，若存在 LOS 路径，会产生较强的直射到建筑物外墙处的信号。因而，对室内传播特性的预测需要使用针对性更强的模型。这里将简单介绍几种室内传播模型。

2.6.2.1　对数距离路径损耗模型

研究结果表明，室内路径损耗遵从公式：

$$
\mathrm{PL}_{[\mathrm{dB}]} = \mathrm{PL}(d_0) + 10\gamma\lg(d/d_0) + X_{\sigma[\mathrm{dB}]}
\tag{2-75}
$$

式中：γ 依赖于周围环境和建筑物类型；X_{σ} 为标准偏差为 σ 的正态随机变量。

2.6.2.2　Ericsson 多重断点模型

Ericsson 多重断点模型有 4 个断点，并考虑了路径损耗的上下边界，该模型假定在 d_0=1m 处衰减为 30dB，这对于频率为 900MHz 的单位增益天线是准确的。Ericsson 多重断点模型没有考虑对数正态阴影部分，它提供特定地形路径损耗范围的确定限度。图 2-16 所示为基于 Ericsson 多重断点模型的室内路径损耗曲线。

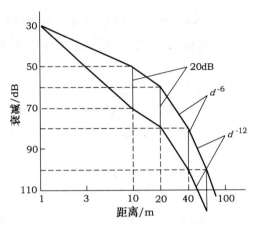

图2-16   多重断点模型的室内路径损耗曲线

2.6.2.3   衰减因子模型

适用于建筑物内传播预测的衰减因子模型包含了建筑物类型影响以及阻挡物引起的变化。这一模型灵活性很强，预测路径损耗与测量值的标准偏差约为 4dB，而对数距离模型的偏差可达 13dB。衰减因子模型为

$$\overline{PL}(d)_{[dB]} = \overline{PL}(d_0)_{[dB]} + 10\gamma_{SF}\lg(d/d_0) + FAF_{[dB]} \qquad (2\text{-}76)$$

式中：γ_{SF} 为同层测试的指数值（同层指同一建筑楼层）。如果在同层条件下很好估算 γ，对不同楼层路径损耗可通过附加楼层衰减因子（Floor Attenuation Factor，FAF）获得，或者在式（2-77）中，FAF 由考虑多楼层影响的指数所代替，即

$$\overline{PL}(d)_{[dB]} = \overline{PL}(d_0)_{[dB]} + 10\gamma_{MF}\lg(d/d_0) \qquad (2\text{-}77)$$

式中：γ_{MF} 为基于测试的多楼层路径损耗指数。

室内路径损耗等于自由空间损耗加上附加损耗因子，并且随着距离呈指数增长。对于多层建筑物，修改式（2-77）得到：

$$\overline{PL}(d)_{[dB]} = \overline{PL}(d_0)_{[dB]} + 20\lg(d/d_0) + \alpha d + FAF_{[dB]} \qquad (2\text{-}78)$$

式中：α 为信道衰减常数，dB/m。

思考题与习题

2.1   说明多径衰落对数字移动通信系统的主要影响。

2.2   若某发射机发射功率为 100W，请将其换算成 dBm 和 dBW。如果发射机的天线

增益为单位增益，载波频率为 900MHz，问：在自由空间中距离天线 100m 处的接收功率为多少 dBm？

2.3　若载波 f_0=800 MHz，移动台速度 v=60km/h，求最大多普勒频移。

2.4　说明时延扩展、相关带宽和多普勒扩展、相关时间的基本概念。

2.5　设载波频率 f_c=1.9GHz，移动台运动速度 v=50m/s，问：移动 10m 进行电波传播测量时需要多少个样值？进行这些测量需要多少时间？信道的多普勒扩展为多少？

2.6　若 f=800MHz，v=50km/h，移动台沿电波传播方向行驶，求接收信号的平均衰落率。

2.7　已知移动台速度 v=60km/h，f=1GHz，求对于信号包络均方值电平 R_{rms} 的电平通过率。

第3章 调制技术与正交频分复用

3.1 调制技术概述

调制就是对消息源信息进行处理，使其变为适合传输形式的过程。调制的目的是使所传送的信息能更好地适应信道特性，以达到最有效和最可靠的传输的目的。从信号空间观点来看，调制实质上是从信道编码后的汉明空间到调制后的欧式空间的映射和变换。移动通信系统的调制技术包括用于第一代移动通信系统的模拟调制技术和用于现今及未来系统的数字调制技术。在过去的几十年中，数字信号处理技术和硬件技术的发展使数字收发器比模拟收发器更廉价、速度更快、效率更高。更为重要的是，数字调制相对模拟调制有许多其他的优势，包括高频谱效率、强纠错能力、抗信道失真、高效的多址接入以及更好的安全保密性等。例如，MQAM这类多电平数字调制技术的频谱效率要比模拟调制高得多；而且均衡和多载波技术可以减少码间干扰（Inter symbol Interference，ISI）；扩频技术能消除多径或者对多径进行合并，能抑制干扰，能检测出多个用户的传输；数字调制更易于加密，从而使数字通信有更高的安全性和保密性。正是由于这些原因，目前在建的或者将要建设的无线通信系统都是数字系统。

移动通信信道的基本特征主要表现在以下几个方面：① 带宽有限，它取决于使用的频率资源和信道的传播特性；② 干扰和噪声影响大，这主要是由移动通信工作的电磁环境所决定的；③ 存在着多径衰落与码间干扰。

针对移动通信信道的特点，调制方式的选择应该综合频谱利用率、功率效率、抗码间干扰、抗衰落的能力和已调信号的恒包络特性等因素。高的频谱利用率是为了容纳更多的用户，要求移动通信网有比较高的频带效率，要求已调信号所占的带宽小。这意味着已调信号频谱的主瓣要窄，同时副瓣的幅度要低。对于数字调制而言，频谱利用率常用单位频带内能传输的比特率来表征，它的定义为 $\eta_b = R_b/B$，其中 R_b 为比特速率，B 为已调无线信号的带宽。

功率效率是指保持信息精确度的情况下所需的最小信号功率（或者最小信噪比）。对于数字调制信号，功率效率表现为误码率，它是信噪比的函数，在噪声功率一定的条件下，为了达到同样的误码率，要求已调信号功率越低越好。功率越低，效率越高。高的抗干扰和抗衰落性能要求在恶劣的信道环境下，经过调制解调后的输出信干噪比（SINR）较大或误码率（BER）较低，它是调制的主要特征，不同调制方式的抗干扰特性不同。具有恒包络特性的信号对放大器的非线性不敏感，如采用恒定包络调制，则可采用限幅器、低成本的非线性高效功率放大器件。如采用非恒定包络调制，则需要采用成本相对较高的线性功率放大器件。此外，还需要考虑调制器和解调器本身的复杂性。

数字调制主要分为两类：幅度 / 相位调制和频率调制。频率调制用非线性方法产生，其信号包络一般是恒定的，因此称为恒包络调制（Constant Envelope Modulation）或非线性调制（Nonlinear Modulation）。幅度 / 相位调制也称线性调制（Linear Modulation）。线性调制一般比非线性调制有更好的频谱特性，这是因为非线性处理会导致频谱扩展。不过幅度 / 相位调制把信息包含在发送信号的幅度或相位中，这使它易受衰落和干扰的影响。幅度 / 相位调制一般需要用价格昂贵、功率效率差的线性放大器。选择线性调制还是非线性调制就是在前者的频谱效率和后者的功率效率及抗信道影响能力之间进行选择。选定调制方式后，还必须确定星座的大小。对于相同的带宽，大的星座对应高的传输速率，但大星座的调制易受噪声、衰落、硬件缺陷等的影响。另外，有些解调器需要建立一个与发送端一致的相干载波，做到这一点有一定难度，通常会大大增加接收机的复杂性。因此，不要求接收端有相干载波的调制技术更受欢迎。

本章从信号空间的概念开始讨论。将无限维的信号映射到有限维的向量空间能大大简化调制解调技术的分析与设计。接下来用信号空间的方法分析幅度 / 相位调制，讨论这些调制方式中的星座成形技术、正交偏移技术以及无须相干载波的差分技术。最后简单介绍网格编码调制以及 OFDM 调制技术的基本原理。

3.2　信号空间分析

数字调制将若干比特映射为几种可能的发送信号之一。通俗地说，接收机将收到的信号同各个可能的发送信号作比较，找到"最接近"的信号作为检测结果，这样可以使出错的概率最小。为此我们需要一个度量来反映信号之间的距离。通过将信号投影到一组基函数上，就能将信号波形和向量表示一一对应起来。这样，问题就从无限维的函数空间转到了有限维的向量空间，从而可以利用向量空间中距离的概念。本节将证明信号具有类似向量的特征，并且导出信号波形的向量表示法。下面首先给出与向量有关的定义和概念。

3.2.1　信号与系统模型

如图 3-1 所示的通信系统模型，系统每隔 T 秒发送 $K=$ lb M 个信息比特，数据速率为 $R=K/T$（b/s）。K 个信息比特能组成 2^k 种不同比特序列，每一种 K 比特序列为一个消息 $m_i= \in m$，其中 m 是所有消息组成的集合。发送第 i 个消息的概率是 p_i，$\sum\limits_{i=1}^{M} p_i =1$。

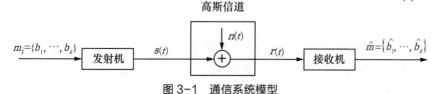

图 3-1　通信系统模型

假设在 $[0，T]$ 时间间隔内传输的消息是 m_i。由于信道是模拟的，信息必须加载到适合于信道传输的模拟信号中，因此，每个消息 $m_i \in m$ 都被映射到一个特定的模拟信号 $s_i(t) \in s = \{s_1(t),\cdots,s_m(t)\}$。其中 $s_i(t)$ 定义在时间区间 $[0，T)$ 上，其能量为

$$E_{s_i} = \int_0^T s_i^2(t)\mathrm{d}t, i=1,\cdots,M \qquad （3-1）$$

每个消息代表一个比特序列，因此每个信号 $s_i(t) \in s$ 也同样代表一个比特序列，接收端检测出发送的 $s_i(t)$ 等价于检测出发送前的比特序列。对于发送消息构成的序列，时间区间 $[kT，(k+1)T]$ 发送的消息 m_i 对应于一个模拟信号 $s_i(t-kT)$ 发送端发送的总信号是各时间区间内相应的模拟信号构成的序列：$s_i(t) = \sum_k s_i(t-kT)$。这一点如图 3-2 所示，图中发送的消息序列是 m_1，m_2，m_1，m_1，其中，消息 m_i 被映射为 $s_i(t)$，发送的总信号为 $s(t) = s_1(t) + s_2(t-T) + s_1(t-2T) + s_1(t-3T)$。

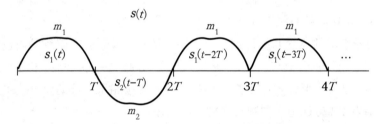

图 3-2　消息序列对应的发送信号

在图 3-1 的模型中，信号在通过 AWGN 信道传输时叠加了功率谱密度为 $N_0/2$ 的高斯白噪声，得到的接收信号为 $r(t) = s(t) + n(t)$。接收机将根据所收到的 $r(t)$，确定出每个时间间隔 $[kT，(k+1)T]$ 内，最有可能发送的是哪个 $s_i(t)$（$s_i(t) \in s$）。对 $s_i(t)$ 所做的最佳估计可直接映射为对消息的最佳估计，然后接收机输出最佳估计消息。接收机的设计在消息估计方面的目标就是要使每个码元间隔 $[kT，(k+1)T]$ 内估计的差错概率 P_e 最小化：

$$P_e = \sum_{i=1}^M p(\hat{m}_i \neq m_i | m_i\ sent) p(m_i\ sent) \qquad （3-2）$$

把信号用几何方式表示，我们就可以利用最小距离准则得到 AWGN 信道下的最佳接收机设计。

3.2.2　向量空间的概念

在 n 维空间中，向量 V 可用其 n 个分量 $[v_1, v_2, \cdots, v_n]$ 表征，也可以表示成单位向量或基向量 $e_i(1 \leqslant i \leqslant n)$ 的线性组合，即

$$V = \sum_{i=1}^n v_i e_i \qquad （3-3）$$

式中：按照定义，单位向量的长度为 1。v_i 是向量 V 在单位向量 e_i 上的投影。

两个 n 维向量 $V_1 = [v_{11}, v_{12}, \cdots, v_{1n}]$ 和 $V_2 = [v_{21}, v_{22}, \cdots, v_{2n}]$ 的内积定义为

$$V_1 \cdot V_2 = \sum_{i=1}^{n} v_{1i} v_{2i} \quad (3\text{-}4)$$

如果 $V_1 \cdot V_2 = 0$，则向量 V_1 与 V_2 相互正交。更一般的情况，对于一组 m 个向量 V_k（$1<K<m$），如果对所有 $1 \leqslant i, j \leqslant m$ 且 $i \neq j$，有

$$V_i \cdot V_j = 0 \quad (3\text{-}5)$$

则称这组向量是相互正交的。

向量 V 的范数记为 $\|V\|$，且定义为

$$\|V\| = (V \cdot V)^{1/2} = \sqrt{\sum_{i=1}^{n} v^2{}_i} \quad (3\text{-}6)$$

这也是它的长度。如果一组 m 个向量相互正交且每个向量具有单位范数，则称这组向量为标准（归一化）正交的。如果一组 m 个向量之中没有一个向量能表示成其余向量的线性组合，则称这组向量是线性独立的。

两个 n 维向量 V_1 和 V_2 满足三角不等式：

$$\|V_1 + V_2\| \leqslant \|V_1\| + \|V_2\| \quad (3\text{-}7)$$

如果 V_1 和 V_2 方向相同，即 $V_1 = \alpha V_2$，其中 α 为正的实标量，则上式为等式。

由三角不等式可导出柯西 – 施瓦茨（Cauchy-Schwartz）不等式：

$$\|V_1 \cdot V_2\| \leqslant \|V_1\| \|V_2\| \quad (3\text{-}8)$$

如果 $V_1 = \alpha V_2$，则上式为等式。

3.2.3　信号空间的概念

正如向量的情况，也可用类似的方法处理定义在某区间 $[a, b]$ 上的一组信号。两个一般的复信号 $x_1(t)$ 和 $x_2(t)$ 的内积定义为 $\{x_1(t), x_2(t)\}$：

$$\langle x_1(t), x_2(t) \rangle = \int_a^b x_1(t) x_2{}^*(t) \mathrm{d}t \quad (3\text{-}9)$$

如果它们的内积为零，则两个信号是正交的。信号的范数定义为

$$\|x(t)\| = \left(\int_a^b |x(t)|^2 \mathrm{d}t \right)^{1/2} \quad (3\text{-}10)$$

一信号集中的 M 个信号，如果它们是相互正交的且范数均为 1，则该信号集是标准正交的。如果没有一个信号能表示成其余信号的线性组合，则该信号集是线性独立的。

两个信号的三角不等式为

$$\|x_1(t) + x_2(t)\| \leqslant \|x_1(t)\| + \|x_2(t)\| \quad (3\text{-}11)$$

3.2.4　信号的几何表示

将信号进行几何表示的基础是基的概念。通过施密特正交化，我们可以把任意 M 个定义在 $[0, T)$ 上的有限能量实信号 $S=\{s_1(t), \cdots, s_M(t)\}$ 表示为 $N \leqslant M$ 个实正交基函数 $\{\phi_1(t), \cdots, \phi_N(t)\}$ 的线性组合，称这组基函组成了集合 S。每一个 $s_i(t) \in S$ 都可以用这组基函数表示为

$$s_i(t) = \sum_{j=1}^{N} s_{ij}\phi_j(t), 0 \le t \le T \tag{3-12}$$

其中，

$$s_{ij} = \int_0^T s_i(t)\mathrm{d}t \tag{3-13}$$

是将 $s_i(t)$ 投影到基函数 $\phi_j(t)$ 上得到的实系数。其中，基函数满足

$$\int_0^T \phi_i(t)\phi_j(t)\mathrm{d}t = \begin{cases} 1, & i=j \\ 0, & i \ne j \end{cases} \tag{3-14}$$

如果信号 $\{s_i(t)\}$ 线性无关，则 $N=M$，否则 $N<M$。对于持续时间为 T、带宽为 B 的信号，需要的基的个数 N 至少是 $2BT$，即这样的信号 $s_i(t)$ 具有 $2BT$ 维。线性带通调制的基函数由正弦和余弦函数组成。

$$\phi_1(t) = \sqrt{\frac{2}{T}}\cos(2\pi f_c t) \tag{3-15}$$

$$\phi_2(t) = \sqrt{\frac{2}{T}}\cos(2\pi f_c t) \tag{3-16}$$

其中，系数 $\sqrt{2/T}$ 用于归一化，即为了使 $\int_0^T \phi_i^2 \mathrm{d}t = 1, i=1,2$。实际上这两个函数只是近似满足式（3-14），因为

$$\int_0^T \phi_i^2(t)\mathrm{d}t = \frac{2}{T}\int_0^T 0.5[1+\cos(4\pi f_c t)]\mathrm{d}t = 1 + \frac{\sin(4\pi f_c t)}{4\pi f_c t} \tag{3-17}$$

式中第二项的分子项小于 1，故当 $f_c T \gg 1$ 时第二项可以忽略。当 $f_c T \gg 1$ 时同样有

$$\int_0^T \phi_1(t)\phi_2(t)\mathrm{d}t = \frac{2}{T}\int_0^T 0.5\sin(4\pi f_c t)\mathrm{d}t = \frac{-\cos(4\pi f_c t)}{4\pi f_c t} \approx 0 \tag{3-18}$$

对于 $\phi_1(t)=\sqrt{2/T}\cos(2\pi f_c t)$ 和 $\phi_2(t)=\sqrt{2/T}\sin(2\pi f_c t)$ 这两个基，式（3-13）对应于带通信号的等效基带表示，两个系数对应同相分量和正交分量：

$$s_i(t) = s_{i1}\sqrt{\frac{2}{T}}\cos(2\pi f_c t) + s_{i2}\sqrt{\frac{2}{T}}\sin(2\pi f_c t) \tag{3-19}$$

注意：作为基函数的载波可能会包含一个初始相位 ϕ_0。基函数也可能包含一个用以改善发送信号频谱特性的脉冲成形滤波器 $g(t)$，即

$$s_i(t) = s_{i1}g(t)\cos(2\pi f_c t) + s_{i2}g(t)\sin(2\pi f_c t) \tag{3-20}$$

此时需要注意脉冲形状 $g(t)$ 必须要保证式（3-15）的正交性，即要求

$$\int_0^T g^2(t)\cos^2(2\pi f_c t)\mathrm{d}t = 1 \tag{3-21}$$

$$\int_0^T g^2\cos(2\pi f_c t)\sin(2\pi f_c t)\mathrm{d}t = 0 \tag{3-22}$$

由式（3-13）可以从 $s_i(t)$ 得到 s_i。因此，用 s_i 或 $s_i(t)$ 来表示信号是等价的。把信号 $s_i(t)$ 用其星座点 $s_i \in R^N$ 表示，就叫作信号空间表示（Signal Space Representation），包含星座图的向量空间称为信号空间。二维信号空间如图 3-3 所示，$s_i \in R^2$，R^2 的第 i 个坐标轴对应于基函数 $\phi_i(t)$，$i=1$，2。借助这种信号空间表示，分析无穷维函数 $s_i(t)$，就是分析 R^2 上的向量 s_i。这将大大简化系统性能的分析及最佳接收机设计的推导，如 MPSK 及 MQAM 等的

信号空间表示，这些调制都是二维的，两个维分别对应同相基函数和正交基函数。

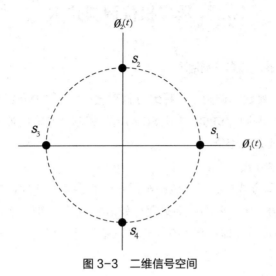

图 3-3　二维信号空间

对于给定的接收向量 r，最佳接收机所选择的 $\hat{m} = m_i$ 对应的星座点 s_i 满足 $p(s_i \text{sent} | r) \geqslant p(s_j \text{sent} | r)$，$j \neq i$。定义判决域（Decision Region）$Z_1, \cdots, Z_M$ 为信号空间 R^N 的子集：

$$Z_i = \left\{ r : p(s_i \text{sent} | r) \rangle p(s_j \text{sent} | r), \forall j \neq i \right\} \tag{3-23}$$

$Z_1, \cdots, Z_M$ 显然互不重叠。若不存在这样的点 $r \in R^N$ 使得 $p(s_i \text{sent} | r) \geqslant p(s_j \text{sent} | r)$，则这组判决 $Z_1, \cdots, Z_M$ 构成了 R^N 的一个判决域。如果存在这种概率相等的点，可将这些点任意划归到 Z_i 或 Z_j，使 $Z_1, \cdots, Z_M$ 仍然构成一个判决域。信号空间被划分为许多判决域之后，若接收向量 $r \in Z_i$，则最佳接收机的判决输出是 $m = m_i$。于是，接收机的工作是：由 $r(t)$ 计算接收向量 r，找到 r 所在的判决域 Z_i，然后对应输出消息 m_i。图 3-4 中，一个二维信号空间被划分成四个判决域 $Z_1, \cdots, Z_4$，与之对应的星座点是 $S_1, \cdots, S_4$。接收向量 r 处在判决域 Z_1 中，所以接收机输出消息 m_1 作为对接收机向量 r 的最佳估计。

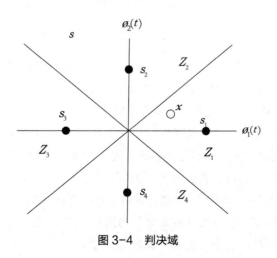

图 3-4　判决域

3.3 数字相位调制技术

3.3.1 二进制相移键控调制

BPSK 即二进制相移键控调制，也称绝对相移键控调制。DPSK 则是差分相移键控调制，也称相对相移键控调制。BPSK 与 DPSK 都是二相制，它们的原理比较简单，即用二进制数字信号来控制载波的相位。

3.3.1.1 绝对相移方式

在二进制绝对相移方式中，以载波的不同相位直接表示相应的数字信息，即载波的相位随二进制基带信号"0"或"1"而改变，如信号为"1"时，载波相位不变，而信号为"0"时，载波相位反转，即移相180°（也可以是相反的规定）。波形如图3-5所示。

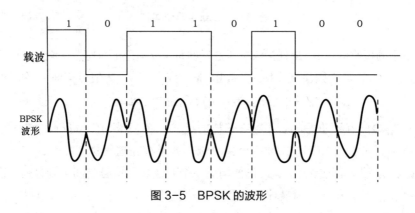

图 3-5　BPSK 的波形

从图中可以看出，在数字信号"1""0"转换时，相移变化180°，相位是不连续的，这种键控称为不连续相位键控。这种波形的频谱可按傅氏变换计算：

$$G(f) = \frac{\sin^2 \pi f T_\mathrm{b}}{\pi^2 f^2 T_\mathrm{b}^2} \tag{3-24}$$

式中：T_b 为信号码元宽度。

其频谱波形如图3-6所示。从图中可以看出：它的主瓣为 $2/T_\mathrm{b}$，并有较大和较多的旁瓣，这是不连续相位调制波形的特点。由于在信号"1""0"交替转换处，相位有突变（或称突跳），因此旁瓣大，存在更多的高频分量。

可以计算这种调制的谱效率或频带利用率，即信号传输速率与所占带宽之比。在BPSK中，信号码元宽度为 T_b，故信号传输速率为 $f_\mathrm{b} = 1/T_\mathrm{b}$，并以频谱的主瓣宽度为其传输带宽，忽略旁瓣的影响（可以滤去旁瓣），故射频带宽为 $2/T_\mathrm{b}$，则谱效率为：信号速率 / 带宽 = $(1/T_\mathrm{b})/(2/T_\mathrm{b})$ = 0.5b/（s·Hz），即每赫兹带宽每秒传输0.5b。注意：这里是以射频带宽计算的。有的文献以基带带宽来计算，此时的谱效率则为1b/（s·Hz）。因此，BPSK调制用在某些移动通信系统中，信号的频带就显得过宽。

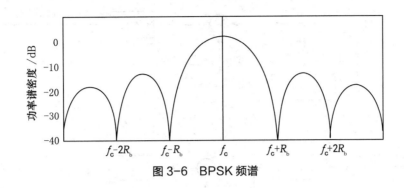

图 3-6　BPSK 频谱

　　绝对相移方式由于发送端是以载波相位为基准的，故在接收端也必须有相同的载波相位做参考。如果接收端的参考相位发生变化，则恢复的数字信息就会发生"0"变"1"或"1"变"0"，从而造成错误恢复。这种现象称为 BPSK 的倒 π 现象或反向工作现象。在实际通信系统中，接收端的载波存在相位模糊，即相位会出现随机跳变，有时与发送载波相同，有时与发送载波相反。因此，在实际通信系统中一般不采用绝对相移方式，而是采用相对相移方式。

3.3.1.2　相对相移方式

　　相对相移方式又称差分相移键控方式，不是利用载波相位的绝对数值来传送数字信息，而是利用载波的相对相位表示数字信息，即利用前后相邻码元的相对载波相位变化来表示数字信息。

　　实现 DPSK 信号的常用方法是首先对二进制数字基带信号进行差分编码，将绝对码变换为相对码，再进行绝对调相，从而产生差分相位信号，因此只要在 BPSK 的调制器前加一个差分编码器就可以完成。这个差分编码器符合如下规则：

$$d_k = b_k \oplus d_{k-1} \qquad (3-25)$$

式中，d_k 为差分编码器输出；d_{k-1} 为差分编码器前一比特的输出；b_k 为调制信号的输入。

　　图 3-7（a）即为差分相移调制器，它的前面即为差分编码器，由迟延电路和模 2 加法器构成。DPSK 信号的解调主要有两种方法：一种是相干解调法，即极性比较法；另一种是差分相干解调法，即相位比较法。图 3-7（b）给出了差分相干解调法的原理图，将前一比特的信号延迟一比特的时间用来作为参考信号，与当前比特的信号相乘，输出经积分、抽样并比较判决后即得解调后的数字信号。

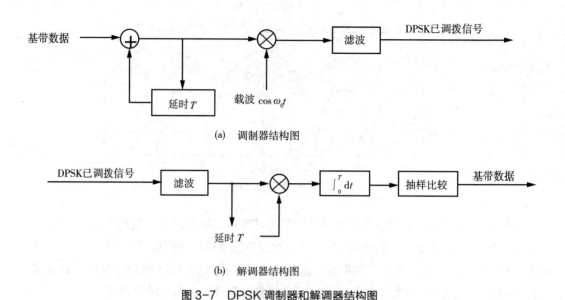

(a)　调制器结构图

(b)　解调器结构图

图 3-7　DPSK 调制器和解调器结构图

在仅考虑白噪声的条件下，BPSK 和 DPSK 调制经相干解调后，它们的误码率 P_e 和信噪比 E_b/n 有关，据推导可得如下公式：

$$\text{BPSK}: P_e = \frac{1}{2}\text{erfc}\left(\sqrt{\frac{E_b}{n_0}}\right)$$

$$\text{DPSK}: P_e \approx \text{erfc}\left(\sqrt{\frac{E_b}{n_0}}\right)$$

（3-26）

式中：E_b 为信号每比特的能量；n_0 为白噪声的功率密度；erfc(x) 为互补误差函数。

DPSK 的误码性能比 BPSK 略差，在 $P_e=10^{-4}$ 时，DPSK 约差 1dB，但因它的电路简单又无相位模糊，故更适合实际应用。

3.3.2　QPSK

BPSK 和 DPSK 是调制技术中最基本的方式，具有较好的抗干扰能力。但由于频带利用率较低，其在实际应用中受到一些限制。在信道频带受限时，为了提高频带利用率，通常采用多进制数字相位调制技术。在多进制数字相移键控中，QPSK 是目前数字移动通信中最常用的一种数字调制方式，它具有较高的频谱利用率、较强的抗干扰性能，同时在电路中易于实现。

QPSK 是正交相移键控，又称四相相移键控，其调制器结构图如图 3-8（a）所示。它有 4 种相位状态，对应于 4 种数据，即 00，01，10，11。可有两种方式，即 π/2 调制方式和 π/4 调制方式。图 3-8（b）所示为 π/4 调制方式，图 3-8（c）为 π/2 调制方式。

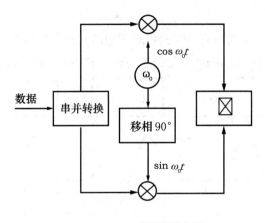

(a)　QPSK调制器结构图

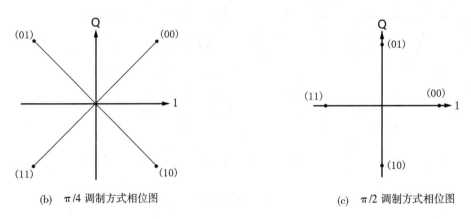

(b)　π/4 调制方式相位图　　　　　　　　　(c)　π/2 调制方式相位图

3-8　QPSK 调制器及相位

　　QPSK 是两个相互正交的 BPSK 之和。它的输入码元经串并电路之后分为两个支路：一路为奇数码元，一路为偶数码元。这时每个支路的码元宽度为原码元宽度 T_b 的两倍。每个支路再按 BPSK 的方法进行调制。不过两支路的载波相位不同，它们互为正交，即相差 90°。一个称为同相支路，即 In-phase 支路（I 支路）；另一个称为正交支路，即 Quadrature 支路（Q 支路）。这两个支路分别调制后，再将调制后的信号合并相加，就得到四相相移键控。QPSK 的四相各相差 90°，它们仍是不连续相位调制，其频谱形状和二相调制相同，仍是（$\sin x/x$）² 的形式。只是在四相调制中信号经串并变换后，每一个符号的宽度已变为 $2T_b$，所以频谱的第一零点在 $f/f_b=0.5$ 处，而不是像 BPSK 在 $f/f_b=1$ 处（$f_b=1/T_b$ 为信息传输的比特速率）。因而 QPSK 的频谱占用宽度只是 BPSK 的一半（在 f_b 码速相同的条件下），所以其谱效率提高一倍，以射频带宽记为 1b/（s·Hz）。

　　四相调制也有绝对调相和相对调相两种方式。绝对调相的载波起始相位与双比特码之间有一种固定的对应关系。但相对调相的载波起始相位与双比特码之间没有固定的对应关

系，它是以前一时刻双比特码对应的相对调相的载波相位为参考而确定的，其关系式为

$$\phi_c = \phi_{c-1} + \phi_n \tag{3-27}$$

式中，ϕ_c，ϕ_{c-1} 分别为本时刻和前一时刻相对调相已调波起始相位；ϕ_n 为本时刻载波被绝对调相的相位。图 3-9 给出了 π/4 系统的绝对调相和相对调相已调波的波形图。

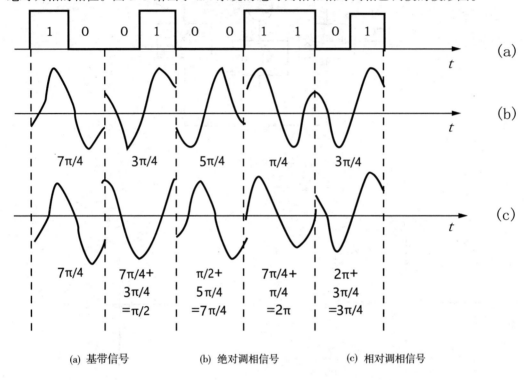

(a) 基带信号　　　　(b) 绝对调相信号　　　　(c) 相对调相信号

图 3-9　π/4 系统已调波的波形图

　　由于 QPSK 也有相位模糊问题，因而实际上大都采用差分编码 DQPSK。

　　但 QPSK 在其码元交替处的载波相位往往是突变的，当相邻的两个码元同时转换时，如当 00 → 11 或 01 → 10 时，会产生 180° 的相位跃变。这种相位跃变会使调相波的包络上出现零（交）点，引起较大的包络起伏，其信号功率将产生很强的旁瓣分量。这种信号经过一个频带受限的信道时，由于旁瓣分量的滤除会产生包络上的起伏。当它再经过硬限幅或非线性功率放大器放大时，这种包络起伏虽可减弱，但却使非线性放大后的信号频谱旁瓣重新再生，导致频谱扩散，其旁瓣将会干扰邻近频道的信号，这是非常有害的。从另一个角度来看，相位跃变所引起的相位对时间的变化率（即角频率）很大，这样就会使信号功率谱扩展，旁瓣增大。为了使信号功率谱尽可能集中于主瓣之内，主瓣之外的功率谱衰减速度快，则信号的相位就不能突变，相位与时间的关系曲线应该是平滑的。目前已经提出了许多新的调制方式，其核心就是抑制已调波相位变化路径特性，使码元转换时刻已调波相位连续匀滑变化，不产生大的跃变，从而使已调波的功率谱滚降快、旁瓣小。下面介绍几种新的调制技术。

3.3.3　OQPSK

OQPSK 是 Offset QPSK 的缩写,称为交错正交相移键控,即它的 I、Q 两支路在时间上错开一比特的持续时间 T_b 进行调制,因而两支路码元不可能同时转换,它最多只能有 ±90° 相位的跳变。相位跳变变小,所以它的频谱特性比 QPSK 好,即旁瓣的幅度要小一些。其他特性均与 QPSK 差不多。OQPSK 和 QPSK 的不同如图 3-10 所示。

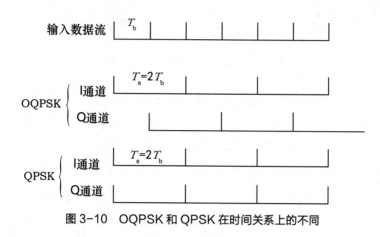

图 3-10　OQPSK 和 QPSK 在时间关系上的不同

图 3-11 给出了 OQPSK 调制原理框图。图中延迟 $T_s/2$ 是为了保证同相和正交两路码元偏移半个码元周期。低通滤波器的作用是形成 OQPSK 信号的频谱形状,保持包络恒定。除此之外,其他均与 QPSK 相同。

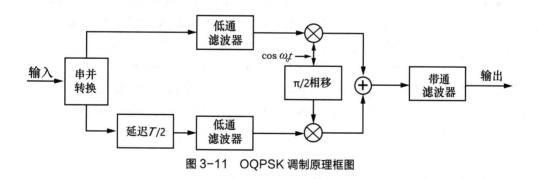

图 3-11　OQPSK 调制原理框图

OQPSK 信号可以采用正交相干解调的方式,原理框图如图 3-12 所示。其中正交支路信号的判决时间比同相支路延迟了 $T_s/2$,以保证两路信号交错抽样。

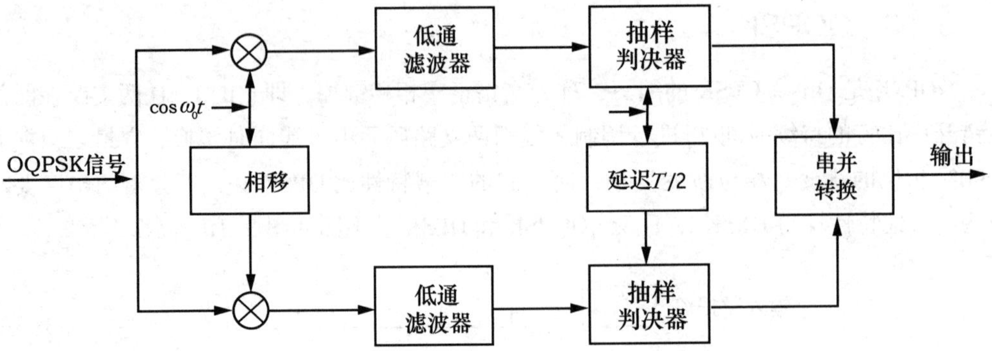

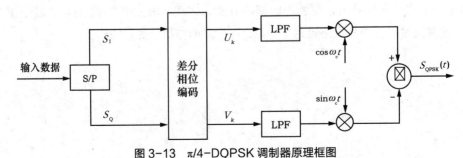

图 3-12 OQPSK 正交相干解调原理框图

OQPSK 信号由于同相和正交支路码流在时间上相差半个周期，使得相邻码元间相位变化只能是 0° 或 90°，不会是 180°，克服了 QPSK 信号 180° 跃变的缺陷。OQPSK 的包络变化幅度要比 QPSK 小许多，且没有包络零点。由于两个支路符号的错开并不影响它们的功率谱，OQPSK 信号的功率谱和 QPSK 相同，因此有相同的频谱效率。

3.3.4 π/4-QPSK

π/4-QPSK 是在移动通信中获得较多应用的另一种调制方式，它是在 QPSK 和 OQPSK 基础上发展起来的一种恒包络调制方式，也是限制码元转换时刻相位跃变量的另一种调制方式。π/4-QPSK 是一种相位跃变介于 QPSK 和 OQPSK 之间的 QPSK 改进方案，它的最大相位跳变是 135°，同时其对非线性放大器的适应性也介于两者之间。因此，带限 π/4-QPSK 信号比带限 QPSK 有更好的恒包络性质，但是不如 OQPSFC。π/4-QPSK 具有能够非相干解调的优点，并且在多径衰落信道中比 OQPSK 性能更好，因此也是适用于数字移动通信系统的调制方式之一，并已被选为美国第二代数字蜂窝系统 IS-54 和日本第二代数字蜂窝系统 PDC（Personal Digital Cellular）的标准调制技术。

π/4-QPSK 常常采用差分编码，以便在恢复的载波中出现相位模糊时采用差分译码或相干解调。将采用差分编码的 π/4-QPSK 称为 π/4-DQPSK。下面以 π/4-DQPSK 为例，详细介绍其调制和解调的过程。

3.3.4.1 信号产生

π/4-DQPSK 信号可采用正交调制方式产生，其原理框图如图 3-13 所示。

图 3-13 π/4-DQPSK 调制器原理框图

输入的数据经串并变换后分成两路数据 S_I 和 S_Q，它们的符号速率等于输入串行比特速率的一半。这两路数据经过一个变换电路（差分相位编码器）在 $kT_s \le t \le (k+1)\ T_s$ 期间输出信号 U_k 和 V_k。为了抑制已调信号的副瓣，在与载波相乘之前，通常还经过具有升余弦特性的低通滤波器（Low Pass Filter）进行成形，然后分别和一对正交载波相乘后合并，即得到 π /4–DQPSK 信号。由于该信号的相位跳变取决于相位差分编码，为了突出相位差分编码对信号相位跳变的影响，下面的讨论先不考虑滤波器的存在，即认为调制载波的基带信号是脉冲方波（NRZ）信号，于是

$$S_{\pi/4-\text{DQPSK}}(t) = U_k \cos \omega_c t - V_k \sin \omega_c t = \cos(\omega_c t - \theta_k), kT_s \le t \le (k+1)T_s \qquad (3\text{--}28)$$

式中：θ_k 为当前码元的相位，即

$$\theta_k = \theta_{k-1} + \Delta\theta_k = \arctan(V_k/U_k)$$
$$U_k = \cos\theta_k, V_k = \sin\theta_k \qquad\qquad (3\text{--}29)$$

其中，θ_{k-1} 为前一个码元结束时的相位；θ_0 是当前码元的相位增量。所谓相位差分编码，就是输入的双比特 S_I 和 S_Q 的 4 个状态用 4 个值来表示。其相位逻辑如表 3–1 所示。

表3–1　相位逻辑

S_I	S_Q	$\Delta\theta$
+1	+1	π/4
−1	+1	3π/4
−1	−1	−3π/4
+1	−1	−π/4

式（3–29）表明，当前码元的相位 θ_k 可以通过累加的方法求得。若已知 S_I 和 S_Q，设初相位 $\theta_0 = 0$，根据编码表可以计算得到信号每个码元相位的跳变，并通过累加的方法确定 θ_k，从而求得 U_k 和 V_k 的值。相位差分编码举例如表 3–2 所示。

表3–2　相位差分编码举例

k		0	1	2	3	4	5
数据 S_I 和 S_Q			+1　+1	−1　+1	+1　−1	−1　+1	−1　−1
S/P	S_Q		+1	+1	−1	+1	−1
	S_I		+1	−1	+1	−1	−1
$\Delta\theta = \arctan\left(S_Q/S_I\right)$			π/4	3π/4	−π/4	3π/4	−3π/4

续表 3-2

k	0	1	2	3	4	5
$\theta_k = \theta_{k-1} + \Delta\theta_k$	0	$\pi/4$	π	$3\pi/4$	$3\pi/2$	$3\pi/4$
$U_k = \cos\theta_k$	1	$1/\sqrt{2}$	-1	$-1/\sqrt{2}$	0	$-1/\sqrt{2}$
$V_k = \sin\theta_k$	0	$1/\sqrt{2}$	0	$1/\sqrt{2}$	-1	$1/\sqrt{2}$

表 3-2 中，设 $k=0$ 时 $\theta_0=0$，于是有

$k=1$：$\theta_1 = \theta_0 + \Delta\theta_1 = \pi/4$，$U_1 = \cos\theta_1 = 1/\sqrt{2}$，$V_1 = \sin\theta_1 = 1/\sqrt{2}$

$k=2$：$\theta_2 = \theta_1 + \Delta\theta_2 = \pi/4$，$U_2 = \cos\theta_2 = -1$，$V_2 = \sin\theta_2 = 0$

$k=3$：$\theta_3 = \theta_2 + \Delta\theta_3 = -\pi/4$，$U_3 = \cos\theta_3 = -1/\sqrt{2}$，$V_3 = \sin\theta_3 = 1/\sqrt{2}$

…………

上述结果也可以从递推关系求得：

$$U_k = \cos\theta_k = \cos(\theta_{k-1} + \Delta\theta_k) = \cos\theta_{k-1}\cos\Delta\theta_k - \sin\theta_{k-1}\sin\Delta\theta_k$$
$$V_k = \sin\theta_k = \sin(\theta_{k-1} + \Delta\theta_k) = \sin\theta_{k-1}\cos\Delta\theta_k - \cos\theta_{k-1}\sin\Delta\theta_k \quad (3-30)$$

即

$$\left.\begin{array}{l} U_k = U_{k-1}\cos\Delta\theta_k - V_{k-1}\sin\Delta\theta_k \\ V_k = V_{k-1}\cos\Delta\theta_k + U_{k-1}\sin\Delta\theta_k \end{array}\right\} \quad (3-31)$$

从上述例子可以看出，U_k 和 V_k 有 5 种可能的取值：0，± 1，$\pm 1/\sqrt{2}$，并且总是满足

$$\sqrt{U_k^2 + V_k^2} = \sqrt{\cos^2\theta_k + \sin^2\theta_k} = 1, \quad kT_s \leqslant t \leqslant (k+1)T_s \quad (3-32)$$

所以若不加低通滤波器，π/4-DQPSK 信号仍然是一个具有恒包络特性的等幅波。为了抑制副瓣的带外辐射，在进行载波调制之前，用升余弦特性低通滤波器进行限带。由于码元长度 $T_s=2T_b$，已调信号仍然是两个 2PSK 信号的叠加，它的功率谱和 QPSK 是一样的，因此有相同的带宽。

3.3.4.2　π/4-DQPSK 信号的相位跳变

由于 $\Delta\theta$ 可能的取值有 4 个：$\pm\pi/4$ 和 $\pm 3\pi/4$，所以相位 θ 有 8 种可能的取值，其星座图的 8 个点实际是由两个彼此偏移 π/4 的 QPSK 星座图构成的，相位跳变总是在这两个星座图之间交替进行，跳变的路径如图 3-14 中的虚线所示。图 3-14 中还标出了表 3-2 中各码元相位的跳变位置。注意：所有的相位路径都不经过原点（圆心）。这种特性使得信号的包络波动比 QPSK 小，即降低了最大功率和平均功率的比值。

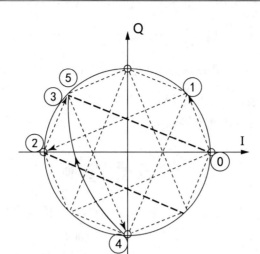

图 3-14　π/4-DQPSK 相位跳变

3.3.4.3　π/4-DQPSK 的解调

从 π/4-DQPSK 的调制方法可以看出，所传输的信息包含在两个相邻码元的载波相位差之中，因此，可以采用易于用硬件实现的非相干差分检波。如图 3-15 所示为中频差分解调的原理框图。设接收的中频信号为

$$s(t) = \cos(\omega_0 t + \theta_k), kT_s \leqslant t \leqslant (k+1)T_s \tag{3-33}$$

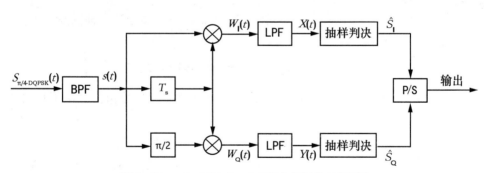

图 3-15　π/4-DQPSK 中频差分解调的原理框图

解调器把输入的中频（频率等于 f_0）π/4-DQPSK 信号分成两路：一路是 $s(t)$ 和它本身延迟一个码元的信号 $s(t-T_s)$ 相乘得到的，记为 $W_I(t)$；另一路则是 $s(t-T_s)$ 和 $s(t)$ 移相 π/2 后相乘得到的，记为 $W_Q(t)$，即

$$
\begin{aligned}
W_I(t) &= \cos(\omega_0 t + \theta_k) \cos\left[\omega_0(t-T_s) + \theta_{k-1}\right] \\
W_Q(t) &= \cos(\omega_0 t + \theta_k + \pi/2) \cos\left[\omega_0(t-T_s) + \theta_{k-1}\right]
\end{aligned}
\tag{3-34}
$$

设 $\omega_0 T_s = 2n\pi$（n 为整数），经过低通滤波器后，得到低频分量 $X(t)$ 和 $Y(t)$，抽样得到

$$X_k = \frac{1}{2}\cos(\theta_k - \theta_{k-1}) = \frac{1}{2}\cos\Delta\theta_k$$

$$Y_k = \frac{1}{2}\sin(\theta_k - \theta_{k-1}) = \frac{1}{2}\sin\Delta\theta_k$$

（3-35）

根据相位差分编码表，可做如下判决：当 $X_k > 0$ 时，判 $S=+1$；当 $X_k < 0$ 时，判 $S=-1$；当 $Y_k > 0$ 时，判 $S=+1$；当 $Y_k < 0$ 时，判 $S=-1$。

3.4   正交幅度调制

前面介绍的各种数字调制技术均以正弦信号为载波，以二进制或多进制基带信号去调制载波的相位参量。而正交幅度调制（Quadrature Amplitude Modulation，QAM）则不同，它是载波的振幅和相位两个参量同时受调制的联合键控体制。单独使用振幅或相位携带信息时，不能充分地利用信号平面。多进制振幅调制时，矢量端点在一条轴上分布；多进制相位调制时，矢量端点在一个圆上分布。随着进制数 M 的增加，相邻相位的距离逐渐减小，使噪声容限随之减小，误码率难以保证。为了改善在 M 较大时的噪声容限，发展出了 QAM 体制。在 QAM 体制中，信号的振幅和相位作为两个独立的参量同时受到调制，这种调制方式具有很高的频谱利用率，并且在相同进制数条件下比单一参量受控的调制方式具有更强的抗干扰能力。

3.4.1   QAM 信号的基本原理

3.4.1.1   QAM 信号的时域表示

QAM 是指载波的幅度和相位两个参数同时受基带信号控制的一种调制方式。QAM 信号的一般表示方式为

$$s_{\text{QAM}}(t) = \sum_n a_n g(t - nT_s)\cos(\omega_0 t + \phi_n)$$

（3-36）

式中，a_n 是基带信号第 n 个码元的幅度；ϕ_n 是第 n 个码元的初始相位；$g(t)$ 是幅度为 1、带宽为 $1/T_s$ 的单个矩形脉冲。

利用三角函数公式将上式进一步展开，得到 QAM 信号的表达式：

$$s_{\text{QAM}}(t) = \sum_n a_n g(t - nT_s)\cos\omega_0 t\cos\phi_n - \sum_n a_n g(t - nT_s)\sin\omega_0 t\sin\phi_n$$

（3-37）

令

$$\begin{cases} X_n = a_n\cos\phi_n = c_n A \\ Y_n = -a_n\sin\phi_n = d_n A \end{cases}$$

（3-38）

代入式（3-37）有

$$\begin{aligned} s_{\text{QAM}}(t) &= \sum_n X_n g(t - nT_s)\cos\omega_0 t + \sum_n Y_n g(t - nT_s)\sin\omega_0 t \\ &= m_\text{I}(t)\cos\omega_0 t + m_\text{Q}(t)\sin\omega_0 t \end{aligned}$$

（3-39）

QAM 信号是由两路相互正交的载波叠加而成的，两路载波分别被两组离散振幅 $m_I(t)$ 和 $m_Q(t)$ 所调制。通常 $m_I(t)$ 称为同相分量，$m_Q(t)$ 称为正交分量。当进行 M 进制的正交振幅调制时，可记为 MQAM。

3.4.1.2　星座图

在式（3-36）中，若 ϕ_n 值仅可以取 π/4 和 –π/4，a_n 值仅可以取 +a 和 –a，则此 QAM 信号就成为 QPSK 信号，如图 3-16（a）所示，所以 QPSK 信号就是一种最简单的 QAM 信号。有代表性的 QAM 信号是十六进制 QAM 信号，记为 16QAM，它的矢量图如图 3-16（b）所示，图中用黑点表示每个码元的位置，并且示出它是由两个正交矢量合成的。类似地，有 64QAM 和 256QAM 等 QAM 信号，分别如图 3-16（c）和图 3-16（d）所示，它们总称为 MQAM 调制。

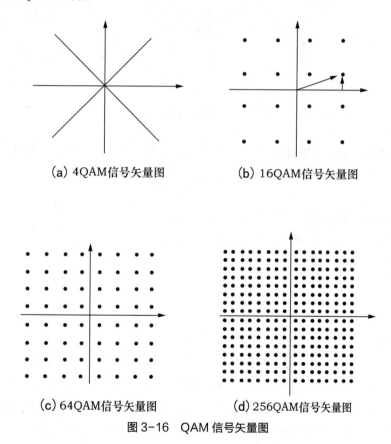

(a) 4QAM信号矢量图　　　　(b) 16QAM信号矢量图

(c) 64QAM信号矢量图　　　　(d) 256QAM信号矢量图

图 3-16　QAM 信号矢量图

在图 3-16 中 16QAM 调制中信号点的分布呈方形，故称为方形 16QAM 星座。16QAM 调制信号点的分布也可以呈星形，称为星形 16QAM 星座，如图 3-17 所示。

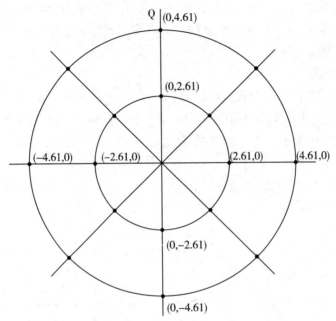

图 3-17　星形 16QAM 星座

若信号点之间的最小距离为 $2A$，且所有信号点等概率出现，则平均发射信号功率为

$$P = \frac{A^2}{M} \sum_{n=1}^{M}(c_n^2 + d_n^2) \qquad (3-40)$$

对于方形 16QAM，信号平均功率为

$$P = \frac{A^2}{M} \sum_{n=1}^{M}(c_n^2 + d_n^2) = \frac{A^2}{16}(4 \times 2 + 8 \times 10 + 4 \times 18) = 10A^2 \qquad (3-41)$$

对于星形 16QAM，信号平均功率为

$$P = \frac{A^2}{M} \sum_{n=1}^{M}(c_n^2 + d_n^2) = \frac{A^2}{16}(8 \times 2.61^2 + 8 \times 4.61^2) = 14.03A^2 \qquad (3-42)$$

由此可见，方形和星形 16QAM 两者功率相差 1.47dB。

另外，星形 16QAM 只有 2 种振幅值，而方形 16QAM 有 3 种振幅值；星形 16QAM 只有 8 种相位值，而方形 16QAM 有 12 种相位值。因此，在衰落信道中，星形 16QAM 比方形 16QAM 更具有吸引力。但是由于方形星座 QAM 信号所需的平均发射功率仅比最优的 QAM 星座结构的信号平均功率稍大，而且方形星座的 MQAM 信号的产生及解调比较容易实现，所以方形星座的 MQAM 信号在实际通信系统中得到了更为广泛的应用。

3.4.2　MQAM 信号的产生和解调

图 3-18 给出了 MQAM 调制原理框图。图中输入的二进制序列经过串并转换器输出速率减半的两路并行序列，再分别经过 2 电平到 L（$L=\sqrt{M}$）电平变换，形成 L 电平的基带信号 $m_I(t)$ 和 $m_Q(t)$。为了抑制已调信号的带外辐射，$m_I(t)$ 和 $m_Q(t)$ 需要经过预调低通滤波器，再分别与同相载波和正交载波相乘，最后将两路信号相加即可得到 MQAM 信号。

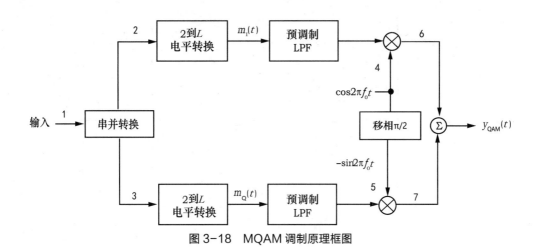

图 3-18　MQAM 调制原理框图

MQAM 信号可以采用正交相干解调方法，其解调原理框图如图 3-19 所示。解调器输入信号与本地恢复的两个正交载波相乘后，经过低通滤波输出两路多电平基带信号 $m_1(t)$ 和 $m_Q(t)$。多电平判决器对多电平基带信号进行判决和检测，再经 L 到 2 电平转换和并串转换器，最终输出二进制数据。

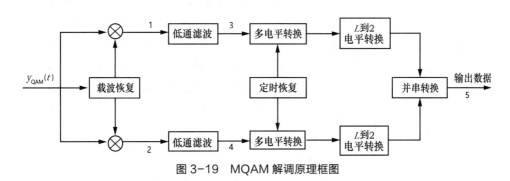

图 3-19　MQAM 解调原理框图

3.4.3　MQAM 信号的性能

3.4.3.1　MQAM 信号的抗噪性能

在矢量图中相邻点的最小距离直接代表噪声容限的大小。因此，随着进制数 M 的增加，在相同发射功率的条件下，信号空间中各信号点间的最小欧氏距离减小，相应的信号判决区域随之减小。这样，当信号受到噪声和干扰的损害时，接收信号错误概率将随之增大。下面将 16QAM 信号和 16PSK 信号的性能做一比较。在图 3-20 中按最大振幅相等，画出这两种信号的星座图。设其最大振幅为 $\pi/8$，则 16PSK 信号相邻点间的欧氏距离为

$$d_{16\text{PSK}} \approx A_M(\pi/8) = 0.393 A_M \tag{3-43}$$

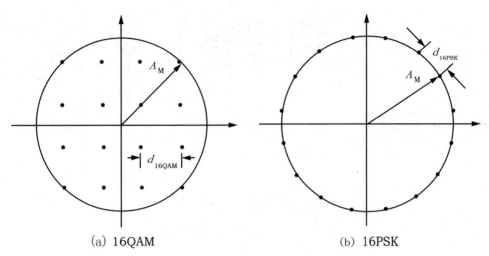

(a) 16QAM　　　　　　　　(b) 16PSK

图 3-20　16QAM 信号和 16PSK 信号的星座图

而 16QAM 信号相邻点间的欧氏距离为

$$d_{16QAM} \approx \frac{\sqrt{2}A_M}{3} = 0.471A_M \tag{3-44}$$

d_{16PSK} 和 d_{16QAM} 的比值代表这两种体制的噪声容限之比。按式（3-43）和式（3-44）计算，d_{16QAM} 超过 d_{16PSK} 约 1.57dB。但是，这是在最大功率（振幅）相等的条件下比较的结果，没有考虑这两种体制的平均功率差别。16PSK 信号的平均功率（振幅）就等于其最大功率（振幅）。而对于 16QAM 信号，在等概率出现条件下，可以计算出其最大功率和平均功率之比等于 1.8，即 2.55dB。因此，在平均功率相等的条件下，16QAM 信号比16PSK 信号噪声容限大 4.12dB。这说明在其他条件相同的情况下，采用 QAM 调制可以增大各信号间的距离，提高抗干扰能力。

3.4.3.2　MQAM 信号的频带利用率

每个电平包含的比特数目越多，效率就越高。MQAM 信号是由同相支路和正交支路的 L 进制的 ASK 信号叠加而成的，所以 MQAM 信号的信息频带利用率为

$$\eta = \frac{\text{lb}M}{2} = \text{lb}L(\text{b}/(\text{s}\cdot\text{Hz})) \tag{3-45}$$

但需要指出的是，QAM 的高频带利用率是以牺牲其抗干扰性能为代价获得的，进制数越大，信号星座点数越多，其抗干扰性能就越差。因为随着进制数的增加，不同信号星座点间的距离变小，噪声容限减小，同样噪声条件下的误码率也就增加。

3.5　网格编码调制

3.5.1　网格编码调制的基本概念

应用纠错编码可以在不增加功率的条件下降低误码率，但是付出的代价是增加了占用的带宽，即带宽利用率降低。如何才能同时节省功率和带宽成为通信领域的研究重点之一。将纠错编码和调制相结合的网格编码调制（Trellis Coded Modulation，TCM）就是解决这个问题的途径之一。TCM 是由昂格尔博克首先提出的，这种调制在保持信息传输速率和带宽不变的条件下能够获得 3 ~ 6dB 的功率增益。可以证明，在 AWGN 环境下，应用 TCM 技术的 Modem 在 2400Hz 通带内，其信息传输速率达 19.2kb/s，其频率利用率可达 8b/（s·Hz），大大提高了信道频谱利用率。目前，该技术已经逐渐应用到了无线通信、微波通信、卫星通信以及移动通信等各个领域中，应用前景非常广阔。

网格编码调制是一种"信号集空间编码"，它将编码与调制结合在一起，利用信号集的冗余度来获取纠错能力。下面通过一个实例介绍 TCM 的基本概念。QPSK 是一个四相相移键控系统，它的每个码元传输 2 比特信息，若在接收端判决时因干扰而将信号相位错判至相邻相位，则将出现误码。如果系统改为 8PSK，它的每个符号可以传输 3 比特信息。但是仍令每个符号传输 2 比特信息，第 3 比特用于纠错码，如采用码率为 2/3 的卷积码。这时接收端的解调和解码是作为一个步骤完成的，不像传统做法，先解调得到基带信号，再为纠错去解码。将剩下的一个冗余比特用作纠错码，显然冗余比特的产生和利用属于编码范畴，而信号集星座点数的扩大属于调制范畴，两者的结合就是编码调制。利用具有携带 3 位信息能力的调制方式来传输 2 位信息，称为信号集冗余度。

图 3-21 给出了一个带限高斯白噪声信道中采用 MPSK 调制时信道容量与信噪比的关系曲线。图中左上角的一条线是根据香农信道容量公式 $C=W\lg（1+S/N）$ 得出的理论曲线，该曲线可视为理论极限。下面的几条线分别是采用 16PSK、8PSK、4PSK、2PSK 调制时携带的信息量与信噪比的关系曲线。

由图 3-21 可见，在误码率为 10^{-5} 时，采用 4PSK 调制，每个符号传送 2 位信息，所需要的信噪比为 12.9dB。若改用 8PSK 调制，每符号仍传送 2 位信息，所需要的信噪比仅为 5.9dB，即可取得 12.9-5.9=7dB 的编码增益。这就是 TCM 的基本思想和理论基础。当然，用 16PSK、32PSK 等传送 2 位信息，可以进一步降低对信噪比的要求，但不可能超过香农信道容量公式的极限值 4.7dB。但继续增大信号集会使设备变得很复杂，代价大而收益小。因此，TCM 码通常仅增加一个冗余监督比特，如用 8PSK 来传送 2 位信息，剩下的一比特用作冗余监督位。

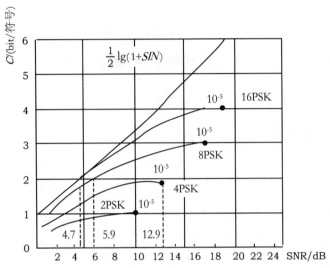

图 3-21　带限 AWGN 信道 MPSK 调制时信道容量 C 与信噪比 SNR 的关系曲线

3.5.2　网格编码调制信号的产生

　　TCM 编码调制方法建立在 Ungerboeck 提出的集划分方法的基础上。这种划分方法的基本原则是将信号星座图划分成若干子集，使子集中的信号点间距离比原来的大。每划分一次，新的子集中信号点间的距离就增大一次。图 3-22 中给出了 8PSK 信号星座图划分的例子。图中 A_0 是 8PSK 信号的星座图，设信号振幅，即圆的半径 $r=1$，其中任意两个信号点间的距离为 $d_0 = 2\sqrt{r}\sin(\pi/8) = 0.765$。这个星座图被划分为两个子集，在子集中相邻信号点间的距离为 $d_1 = \sqrt{2} = 1.414$。将这两个子集再划分一次，得到 4 个子集 $C_i(i=0$，1，2，3)，其欧氏距离扩大为 $d_2 = 2$。将这 4 个子集再划分一次，得到 8 个子集，每个子集各有一个信号点。

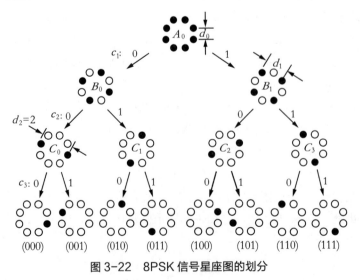

图 3-22　8PSK 信号星座图的划分

在这个 TCM 系统的例子中，需要根据已编码的 3 比特信息来选择信号点，即选择波形的相位。这个系统中卷积码编码器框图如图 3-23 所示。由图可见，这个卷积码的约束长度等于 3。编码器输出的前两个比特 c_1 和 c_2 用来选择星座图划分的路径，最后 1 比特 c_3 用于选定星座图第三级（最低级）中的信号点。在图 3-23 中，c_1、c_2 和 c_3 表示已编码的三个码元，图中最下一行注明了（$c_1 c_2 c_3$）的值。若 $c_1=0$，则从 A_0 向左分支走向 B_0；若 $c_1=1$，则从 A_0 向右分支走向 B_1。第 2 和 3 个码元 c_2 和 c_3 也按照这一原则选择下一级的信号点。

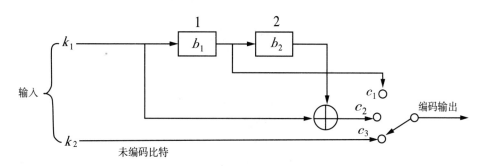

图 3-23　一种 TCM 编码器框图

图 3-24 给出了 TCM 编码器的原理框图，它将 k 比特输入信息段分为 k_1、k_2 两段，即 $k = k_1 + k_2$。前 k_1 比特通过一个（n_1、k_1、m）的卷积码编码器，产生 n_1 比特输出，用来选择信号星座图中 2^{n_1} 个分割（子集）之一。后面的 k_2 个未编码比特直接用于选择子集中的信号点，即信号星座图被分割为 2^{n_1} 个子集，每个子集中包含 2^{k_2} 个信号点。

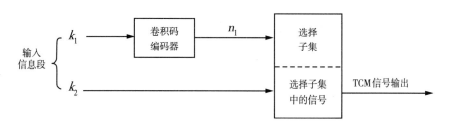

图 3-24　TCM 编码器原理框图

图 3-25 给出了 4 状态 8PSK TCM 编码器结构图，图中 $k_1 = k_2 = 1$，$n_1 = 2$（4 电平状态）。$n_1 = 2$ 表示 8PSK 信号星座图被分割成 $2^{n_1} = 4$ 个子集，每个子集中包含 $2^{k_2} = 2$ 个信号点。该卷积码的寄存器个数 $m=2$，即（2，1，2）卷积码。在图 3-25 中，卷积码编码器输出的前两个比特 c_1、c_2 用来选择信号星座图划分的路径。如 $c_1=0$，则从 A 向左分支至 B_0；若 $c_1=1$，从 A 向右分支至 B_1，以此类推。c_3 用来选择 4 个子集 C_0、C_1、C_2、C_3 中的信号点。

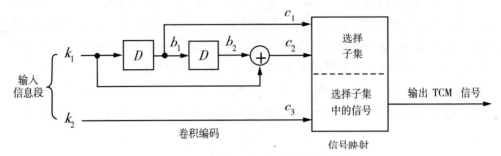

图 3-25　4 状态 8PSK TCM 编码器结构

设初始状态 $b_2b_1=00$，$k_1=k_2=0$，卷积码编码器的输出码字为

$$\begin{cases} c_3 = k_2 \\ c_1 = b_1 \\ c_2 = k_1 + b_2 \end{cases}$$

表 3-3 给出了输入序列 $k_1=$（01101000）时 TCM 编码器的工作过程。

表3-3　（2，1，2）卷积码的工作过程

k_1	0	1	1	0	1	0	0	0
b_2b_1	00	00	01	11	10	01	10	00
$c_1c_2c_3$	00 k_2	01 k_2	11 k_2	11 k_2	00 k_2	10 k_2	01 k_2	00 k_2
状态	a	a	b	d	c	b	c	a

　　图 3-26 给出了相应的网格图。图中实线表示输入信息码元 $k_1=0$，虚线表示输入信息码元 $k_1=1$。由该网格图可见，从一个状态转移到另一个状态有并行的两条路径，这是因为 k_2 没有参加卷积编码。每个子集与一组并行转移对应原则如下。

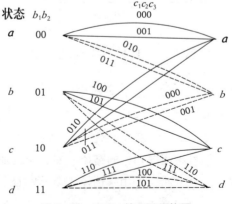

图 3-26　TCM 编码器网格图

① 从某一状态发出的子集源于同一个上级子集，如 C_0 和 C_1 源于同一个上级子集 B_0。

② 到达某一状态的子集源于同一个上级子集。

③ 各子集在编码矩阵中出现的次数相等，并呈现出一定的对称性。

TCM 码的译码通常采用维特比算法。与卷积码不同的是，卷积码译码时使用汉明距离，TCM 码的维特比译码使用欧氏距离代替汉明距离作为选择幸存路径的量度。

3.6　正交频分复用

3.6.1　概述

多径传播环境下，当信号的带宽大于信道的相关带宽时，就会使所传输的信号产生频率选择性衰落，在时域上表现为脉冲波形的重叠，即产生码间干扰。面对恶劣的移动环境和频谱的短缺，需要设计抗衰落性能良好和频带利用率高的调制方式。在一般的串行数据系统中，每个数据符号都完全占用信道的可用带宽，由于瑞利衰落的突发性，一连几比特往往在信号衰落期间被完全破坏而丢失，这是十分严重的问题。

采用并行系统可以减小串行传输所遇到的上述困难。这种系统把整个可用信道频带 B 划分为个带宽为 N 的子信道。把 N 个串行码元变换为 N 个并行的码元，分别调制这 N 个子信道载波进行同步传输，这就是频分复用。这种并行系统可以把频率选择性衰落分散到多个符号上，从而大大降低了误码率。通常 Δf 很小，可以近似看作传输特性理想的信道。若子信道的码元速率 $1/T \ll \Delta f$，则各子信道可以看作平坦性衰落的信道，从而避免严重的码间干扰。另外，若频谱允许重叠，还可以节省带宽而获得更高的频带效率。

OFDM 是一种无线环境下的高速传输技术，可以很好地对抗频率选择性衰落。其主要思想就是把高速的数据流通过串并变换分配到多个并行的正交子载波上，同时进行数据传输。

3.6.2　OFDM 技术的基本原理

研究表明，目前对抗频率选择性衰落的方法主要分为两大类，即时域方法和频域方法。系统接收端使用的均衡器就是一种时域方法，这种方法可以用在 2G 和 3G 的蜂窝系统中，但不适用于信息传输速率极大的第四代移动通信系统。而在频域上，OFDM 技术正好可以克服这种由多径信道导致的频率选择性衰落。

高速的数据流经 OFDM 后被串并变换，分配到多个并行的正交子载波上，同时进行数据传输。假设系统总带宽为 B，被分为 N 个子信道，则每个子信道带宽为 B/N，每路数据传输速率为系统总的传信率的 $1/N$，即符号周期变为原来的 N 倍，远大于信道的最大延迟扩展。所以 OFDM 系统在将宽带信道转化为许多并行的正交子信道的同时，实现了将频率选择性信道转化为一系列频率平坦衰落信道，从而减轻了码间干扰的影响。由于 OFDM 系统各个子载波频谱相互重叠，提高了频谱利用效率，同时可以通过在 OFDM

系统中引入保护间隔（Guard Interval，GI）和循环前缀（Cyclic Prefix，CP）来消除时间弥散信道的影响，即通过调整 GI 和 GP 的长度，可以完全消除符号间干扰（ISI）和子载波间干扰（ICI）。

3.6.2.1　OFDM 系统模型

OFDM 系统的基带框图如图 3-27 所示。为了提高信息传输速率，输入的数据首先经过编码调制；调制后的数据输出，经过串并变换并插入导频，再经过快速傅里叶反变换（Inverse Fast Fourier Transform，IFFT）将数据的表达式从频域变换到时域；而后加入循环前缀，再进行并串变换及 D/A 变换，最终在发射天线处发送到衰落信道中进行传输。接收端将接收到的信号进行与发送端相反的处理：首先进行串并变换，然后取出 CP，进行快速傅里叶变换，利用导频信息估计信道参数，最终解调获得最终接收信号。

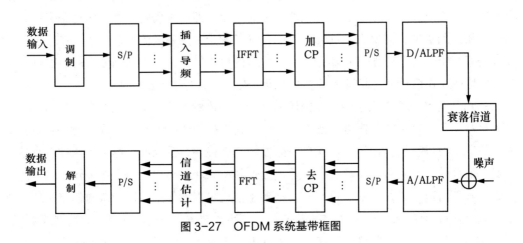

图 3-27　OFDM 系统基带框图

3.6.2.2　OFDM 系统子载波调制

图 3-28 所示为 OFDM 系统调制解调图。

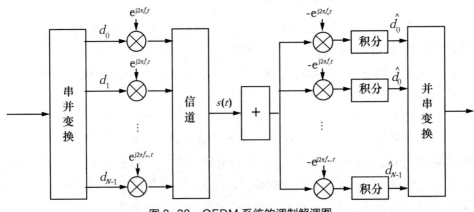

图 3-28　OFDM 系统的调制解调图

设 N 表示子载波个数，T_{OFDM} 表示每个 OFDM 符号持续时间，d_i（$i=0,1,2,\cdots,N-1$）表示分配给每个子信道的数据符号，f_i 表示第 i 个子载波的载波频率。一个 OFDM 符号是每个子载波的叠加。从 $t=t_s$ 开始，OFDM 符号可以表示为

$$s(t) = \begin{cases} R_e \left\{ \sum_{i=1}^{N-1} d_i \text{rect}(t-t_s-\frac{T_{OFDM}}{2}) \exp\left[\text{j}2\pi f_i(t-t_s) \right] \right\}, t_s \leqslant t \leqslant t_s + T_{OFDM} \\ 0, t \langle t_s 或 t \rangle T_{OFDM} + t_s \end{cases} \qquad (3-46)$$

其中，$\text{rect}(t)=1$，$|t| \leqslant T_{OFDM}/2$ 为矩形函数。一般采用等效基带信号来描述 OFDM 的输出信号：

$$s(t) = \begin{cases} \sum_{i=0}^{N-1} d_i \text{rect}(t-t_s-\frac{T_{OFDM}}{2}) \exp\left[\text{j}2\pi \frac{i}{T}(t-t_s) \right], t_s \leqslant t \leqslant t_s + T_{OFDM} \\ s(t) = 0, t < t_s 或 t > T_{OFDM} + t_s \end{cases} \qquad (3-47)$$

其中，$s(t)$ 的实部与 OFDM 符号的相同分量相对应，其虚部与正交分量相对应。

对 $s(t)$ 信号以 T_{OFDM}/N 速率进行抽样，并假设 $t_s=0$，得

$$s_k = s(kT_{OFDM}/N) = \sum_{i=0}^{N-1} d_i \exp\left(\text{j}\frac{2\pi ik}{N} \right), 0 \leqslant k \leqslant N-1 \qquad (3-48)$$

而信号的离散傅里叶变换（DFT）和逆离散傅里叶变换（IDFT）的定义为

$$X(k) = \sum_{n=0}^{N-1} x(n)W_N^{nk}, k=0,1,\cdots,N-1$$
$$x(n) = \frac{1}{N} \sum_{k=0}^{N-1} X(k)W_N^{-nk}, n=0,1,\cdots,N-1 \qquad (3-49)$$

其中，$W_N = \text{e}^{-\text{j}\frac{2\pi}{N}}$。

通过对公式的比较可以发现，对 OFDM 信号进行抽样等价于对数据信息 d_i 进行逆傅里叶变换（IDFT），而解调相当于进行傅里叶变换（DFT）。

OFDM 调制一般有两种方式：一种通过使用大量振荡源和带通滤波器来实现，一种用 DFT 来实现。前者由于实现过程中需要器件过多且结构复杂而难以实现；而后者，随着快速傅里叶变换（FFT）方法的应用而在实际系统中被广泛使用。与傅里叶变换（DFT）相比，快速傅里叶变换（FFT）可以显著降低运算的复杂度，对子载波数大的 OFDM 系统来说性能优势十分明显。

3.6.2.3　保护间隔与循环前缀

保护间隔（Guard Interval，GI）的加入可以消除 OTDM 符号间的干扰。设 T_{FFT} 为原 OFDM 符号长度，即 FFT 变换后产生的无保护间隔的 OFDM 符号长度，T_R 为抽样的保护间隔长度，OFDM 符号总长度为 $T_S=T_R+T_{FFT}$。图 3-29 所示为加入保护间隔的 OFDM 符号。为了使一个符号的多径分量不会对下一个符号造成干扰，一般保护间隔长度 T_R 应大于无线信道中的最大时延扩展，并且保护间隔内可以不插入任何信号。

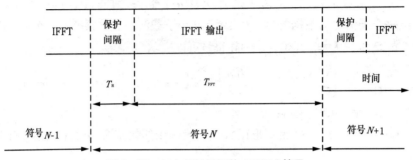

图 3-29 加入保护间隔的 OFDM 符号

然而，保护间隔的插入，会导致子载波之间周期个数之差不再为整数，子载波之间的正交性遭到破坏，不同子载波之间会产生载波间干扰（ICI）。这一问题可以通过在每个 OFDM 符号起始位置插入循环前缀（CP）来解决，即将每个 OFDM 符号的一段尾部样点复制到 OFDM 符号的前面。

将循环前缀（CP）长度取大于信道最大时延扩展长度，可以保证无论从何时开始，一个 OFDM 符号周期内均包含完整的子载波信息，保护了子载波之间的正交性，同时消除了子载波间干扰（ICI）。图 3-30 所示为插入循环前缀的 OFDM 符号。

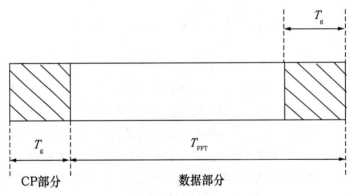

图 3-30 插入循环前缀的 OFDM 符号

CP 主要用来满足不同载波在同一采样间隔内的周期个数之差为整数，以克服载波间干扰，并抗拒多径时延。所以 CP 的长度主要取决于两个因素：一是信道的相关时间长度；二是 OFDM 符号的持续时间。

对于 CP，要从以下两个层面来看。

① CP 在时域上占用一段时长，这段时长肯定大于最大的时延扩展，所以可以起到抑制符号间干扰的作用。从这一点上说，CP 可以理解为一个 GI（保护间隔）。

② CP 的内容。对于 GI，我们知道是空白的，即这段时间里发射机是静默的；而 CP 不是，这就是 CP 的另外一个特点：CP 的内容使得循环卷积可以实施，从而可以有效抑制载波间干扰，也就是说，CP 的内容在某种程度上有效削弱了频偏带来的正交性损失。

思考题与习题

3.1 设发送的二进制信息为 1011001，试分别画出 OOK、2FSK、2PSK 及 2DPSK 信号的波形示意图，并注意观察其时间波形上各有什么特点。

3.2 什么是相位不连续的 FSK？相位连续的 FSK（CPFSK）应当满足什么条件？为什么在移动通信中，使用频移键控一般总是考虑使用 CPFSK？

3.3 QPSK、OQPSK 与 π/4-QPSK 调制方式各自的优缺点是什么？在衰落信道中一般选用哪种调制方式更合适？为什么？

3.4 QPSK、π/4-QPSK、OQPSK 信号相位跳变在信号星座图上的路径有什么不同？

3.5 设发送数字序列为 +1-1-1-1-1-1+1，试画出用其调制后的 MSK 信号相位变化图。若码元速率为 1000B，载频为 3000Hz，试画出此 MSK 信号及其同相分量和正交分量的波形。

3.6 设有一个 TCM 通信系统，其编码器如下图所示，且初始状态匀 62 为 "00"。若发送序列是等概率的，接收端收到的序列为 111001101011（前后其他码元皆为 0），试用网格图寻找最大似然路径并确定译码得出的前 6 比特。

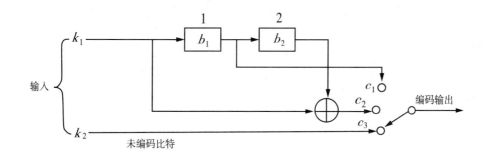

3.7 OFDM 系统中 CP 的作用是什么？

3.8 什么是 OFDM 信号？为什么它可以有效地抵抗频率选择性衰落？

3.9 若 4ASK 调制的误码率为 P_c，试推导方形 16QAM 调制的误码率。

3.10 试证明在等概率出现条件下，16QAM 信号的最大功率和平均功率之比为 1.8，即 2.55dB。

3.11 若正方形星座每维有 1 比特，证明其平均能量 S_1 与 4/3 成正比。若每维增加 1 比特，并保持星座点间的最小距离不变，证明需要的能量满足关系 $S_{l+1} \approx 4S_l$。求 $l=2$ 的 S_l，并计算具有相同比特 / 符号及相同最小距离的 MPSK 及 MPAM 的平均能量。

3.12 对于差分的 8PSK，列出格雷编码时比特序列和相位变化的对应关系，然后给出比特序列 101110100101110 对应的调制输出的符号序列，设信息从第 k 个码元时间开始发送，且第 $(k-1)$ 个码元时间发送的符号为 $s(k-1)= Ae^{j\pi/4}$。

3.13 π/4-QPSK 调制可以看作两个 QPSK 系统，它们的星座图相对旋转了 π/4。

（1）画出 π/4-QPSK 的信号空间图。

（2）按格雷码规则标出每个星座点对应的比特序列。

（3）求比特序列 0100100111100101 通过 $\pi/4$-QPSK 基带调制发送的符号序列。

3.14　考虑下图所示的八进制星座图。

（1）若 8QAM 中各星座点间的最小距离为 A，求内圆与外圆半径 a、b。

（2）若 8PSK 中相邻星座点的间距为 A，求半径 r。

（3）求这两种星座图的平均发送功率，并作比较。这两个星座图相对的功率增益是多少？（假设发送端符号等概率出现）

（4）对于这两个星座图，有无可能使相邻星座点表示的三比特中只相差一比特？

（5）如果比特率为 90Mb/s，求符号速率。

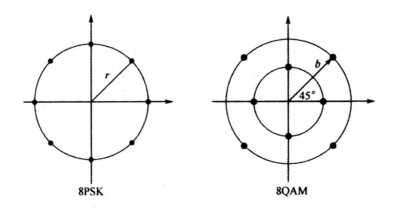

8PSK　　　　8QAM

第4章　天线分集技术

在高斯信道中，误比特率是平均接收比特能量噪声比的指数函数，但引入瑞利衰落后，这一关系转变为反比例函数，从而产生非常大的性能损失。对此，分集是一种非常有效的补偿措施。引入分集后，接收机将会收到多个携带同一信息但经历独立衰落的信号副本。有时这些副本被称为分集支路。为了说明分集的机制，令 P 表示任意一条分集支路上接收信号的即时比特能量噪声比低于门限 y_{th} 的概率，则在分集支路经历独立衰落的条件下，所有 L 条分集支路的即时比特能量噪声比同时低于门限的概率为 p^L。对于较小的 P 而言，$p^L \ll P$。

常用的分集方法可以分为六类：空间分集、角度分集、极化分集、频率分集、多径分集、时间分集。空间分集利用多根发射或接收天线实现分集。发射机或接收机处的多根天线被空间隔离，以使得分集支路经历不相关的衰落。第 2 章中已经表明对于二维全向散射和全向天线单元而言，半个波长的空间隔离是足够的。角度（或方向）分集需要多根方向性天线，它们分别接收从不同空间方向到达的平面波，从而获得不相关的支路。极化分集利用了散射环境通常会使信号产生极化的特性。具有不同极化参数的接收机天线能够用来获取不相关的支路。频率分集使用最低限度相干带宽的多条信道来实现多条分集支路。一般地，频率分集不是带宽有效的解决方案。然而，可以把跳频和编码结合起来，其中的码字元素在经历不相关衰落的多跳（或多个载波）上发射。多径分集中，使用带有 RAKE 接收机的直接序列扩频来利用具有不同延迟的多径分量。时间分集在多个时间段发射同一信息，这些时间段之间的间隔至少要大于信道相干时间。差错控制编码可看作带宽有效地实现时间分集的方法。不幸的是，信道的相干时间依赖于多普勒扩展，较小的多普勒扩展意味着较大的相干时间。在这一条件下，若不引入大的无法接受的交织延迟，不可能得到时间分集。最后，所有这些分集技术可以混合起来使用。例如，空间和时间分集可以通过空时编码技术来实现。

生成的分集支路最后要经过合并处理。文献中已经给出了非常多的分集合并技术。最优的合并类型同信道中存在的加性衰落有关，即加性高斯白噪声（Additive White Gaussian Noise，AWGN）或者共道干扰（Co-Channel Interference，CCI）。对于 CCI 占优的信道而言，充分利用多天线支路之间的干扰相关性来消除 CCI 的最优合并更加有效。

本章主要讨论天线分集技术，但其中的数学概念也可应用到其他类型的分集技术。首先讨论了只有一根发射天线但有多根接收天线时的分集合并问题。然后对选择式合并、MRC、等增益合并（Equal Gain Combining，EGC）和切换式合并进行了阐述，并对抗衰落和 CCI 的最优合并进行了讨论。

4.1   分集合并

合并来自不同分集支路上接收信号的方法有很多，分类的方法也有很多。在匹配滤波器或者相干检测器前面进行的合并有时称为预检测合并，而在其后面进行的合并称为检测后合并。在很多情况下这两种方法的理论性能并无不同，但在有的情况下会有差异。

考虑图 4-1 所示的接收机。每一接收机收到的信号经过正交解调后送交至相干检测器或匹配滤波器进行检测。最后，对相干检测器或匹配滤波器的输出信号进行如图 4-1 所示的分集合并。

系统使用了 M 种调制符号，且共有 L 条分集路径。在每一符号间隔，从复包络为 $\tilde{s}_m(t)$（ $m =1, \cdots, M$ ）的 M 种消息波形中选取一个发射，则 L 条分集支路上接收信号的复包络为

$$\tilde{r}_k(t) = g_k \tilde{s}_m(t) + \tilde{n}_k(t) \qquad k = 1, \cdots, L \qquad (4-1)$$

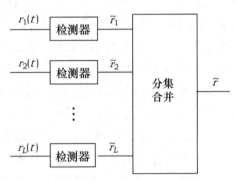

图 4-1   检测后分集合并接收机

式中，$g_k = a_k \mathrm{e}^{\mathrm{j}\phi_k}$，是第 k 条支路的复衰落系数。$\tilde{n}_k(t)$（ $k =1, \cdots, L$ ）为各支路中的加性高斯白噪声，它们相互独立并对应于接收机天线处用来放大信号的高增益放大器所引入的热噪声。使用格莱姆 – 施密特正交化得到的基函数对接收信号波形 $\tilde{r}_k(t)$ 进行相干检测或匹配滤波，对应的接收信号矢量为

$$\tilde{r}_k = g_k \tilde{s}_m + \tilde{n}_k \qquad k = 1, \cdots, L \qquad (4-2)$$

其中

$$\tilde{r}_{ki}(t) = g_k \tilde{s}_{mi} + \tilde{n}_{ki} \qquad k = 1, \cdots, L \qquad (4-3)$$

不同分集支路的衰落增益通常有一定的相关度，具体的程度同使用的分集类型和传播环境有关。为了简化分析和推导，文献中通常假定支路之间是不相关的。然而，支路的相关性将降低最终可获得的分集增益，因此不相关假设得到的是最优的结果。尽管这样，我们还是在这一（理想）假设下来评价不同分集合并技术的性能。

衰落的分布也将影响分集增益。一般地，分集的相对优势在瑞利衰落环境中较莱斯衰落环境中要大一些，这是因为随着莱斯因子 K 的增加，不同分集支路的即时接收比特

能量噪声比的差异会减少。然而，对于给定的平均接收比特能量噪声比和分集阶次，莱斯衰落环境中分集的性能总要比在瑞利衰落环境中的性能要好一些。我们将主要讨论分集在慢平坦瑞利衰落环境中的性能，其中的方法也可以应用于慢平坦莱斯衰落环境。

4.2　选择式合并

在选择式合并（Selective Combining，SC）中，接收机会选择具有最大比特能量噪声比的支路。此时，图 4-1 中的分集合并器执行如下操作。

$$p_{\gamma k}(x) = \frac{1}{\overline{\gamma}_c} e^{-x/\overline{\gamma}_c} \tag{4-4}$$

对于连续传输的通信链路而言，SC 方案是不现实的，因为这需要连续监视所有分集支路并估计和跟踪时变的复信道增益 g_k。若执行这样的信道估计，则最好使用稍后讨论的 MRC 方案，毕竟 MRC 实现起来不会更复杂且在 AWGIN 信道中是最优的。在猝发式传输信息的系统中，有时也会使用 SC 的形式，其中使用插入在每一猝发中的同步字或者训练序列逐猝发地选取分集支路。选出的支路应用于整个猝发的持续期。显然，仅在猝发周期内信道状态变化不大时这样的方法才有用。这一节，我们在连续支路选择的理想假设下评估选择性分集的性能。

有瑞利衰落时，第 k 个分集支路的即时接收信号能量信噪比服从指数分布，即

$$p_{\gamma k}(x) = \frac{1}{\overline{\gamma}_c} e^{-x/\overline{\gamma}_c} \tag{4-5}$$

式中：$\overline{\gamma}_c$ 为平均支路符号能量噪声比，且认为对所有支路 $\overline{\gamma}_c$ 的取值相同。使用理想的选择式合并，总是会选出具有最大符号能量噪声比的支路，则合并器输出端的即时符号能量噪声比为

$$\gamma_s^s = \max\{\gamma_1, \gamma_2, \cdots, \gamma_L\} \tag{4-6}$$

式中：L 是支路的数目。若各支路的衰落独立，则利用顺序统计量知识可以得到累积分布函数（cdf）：

$$F_{\gamma_s^s} = P[\gamma_1 \leqslant x,\ \gamma_2 \leqslant x, \ldots, \gamma_L \leqslant x] = (1 - e^{-x/\overline{\gamma}_c})^L \tag{4-7}$$

对其求导，可以得到输出端即时符号能量噪声比的概率密度函数：

$$p_{\gamma_s^s}(x) = \frac{L}{\overline{\gamma}_c}(1 - e^{-x/\overline{\gamma}_c})^{L-1} e^{-x/\overline{\gamma}_c} \tag{4-8}$$

则使用选择式合并的平均输出符号能量信噪比为

$$\begin{aligned} \overline{\gamma}_s^s &= \int_0^\infty x p_{\gamma_s^s}(x)\ \mathrm{d}x \\ &= \int_0^\infty \frac{Lx}{\overline{\gamma}_c}(1 - e^{-x/\overline{\gamma}_c})^{L-1} e^{-x/\overline{\gamma}_c} \mathrm{d}x = \overline{\gamma}_c \sum_{k=1}^{L} \frac{1}{k} \end{aligned} \tag{4-9}$$

图 4-2 给出了累积分布函数 $F_{\gamma_s^s}(x)$ 随归一化符号能量噪声比 $x / \overline{\gamma}_c$ 变化的曲线。注意到最大的分集增益来自从 $L = 1$ 变化为 $L = 2$ 时，且随着分集支路数 L 的增多分，集

增益逐渐减少。这一现象在其他分集技术中一样存在。利用 γ_s^s 对比特差错概率求平均，可以得到慢平坦衰落条件下的比特差错概率为符号能量噪声比的函数。例如，在 AWGN 信道中，二进制差分相移键控信号使用差分检测时的比特差错概率为

$$P_b(\gamma_s^s) = \frac{1}{2}e^{-\gamma_s^s} \tag{4-10}$$

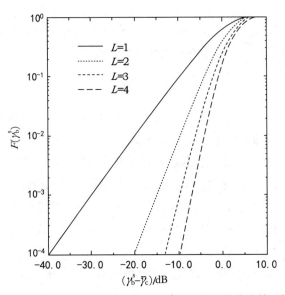

图 4-2　选择式合并中 γ_b^s 的概率密度函数（$\bar{\gamma}_c$ 又是平均支路符号能噪比）

在二进制调制过程中，其中 γ_s^s 可以解释为瞬时比特能量噪声比。因此，使用选择式合并

$$
\begin{aligned}
P_b &= \int_0^x P_b(x)\ p_{\gamma_s^s}(x)\ \mathrm{d}x \\
&= \int_0^\infty \frac{L}{2\bar{\gamma}_c}e^{-(1+1/\bar{\gamma}_c)\,x}(1-e^{-x/\bar{\gamma}_c})^{L-1}\mathrm{d}x \\
&= \frac{L}{2\bar{\gamma}_c}\sum_{n=0}^{L-1}\binom{L-1}{n}(-1)^n\int_0^\infty e^{-(1+(n+1)/\bar{\gamma}_c)\,x}\mathrm{d}x \\
&= \frac{L}{2}\sum_{n=0}^{L-1}\frac{\binom{L-1}{n}(-1)^n}{1+n+\bar{\gamma}_c}
\end{aligned}
\tag{4-11}
$$

推导过程中使用了二项式展开公式

$$(1-x)^{L-1} = \sum_{n=0}^{L-1}\binom{L-1}{n}(-1)^n x^n \tag{4-12}$$

图 4-3 给出了对应的误比特率曲线，其中 $\bar{\gamma}_c$ 等于分集支路的比特能量噪声比。可以看出，使用选择式合并极大地改善了误比特率。当 $\bar{\gamma}_c \gg 1$ 时，从式（4-11）可以看出，误比特率和 $1/\bar{\gamma}_c^L$ 成正比。再一次，我们看到最大的分集增益获得于从 $L=1$ 变化为 $L=2$ 时，且随着分集支路数 L 的增多，分集增益逐渐减少。

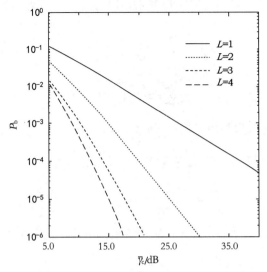

图 4-3 使用差分检测和 L 支路选择式分集合并的二进制 DPSK 的误码率

4.3 最大比合并（MRC）

使用 MRC，每一分集支路的信号分别加权各自的复衰落增益，然后才合并。我们可以看到，MRC 实现了一个最大似然接收机。据式（4-2）可知向量

$$\tilde{\boldsymbol{r}} = \mathrm{vec}\,(\tilde{r}_1, \tilde{r}_2, \cdots, \tilde{r}_L) \tag{4-13}$$

具有下面的多变量复高斯分布

$$p(\bar{\boldsymbol{r}} \mid \boldsymbol{g}, \tilde{\boldsymbol{s}}_m) = \prod_{k=1}^{L}\prod_{i=1}^{N} \frac{1}{2\pi N_0} \exp\left\{-\frac{1}{2N_0}\left|\bar{r}_{k,i} - g_k\,\bar{s}_{m,i}\right|^2\right\}$$

$$= \frac{1}{(2\pi N_0)^{LN}} \exp\left\{-\frac{1}{2N_0}\sum_{k=1}^{L}\left\|\bar{\boldsymbol{r}}_k - g_k\,\bar{\boldsymbol{s}}_m\right\|^2\right\} \tag{4-14}$$

式中：$\boldsymbol{g} = (g_1, g_2, \cdots, g_L)$ 是信道向量。最大似然接收机选择可以最大化似然函数的消息向量 $\tilde{\boldsymbol{s}}_m$。这等效于以最小化测度选择消息向量 $\tilde{\boldsymbol{s}}_m$

$$\mu(\tilde{\boldsymbol{s}}_m) = \sum_{k=1}^{L} \left\|\bar{\boldsymbol{r}}_k - g_k \tilde{\boldsymbol{s}}_m\right\|^2$$

$$= \sum_{k=1}^{L}\left(\left\|\tilde{\boldsymbol{r}}_k\right\|^2 - 2\mathrm{Re}\left\{\bar{\boldsymbol{r}}_k \cdot g_k^* \tilde{\boldsymbol{s}}_m^*\right\} + \left|g_k\right|^2 \left\|\tilde{\boldsymbol{s}}_m\right\|^2\right) \tag{4-15}$$

既然 $\displaystyle\sum_{k=1}^{L} \left\|\tilde{\boldsymbol{r}}_k\right\|^2$ 同发送的哪一个 $\tilde{\boldsymbol{s}}_m$ 无关，且 $\left\|\tilde{\boldsymbol{s}}_m\right\|^2 = 2E_m$，接收机只需要最大化测度

$$\mu_2(\tilde{\boldsymbol{s}}_m) = \sum_{k=1}^{L} \mathrm{Re}\left\{\bar{\boldsymbol{r}}_k \cdot g_k^* \tilde{\boldsymbol{s}}_m^*\right\} - E_m \sum_{k=1}^{L}\left|g_k\right|^2$$

$$= \sum_{k=1}^{L} \mathrm{Re}\left\{g_k^* \int_{-\infty}^{\infty} \bar{r}_k(t) \tilde{s}_m^*(t)\mathrm{d}t\right\} - E_m \sum_{k=1}^{L}\left|g_k\right|^2 \tag{4-16}$$

若信号是等能量的，最后一项可以忽略，因为其对于所有消息向量都是一样的，则得到

$$
\begin{aligned}
\mu_3(\tilde{s}_m) &= \sum_{k=1}^{L} \mathrm{Re}\left\{ \overline{r}_k \cdot g_k^* \tilde{s}_m^* \right\} \\
&= \sum_{k=1}^{L} \mathrm{Re}\left\{ g_k^* \int_{-\infty}^{\infty} \overline{r}_k(t)\tilde{s}_m^*(t)\mathrm{d}t \right\}
\end{aligned} \tag{4-17}
$$

重写式（4-16），可得到最大似然接收机的另一种形式：

$$
\begin{aligned}
\mu_4(\tilde{s}_m) &= \mathrm{Re}\left\{ \sum_{k=1}^{L} g_k^* \overline{r}_k \cdot \tilde{s}_m^* \right\} - E_m \sum_{k=1}^{L} |g_k|^2 \\
&= \int_{-\infty}^{\infty} \mathrm{Re}\left\{ \left(\sum_{k=1}^{L} g_k^* \tilde{r}_k(t) \right) \tilde{s}_m^*(t) \right\} \mathrm{d}t - E_m \sum_{k=1}^{L} |g_k|^2
\end{aligned} \tag{4-18}
$$

由式（4-18）可以构建一个最大似然接收机，图4-1的分级合并器得到如下的和：

$$
\tilde{r} = \sum_{k=1}^{L} g_k^* \tilde{r}_k \tag{4-19}
$$

这可以表示为图4-4所示的计算过程。

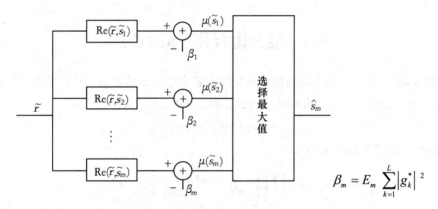

图4-4　最大比合并的测度计算

为了评估使用 MRC 所获得的性能增益，将式（4-2）中得到的接收支路向量代入式（4-19），得到

$$
\begin{aligned}
\overline{r} &= \sum_{k=1}^{L} g_k^* (g_k \tilde{s}_m + \tilde{n}_k) \\
&= \left(\sum_{k=1}^{L} \alpha_k^2 \right) \tilde{s}_m + \sum_{k=1}^{L} g_k^* \tilde{n}_k \\
&= \alpha_M^2 \tilde{s}_m + \tilde{n}_M
\end{aligned} \tag{4-20}
$$

$\frac{1}{2} E\left[a_M^4 \| \tilde{s}_m \|^2 \right] = a_M^4 E_{\mathrm{av}}$ 的信号分量，其中 E_{av} 是信号星座图中的平均符号能量。第二项是噪声分量，其方差为

$$
\sigma_{\tilde{n}M}^2 = \frac{1}{2} E\left[\| \tilde{n}_M \|^2 \right] = N_0 \sum_{k=1}^{L} \alpha_k^2 = N_0 \alpha_M^2 \tag{4-21}
$$

可得到符号能量噪声比：

$$\gamma_{\mathrm{s}}^{\mathrm{mr}} = \frac{\frac{1}{2} E\left[\alpha_M^4 \|\tilde{\boldsymbol{s}}_m\|^2\right]}{\sigma_{\tilde{n}M}^2} = \frac{\alpha_M^2 E_{\mathrm{av}}}{N_0} = \sum_{k=1}^{L} \frac{\alpha_k^2 E_{\mathrm{av}}}{N_0} = \sum_{k=1}^{L} \gamma_k \tag{4-22}$$

式中：$\gamma_k = a_k^2 E_{\mathrm{av}} / N_0$。因此，$\gamma_{\mathrm{s}}^{\mathrm{mr}}$ 是 L 条分集支路的符号能量噪声比的和值。

若各支路是平衡的（这是使用天线分集时的一个合理假设）且不相关的，则 $\gamma_{\mathrm{s}}^{\mathrm{mr}}$ 服从 $2L$ 个自由度的 χ^2 分布，即

$$P_{\gamma_{\mathrm{s}}^{\mathrm{mr}}}(x) = \frac{1}{(L-1)!(\bar{\gamma}_{\mathrm{c}})^L} x^{L-1} \mathrm{e}^{-x/\bar{\gamma}_{\mathrm{c}}} \tag{4-23}$$

其中

$$\bar{\gamma}_{\mathrm{c}} = E\left[\gamma_k\right] \quad k = 1, \cdots, \ L \tag{4-24}$$

$\gamma_{\mathrm{s}}^{\mathrm{mr}}$ 的 CDF 为

$$F_{\gamma_{\mathrm{s}}^{\mathrm{mr}}}(x) = 1 - \mathrm{e}^{-x/\bar{\gamma}_{\mathrm{c}}} \sum_{k=1}^{L-1} \frac{1}{k!} \left(\frac{x}{\bar{\gamma}_{\mathrm{c}}}\right)^k \tag{4-25}$$

由式（4-22）可得到使用 MRC 和平衡分集路径的平均符号能量噪声比：

$$\bar{\gamma}_{\mathrm{s}}^{\mathrm{mr}} = \sum_{k=1}^{L} \bar{\gamma}_k = \sum_{k=1}^{L} \bar{\gamma}_{\mathrm{c}} = L\bar{\gamma}_{\mathrm{c}} \tag{4-26}$$

图 4-5 给出了累积分布函数 $F_{\gamma_{\mathrm{s}}^{\mathrm{mr}}}(x)$ 随符号能量噪声比 $x / \bar{\gamma}_{\mathrm{c}}$ 变化的曲线。这样的曲线可以用来比较不同分集合并方案的性能，且这种比较不依赖于所用的调制方式。例如，图 4-5 表明，当采用 $L = 2$ 和选择式合并时，在 $x / \bar{\gamma}_{\mathrm{c}} = 0.01$（$\gamma_{\mathrm{s}}^{\mathrm{s}} - \bar{\gamma}_{\mathrm{c}} = -20\mathrm{dB}$）点处 $F_{\gamma_{\mathrm{s}}^{\mathrm{mr}}}(x) = 10^{-4}$。这表明其他条件相同时，使用 MRC 较 SC 获得了 2dB 的功率增益。

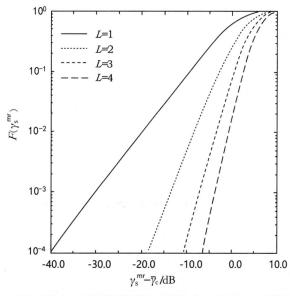

图 4-5 最大比合并中 $\gamma_{\mathrm{s}}^{\mathrm{mr}}$ 的累积概率分布函数（$\bar{\gamma}_{\mathrm{c}}$ 为平均支路符号能噪比）

当计算误比特率时，必须关注相干信号映射技术，毕竟 MRC 是一种相干检测技术。例如，使用 BPSK 的误比特率为

$$P_b(\gamma_s^{mr}) = Q(\sqrt{2\gamma_s^{mr}}) \tag{4-27}$$

式中：γ_s^{mr} 是即时比特能量噪声比。因此，误比特率为

$$
\begin{aligned}
P_b &= \int_0^\infty P_b(x) p_{\gamma_s^{mr}}(x) \, dx \\
&= \int_0^\infty Q(\sqrt{2x}) \frac{L}{(L-1)!(\bar{\gamma}_c)^L} x^{L-1} e^{-x/\bar{\gamma}_c} dx \\
&= \left(\frac{1-\mu}{2}\right)^L \sum_{k=0}^{L-1} \binom{L-1+k}{k} \left(\frac{1+\mu}{2}\right)^k
\end{aligned} \tag{4-28}
$$

其中

$$\mu = \sqrt{\frac{\bar{\gamma}_c}{1+\bar{\gamma}_c}} \tag{4-29}$$

经过代数运算后可得到最后结果。式（4-28）的误比特率如图 4-6 所示。再次说明，分集极大地改善了性能。最大增益提升位于从 $L=1$ 变为 $L=2$ 支路处，并随着支路数的增加改善量逐渐变小。

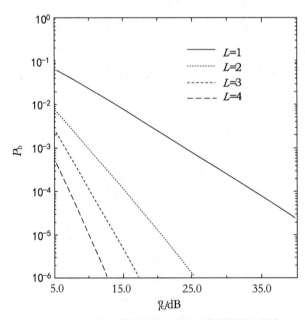

图 4-6　最大比合并和相干 BPSK 检测的误比特率

4.4　等增益合并（EGC）

EGC 和 MRC 方案的相同点在于两者的支路都经过相干合并，而不同点在于 EGC 中没有对各支路进行加权。实际上，这样的方案对于符号等能量调制技术（例如 MPSK 信号）是有用的。当使用不等能量符号时，需要整个信道向量 $\boldsymbol{g} = (g_1, g_2, \cdots, g_L)$ 且要使用最大似然 MRC。使用 EGC 时，接收机最大化测度

$$\mu(\tilde{\boldsymbol{s}}_m) = \sum_{k=1}^{L} \mathrm{Re}\left\{ \mathrm{e}^{-\mathrm{j}\varphi_k} \cdot \tilde{r}_k \cdot \tilde{s}_m^* \right\} = \sum_{k=1}^{L} \mathrm{Re}\left\{ \mathrm{e}^{-\mathrm{j}\varphi_k} \int_{-\infty}^{\infty} \tilde{r}_k(t) \tilde{s}_m^*(t) \mathrm{d}t \right\} \tag{4-30}$$

这一测度可以写成另一种形式

$$\mu(\tilde{\boldsymbol{s}}_m) = \mathrm{Re}\left\{ \sum_{k=1}^{L} \mathrm{e}^{-\mathrm{j}\varphi_k} \tilde{r}_k \cdot \tilde{s}_m^* \right\} = \int_0^T \mathrm{Re}\left\{ \left(\sum_{k=1}^{L} \mathrm{e}^{-\mathrm{j}\varphi_k} \tilde{r}_k(t) \right) \tilde{s}_m^*(t) \right\} \mathrm{d}t \tag{4-31}$$

显然使用 EGC 时图 4-1 中的合并器得到的和信号为

$$\tilde{\boldsymbol{r}} = \sum_{k=1}^{L} \mathrm{e}^{-\mathrm{j}\varphi_k} \tilde{\boldsymbol{r}}_k \tag{4-32}$$

向量 $\tilde{\boldsymbol{r}}$ 可用于图 4-4 所示的测度计算，其中 $\beta_m = 0$（$m = 1, \cdots, L$）。设置 $\beta_m = 0$ 的原因是已经假设信号是等能量的。为了评估 EGC 的性能，将式（4-2）中的接收支路面向量代入式（4-32）中，可得：

$$\tilde{\boldsymbol{r}} = \sum_{k=1}^{L} \mathrm{e}^{-\mathrm{j}\varphi_k}(g_k \tilde{\boldsymbol{s}}_m + \tilde{\boldsymbol{n}}_k) = \left(\sum_{k=1}^{L} \alpha_k \right) \tilde{\boldsymbol{s}}_m + \sum_{k=1}^{L} \mathrm{e}^{-\mathrm{j}\varphi_k} \tilde{\boldsymbol{n}}_k = \alpha_E \tilde{\boldsymbol{s}}_m + \tilde{\boldsymbol{n}}_E \tag{4-33}$$

式中：$\alpha_E = \sum_{k=1}^{L} \alpha_k$，$\tilde{\boldsymbol{n}}_E = \sum_{k=1}^{L} \mathrm{e}^{-\mathrm{j}\phi k} \tilde{\boldsymbol{n}}_k$，$\alpha_k = |g_k|$。式（4-33）中的第一项是平均能量为 $\frac{1}{2} E[a_\mathrm{M}^4 \| \tilde{\boldsymbol{s}}_m \|^2] = a_\mathrm{M}^4 E_{\mathrm{av}}$ 的信号分量，其中 E_{av} 是信号星座图中的平均符号能量。第二项是噪声分量，其方差为

$$\sigma_{n_E}^2 = \frac{1}{2} E\left[\| \tilde{\boldsymbol{n}}_E \|^2 \right] = L N_0 \tag{4-34}$$

两者的比值即为符号能量噪声比：

$$\gamma_s^{\mathrm{eg}} = \frac{\alpha_\mathrm{M}^2 E_{\mathrm{av}}}{L N_0} \tag{4-35}$$

当 $L > 2$ 时，γ_s^{eg} 的累积概率分布函数和概率密度函数不存在闭式解。然而，若 $L = 2$ 和 $\overline{\gamma}_1 = \overline{\gamma}_2 = \overline{\gamma}_c$，累积概率分布函数为

$$F_{\gamma_s^{\mathrm{eg}}}(x) = 1 - \mathrm{e}^{-2x/\overline{\gamma}_c} - \sqrt{\pi \frac{x}{\overline{\gamma}_c}} \mathrm{e}^{-x/\overline{\gamma}_c} \left(1 - 2Q\sqrt{2\frac{x}{\overline{\gamma}_c}} \right) \tag{4-36}$$

对式（4-36）求导，可得密度函数：

$$p_{\gamma_s^{\mathrm{eg}}}(x) = \frac{1}{\overline{\gamma}_c} \mathrm{e}^{-2x/\overline{\gamma}_c} - \sqrt{\pi} \mathrm{e}^{-x/\overline{\gamma}_c} \left(\frac{1}{2\sqrt{x\overline{\gamma}_c}} - \frac{1}{\overline{\gamma}_c}\sqrt{\frac{x}{\overline{\gamma}_c}} \right) \left(1 - 2Q\sqrt{2\frac{x}{\overline{\gamma}_c}} \right) \tag{4-37}$$

使用 EGC 的平均符号能量噪声比为

$$\bar{\gamma}_{s}^{eg} = \frac{E_{av}}{LN_0} E\left[\left(\sum_{k=1}^{L} \alpha_k\right)^2\right] = \frac{E_{av}}{LN_0} \sum_{k=1}^{L} \sum_{l=1}^{L} E\left[\alpha_k \alpha_l\right] \quad (4\text{-}38)$$

当为瑞利衰落时，$E\left[a_k^2\right] = 2\ b_0$ 且 $E[a_k] = \sqrt{\pi b_0 / 2}$。而且若各支路经历非相干衰落，则 $E\left[\alpha_k \alpha_l\right] = E[a_k]E[a_l]$，$k \neq l$。因此

$$\bar{\gamma}_{s}^{eg} = \frac{E_{av}}{LN_0}\left(2Lb_0 + L(L-1)\frac{\pi b_0}{2}\right) = \frac{2b_0 E_{av}}{N_0}\left(1 + (L-1)\frac{\pi}{2}\right) = \bar{\gamma}_c\left(1 + (L-1)\frac{\pi}{4}\right) \quad (4\text{-}39)$$

利用式（4-37）中的概率密度函数可以得到具有两条分集支路时 EGC 的误比特率。再次说明，EGC 属于相干检测技术，所以必须关注相干信号映射技术。例如，使用 BPSK 时误比特率（见习题 4.11）为

$$\begin{aligned} P_b &= \int_0^{\infty} P_b(x) p_{\gamma_s^{eg}}(x)\ \mathrm{d}x \\ &= \frac{1}{2}(1 - \sqrt{1 - \mu^2}) \end{aligned} \quad (4\text{-}40)$$

其中

$$\mu = \frac{1}{1 + \bar{\gamma}_c} \quad (4\text{-}41)$$

4.5 切换式合并

切换式合并扫描分集支路直到发现某条支路的比特能量噪声比超过特定的门限，合并器选择并使用这条分集支路直到其比特能量噪声比又落入门限以下。此时，选择另一条比特能量噪声比超过门限的分集支路。切换式合并的最大好处是只需要一个检测器。有多种切换式合并方法，这里主要分析两支路切换和停驻合并（Switch and Stay Coinbining，SSC）。使用 SSC，当比特能量噪声比低于门限时，接收机切换并且驻留在备用支路上，但它并不管备用支路的能量噪声比是高于还是低于门限。

令两条支路的能量噪声比分别为 γ_1 和 γ_2，切换门限为 T。利用式（4-5），可求得 γ_i，低于门限 T 的概率为

$$\begin{aligned} q &= P\left[\gamma_i < T\right] \\ &= 1 - \mathrm{e}^{-T/\bar{\gamma}_c} \qquad i = 1,2 \end{aligned} \quad (4\text{-}42)$$

同样地，低于门限 S 的概率为

$$p = 1 - \mathrm{e}^{-S/\bar{\gamma}_c} \quad i = 1,2 \quad (4\text{-}43)$$

令 γ_s^{SW} 表示切换合并器输出端的符号能量噪声比，则

$$P\left[\gamma_s^{SW} \leqslant S\right] = P\left[\gamma_s^{SW} \leqslant S \,|\, \gamma_s^{SW} = \gamma_1 \bigcup \gamma_s^{SW} \leqslant S \,|\, \gamma_s^{SW} = \gamma_2\right] \quad (4\text{-}44)$$

既然 γ_1 和 γ_2 是统计等价的，可以假设当前在用支路为支路 1，则可推出

$$P\left[\gamma_s^{SW} \leqslant S\right] = \begin{cases} P\left[\gamma_1 \leqslant T \bigcap \gamma_2 \leqslant S\right] & S < T \\ P\left[T \leqslant \gamma_1 \leqslant S \bigcup \gamma_1 \leqslant T \bigcap \gamma_2 \leqslant S\right] & S \geqslant T \end{cases} \quad (4\text{-}45)$$

$S < T$ 的域对应于当 γ_1 落于门限 T 以下合并器切换到支路 2 的情况，但是 $\gamma_2 < T$ 以便切换不会导致 γ_s^{SW} 大于 T。另一方面，$S \geqslant T$ 的域对应于当 γ_1 介于 T 和 S 之间，或者 γ_1 落于门限 T 以下合并器切换到支路 2 的情况，且 $T \leqslant \gamma_1 \leqslant S$。既然 γ_1 和 γ_2 是独立的，上述概率为

$$P[\gamma_1 \leqslant T \cap \gamma_2 \leqslant S] = qp \tag{4-46}$$

且

$$P[T \leqslant \gamma_1 \leqslant S \cup (\gamma_1 \leqslant T \cap \gamma_2 \leqslant S)] = p - q + qp \tag{4-47}$$

因此

$$P\left[\gamma_s^{SW} \leqslant S\right] = \begin{cases} qp, & S < T \\ p - q + qp, & S \geqslant T \end{cases} \tag{4-48}$$

图 4-7 给出了当归一化门限 $R = 10\lg\{T / \bar{\gamma}_c\}$（dB）取不同值时，累积概率分布函数 $F_{\gamma_s^{SW}}(x)$ 随归一化符号能量噪声比 $x / \bar{\gamma}_c$ 变化的曲线。可以看到，除了在切换门限点的性能是一样的外，SSC 的性能总是要比 SC 差一些。

SSC 的比特差错概率可由合并器输出端的比特能量噪声比的概率密度函数来计算。γ_s^{SW} 的概率密度函数为

$$P_{\gamma_s^{SW}}(x) = \begin{cases} q\dfrac{1}{\bar{\gamma}_c}\mathrm{e}^{-x/\bar{\gamma}_c} & x < T \\[2mm] (1+q)\dfrac{1}{\bar{\gamma}_c}\mathrm{e}^{-x/\bar{\gamma}_c} & x \geqslant T \end{cases} \tag{4-49}$$

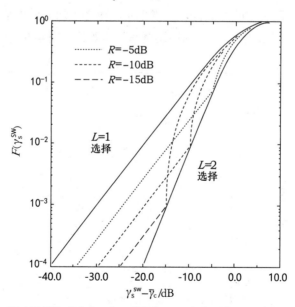

图 4-7　两支路切换式分集，归一化门限 $R = 10\lg\{T/\bar{\gamma}_c\}$ 取不同值时 γ_s^{SW} 的累积概率分布函数（$\bar{\gamma}_c$ 是平均支路比特能噪比）

若采用 DPSK 调制且使用差分检测，则 $P_{\gamma_s^{SW}}(x) = \frac{1}{2}\mathrm{e}^{-\gamma_s^{SW}}$，其误比特率为

$$P_b = \int_0^\infty P_b(x) p_{\gamma_s^{SW}}(x) \, \mathrm{d}x = \frac{1}{2(1+\overline{\gamma}_c)}(q+(1-q)\mathrm{e}^{-T}) \qquad (4\text{-}50)$$

式中：$\overline{\gamma}_c$ 为平均每支路的比特能量噪声比。图 4-8 给出了几种 T 的取值时误比特率的变化。

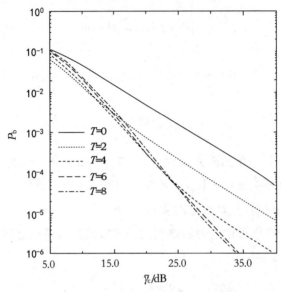

图 4-8　两支路切换式合并和差分 DPSK 检测时的误比特率

其中 $T=0$ 的性能同不使用分集时的性能一样，因为此时没有切换。当 $T>6$ 时，几乎没有性能的变化。随着 T 的增加，切换概率 q 也随之增加。对于某些系统而言，尽可能地减少分集支路数目同时保持较小的切换概率是需要的（图 4-9）。

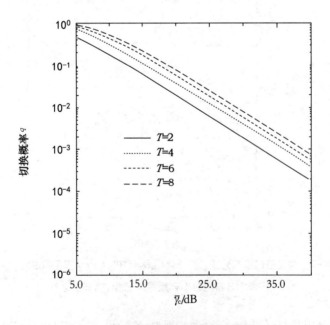

图 4-9　两支路切换式合并的切换概率

4.6　使用等增益合并的差分检测

当同差分检测结合使用时，EGC 便于实现且具有良好的性能。差分检测回避了对分集支路相位和权重的需要。整个接收机结构如图 4-10 所示。单个差分检测器的结构取决于所用的调制方式。

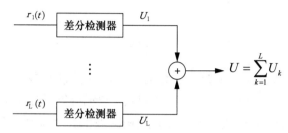

$$U = \sum_{k=1}^{L} U_k$$

图 4-10　使用检测后等增益合并的差分检测器

由式（4-51）和图 4-10 可知，对于 DPSK 而言，n 时刻合并器的输出决策变量为

$$U_n = \sum_{k=1}^{L} U_{n,k} = \frac{1}{2}\sum_{k=1}^{L}(Z_{n,k}Z^*_{d,n,k} + Z^*_{n,k}Z_{d,n,k}) \tag{4-51}$$

使用特征函数，可以看出决策变量 U_n 具有差分形式 $U_n = W_n - Y_n$，其中 W_n 和 Y_n 分别服从自由度为 $2L$ 的非中心和中心 χ^2 分布且两者独立，即

$$f_{W_n}(w) = \frac{1}{2E_h N_0}\left(\frac{w}{s^2}\right)^{\frac{L-1}{2}}\exp\left(-\frac{(s^2+w)}{2E_h N_0}\right)I_{L-1}\left(\sqrt{w}\,\frac{2}{E_h N_0}\right) \tag{4-52}$$

$$f_{Y_n}(y) = \left(\frac{1}{2E_h N_0}\right)^{L}\frac{1}{(L-1)!}y^{L-1}\exp\left(-\frac{y}{2E_h N_0}\right) \tag{4-53}$$

式中

$$s^2 = 4E_h\sum_{k=1}^{L}\alpha_k^2 \tag{4-54}$$

为非中心参数，$I_n\,(\,x\,)$ 为第一类 n 阶贝塞尔函数，定义为

$$I_n(x) = \frac{1}{2\pi}\int_0^{2\pi}e^{x\cos(\theta)}\cos(n\theta)\mathrm{d}\theta \tag{4-55}$$

经过代数运算后，误比特率可以表示为闭式解的形式：

$$P_b(\gamma_t) = \frac{1}{2^{2L-1}}e^{-x\gamma_t}\sum_{k=0}^{L-1}b_k\gamma_t^k \tag{4-56}$$

式中

$$b_k = \frac{1}{k!}\sum_{n=0}^{L-1-k}\binom{2L-1}{n} \tag{4-57}$$

且

$$\gamma_1 = \sum_{k=1}^{L} \gamma_k \quad\quad\quad （4-58）$$

γ_1 服从式（4-23）所给出的中心 χ^2 分布，对误比特率 $P_b(\gamma_t)$ 在整个分布区间上求平均，得到：

$$P_b = \frac{1}{2^{2L-1}(L-1)!(1+\overline{\gamma}_c)^L} \sum_{k=1}^{L-1} b_k (L-1+k)! \left(\frac{\overline{\gamma}_c}{1+\overline{\gamma}_c}\right)^k \quad\quad （4-59）$$

使用

$$\mu = \frac{\overline{\gamma}_c}{1+\overline{\gamma}_c} \quad\quad\quad （4-60）$$

可将式（4-59）修正为同式（4-28）一样的形式。图 4-11 比较了使用差分检测解调二进制 DPSK 信号时的不同分集合并技术。很显然有检测后等增益合并时得到最佳的性能，其后是 SC 和 SSC 合并。再一次，需要指出在 MRC 及 EGC 方案中使用差分检测是无意义的，因为 MRC 和 EGC 是相干检测技术。

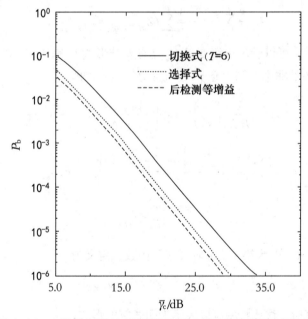

图 4-11 二进制 DPSK 差分检测时两支路分集合并技术的比较

4.7 非相干平方律合并

平方律合并是应用于非相干检测的合并技术。正如下面看到的，平方律合并仅对正交调制，包括 M 进制 FSK 调制和二元正交码有用。

非相干检测器计算 M 个决策变量 X_m^2（$m=1$，$\cdots$，M），并选择最大决策变量（设发送端是等能量消息）的消息波形。当有分集时，每一条分集支路平方律检波器。它们生成输出 $X_{m,k}(m=1, \cdots, M; k=1, \cdots, L)$。然后平方律合并器计算下面的决策变量集

$$U_m = \sum_{k=1}^{L} X_{m,k}^2 \qquad m=1, \cdots, M \qquad (4\text{-}61)$$

最终决策是判决消息为具有最大 U_m 的那一个。

若假定发射消息波形 $\tilde{s}_1(t)$，则有

$$U_1 = \sum_{k=1}^{L} \left| \tilde{r}_k \cdot \tilde{s}_1^* \right|^2 = \sum_{k=1}^{L} \left| 2E g_k + \sqrt{2E}\, \tilde{n}_{k,1} \right|^2$$

$$= \sum_{k=1}^{L} \left| 2E \alpha_k \cos(\varphi_k) + \sqrt{2E}\, \tilde{n}_{I,k,1} + \mathrm{j}(2E \alpha_k \sin(\varphi_k) + \sqrt{2E}\, \tilde{n}_{Q,k,1}) \right|^2$$

$$U_m = \sum_{k=1}^{L} \left| \tilde{r}_k \cdot \tilde{s}_m^* \right|^2 = \sum_{k=1}^{L} \left| \sqrt{2E}\, \tilde{n}_{k,m} \right|^2$$

$$= \sum_{k=1}^{L} \left| \sqrt{2E}\, \tilde{n}_{I,k,m} + \mathrm{j}\sqrt{2E}\, \tilde{n}_{Q,k,m} \right|^2 \qquad m=2, \cdots, M$$

随机变量 U_i（$i=1, \cdots, M$）服从自由度为 $2L$ 的中心 χ^2 分布，可推出：

$$P_{U_1}(u_1) = \frac{1}{(2\sigma_1^2)^L (L-1)!} u_1^{L-1} \exp\left(-\frac{u_1^2}{2\sigma_1^2}\right) \qquad u_1 \geqslant 0 \qquad (4\text{-}62)$$

其中

$$\sigma_1^2 = \frac{1}{2} E\left[\left| 2E g_k + \sqrt{2E}\, \tilde{g}_{k,1} \right|^2 \right] = 2E N_0 \left(1 + \frac{E\left[\alpha_k^2\right] E}{N_0} \right) = 2E N_0 (1 + \bar{\gamma}_c) \qquad (4\text{-}63)$$

同样地

$$P_{U_m}(u_m) = \frac{1}{(2\sigma_2^2)^L (L-1)!} u_m^{L-1} \exp\left(-\frac{u_m^2}{2\sigma_2^2}\right) \qquad u_m \geqslant 0 \qquad (4\text{-}64)$$

其中

$$\sigma_2^2 = 2E N_0 \qquad m=2, \cdots, M \qquad (4\text{-}65)$$

为了评估使用平方律合并时的差错概率，采用非相干检测。首先不失一般性假设发送波形为 $\tilde{s}_1(t)$。接收机将做出正确的决策，若

$$U_i < U_1, \quad \forall i \neq 1 \qquad (4\text{-}66)$$

因此，正确判决的概率为

$$P[c] = P[U_2 < U_1, U_3 < U_1, \cdots, U_m < U_1]$$
$$= \int_0^\infty (P[U_2 < U_1])^{M-1} P_{U_1}(u_1) \mathrm{d}u_1 \qquad (4\text{-}67)$$

其中第二行的得到源于 U_m（$m=2, \cdots, M$）是独立同分布的。由中心 χ^2 分布的累积概率分布函数有

$$P[U_2 < U_1] = 1 - \exp\left(-\frac{u_1^2}{2\sigma_2^2}\right) \sum_{k=0}^{L-1} \frac{1}{k!} \left(\frac{u_1}{2\sigma_2^2}\right)^k \qquad u \geqslant 0 \qquad (4\text{-}68)$$

将这一概率的 $M-1$ 次幂代入式（4-67）求得正确检测的概率，然后用 1 减去可得到符号错误的概率，即

$$P_M = 1 - \int_0^\infty \left(1 - \exp\left(-\frac{u_1^2}{2\sigma_2^2}\right) \sum_{k=0}^{L-1} \frac{1}{k!} \left(\frac{u_1}{2\sigma_2^2}\right)^k\right)^{M-1} \times \frac{1}{(2\sigma_2^2)^L (L-1)!} u_1^{L-1} \exp\left(-\frac{u_1^2}{2\sigma_2^2}\right) du_1$$

（4-69）

$$= 1 - \int_0^\infty \left(1 - e^{-y} \sum_{k=0}^{L-1} \frac{y^k}{k!}\right)^{M-1} \times \frac{1}{(1+\overline{\gamma}_c)^L (L-1)!} y^{L-1} \exp\left(-\frac{\overline{\gamma}_c}{1+\overline{\gamma}_c}\right) dy$$

上述表达式可以使用多项式扩展表达为闭式解的形式。然而，除了对于较小的 M 和 L 而言，这一转换是十分困难的。相对而言，数值评估式（4-69）更为容易一些。当 $L=1$（无分集）时，式（4-69）可以简化为

$$P_M = \sum_{m=1}^{M-1} \frac{(-1)^{m+1} \binom{M-1}{m}}{1+m+m\overline{\gamma}_c}$$

（4-70）

最终，可得到误比特率：

$$P_b = \frac{2^{k-1}}{2^k - 1} P_M = \frac{M}{2(M-1)} P_M$$

（4-71）

平均接收比特能量噪声比为

$$\overline{\gamma}_b = L\overline{\gamma}_c / \mathrm{lb}M$$

（4-72）

对于二进制非相干正交 FSK 调制（$M=2$），可以使用参数 μ 将式（4-69）变为式（4-28）的形式，其中

$$\mu = \frac{\overline{\gamma}_c}{2 + \overline{\gamma}_c}$$

（4-73）

当 $\overline{\gamma}_c \gg 1$ 时，使用 L 阶非相干平方律合并的二进制正交 FSK 调制信号的误比特率近似为

$$P_b \approx \left(\frac{1}{\overline{\gamma}_c}\right)\binom{2L-1}{L}$$

（4-74）

图 4-12 给出了 M 和 L 不同取值时的误比特率随比特能量噪声比变化的曲线。从图中可以看到，随着 M 和 L 的增加，性能也得以改善。其中，增加 L 可得到显著的性能增益，当 L 较小时增加 M 得到的性能增益相对较小。既然 M 的增加意味着 M 进制正交信号的带宽有效性的减少，则增加 L 意味着更好的带宽效率。

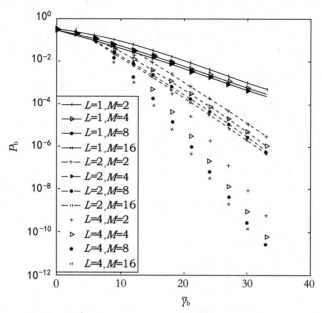

图 4-12 使用平方律合并时 M 进制正交信号的性能

4.8 最优合并

当信道干扰为 AWGN 时，MRC 在最大似然意义上是最优的合并方法。然而，当信道干扰主要是 CCI 时，最好使用最大化合并器输出端的信干噪比（Signal-to-Interference-plus-Noise Ratio，SINR）的最优合并（Optimum Combining，OC）器。OC 使用空间分集，如同在 MRC 中一样不仅可以抗目标信号的衰落，而且可以减少接收机中干扰信号的相对功率。这一点主要是利用多接收天线之间干扰的相关性。通过合并多根天线收到的信号，OC 能够压制干扰并提高输出 SINR 几个分贝。Baird 和 Zahm 首先在单个干扰源环境中引入 OC，随后 Winters 将其推广到多个干扰源的场景中并应用于蜂窝频率再用系统。在这一节，我们讨论最优合并器，推导输出 SINR 的分布，并分析当目标信号和干扰信号均服从慢平坦瑞利衰落时 PSK 信号的误比特率。

考虑目标信号为 K 个共道干扰信号干扰的情形。L 根接收天线处的信号为

$$\tilde{\boldsymbol{r}}_k = g_{k,0}\tilde{\boldsymbol{s}}_0 + \sum_{i=1}^{L} g_{k,i}\tilde{\boldsymbol{s}}_i + \tilde{\boldsymbol{n}}_k \qquad k = 1, \cdots, L \tag{4-75}$$

其中

$$\tilde{\boldsymbol{s}}_0 = (\tilde{s}_{0,1}, \tilde{s}_{0,2}, \cdots, \tilde{s}_{0,N}) \text{，} \quad \tilde{\boldsymbol{s}}_i = (\tilde{s}_{i,1}, \tilde{s}_{i,2}, \cdots, \tilde{s}_{i,N}) \text{，} \quad \tilde{\boldsymbol{n}}_k = (\tilde{s}_{k,1}, \tilde{s}_{k,2}, \cdots, \tilde{s}_{k,N})$$

分别为目标信号、第 i 个干扰信号、噪声信号。N 为信号空间的维度，k 是干扰信号的数目。

L个接收信号向量可以表示为列向量的形式，从而得到$L \times N$维的接收矩阵

$$\tilde{\boldsymbol{R}}_t = \boldsymbol{g}_0 \tilde{\boldsymbol{s}}_0 + \sum_{i=1}^{K} \boldsymbol{g}_i \tilde{\boldsymbol{s}}_i + \tilde{\boldsymbol{N}} \tag{4-76}$$

式中

$$\tilde{\boldsymbol{R}}_t = \begin{pmatrix} \tilde{r}_1 \\ \tilde{r}_2 \\ \vdots \\ \tilde{r}_L \end{pmatrix}, \boldsymbol{g}_i = \begin{pmatrix} g_{i,1} \\ g_{i,2} \\ \vdots \\ g_{i,L} \end{pmatrix}, \tilde{\boldsymbol{N}} = \begin{pmatrix} \tilde{n}_1 \\ \tilde{n}_2 \\ \vdots \\ \tilde{n}_L \end{pmatrix} \tag{4-77}$$

$L \times L$维 SINR 矩阵为

$$\boldsymbol{\Phi}_{\tilde{R}_t \tilde{R}_t} = \frac{1}{2} E_{\tilde{s}_0, \tilde{s}_i, \tilde{N}} \left[\left(\boldsymbol{g}_0 \tilde{\boldsymbol{s}}_0 + \sum_{i=1}^{K} \boldsymbol{g}_i \tilde{\boldsymbol{s}}_i + \tilde{\boldsymbol{N}} \right) \left(\boldsymbol{g}_0 \tilde{\boldsymbol{s}}_0 + \sum_{i=1}^{K} \boldsymbol{g}_i \tilde{\boldsymbol{s}}_i + \tilde{\boldsymbol{N}} \right)^{\mathrm{H}} \right] \tag{4-78}$$

同样地，接收的干扰噪声相关矩阵为

$$\boldsymbol{\Phi}_{\tilde{R}_i \tilde{R}_i} = \frac{1}{2} E_{\tilde{s}, \tilde{N}} \left[\left(\sum_{i=1}^{K} \boldsymbol{g}_i \tilde{\boldsymbol{s}}_i + \tilde{\boldsymbol{N}} \right) \left(\sum_{i=1}^{K} \boldsymbol{g}_i \tilde{\boldsymbol{s}}_i + \tilde{\boldsymbol{N}} \right)^{\mathrm{H}} \right] \tag{4-79}$$

式（4-78）和式（4-79）中的期望运算仅对几个调制符号周期而言，这一时间远小于信道相干时间。若目标信号、干扰信号和噪声向量是两两不相关的，则式（4-78）和式（4-79）可以分别化简为

$$\boldsymbol{\Phi}_{\tilde{R}_t \tilde{R}_t} = \boldsymbol{g}_0 \boldsymbol{g}_0^{\mathrm{H}} E_{\mathrm{av}} + \sum_{i=1}^{K} \boldsymbol{g}_i \boldsymbol{g}_i^{\mathrm{H}} E_{\mathrm{av}}^i + N_0 \boldsymbol{I} \tag{4-80}$$

和

$$\boldsymbol{\Phi}_{\tilde{R}_i \tilde{R}_i} = \sum_{i=1}^{K} \boldsymbol{g}_i \boldsymbol{g}_i^{\mathrm{H}} E_{\mathrm{av}}^i + N_0 \boldsymbol{I} \tag{4-81}$$

式中，$\boldsymbol{I}$为$L \times L$维单位阵；E_{av}^i为第i个干扰信号的平均能量。需要说明的是，矩阵$\boldsymbol{\Phi}_{\tilde{R}_t \tilde{R}_t}$和$\boldsymbol{\Phi}_{\tilde{R}_i \tilde{R}_i}$随信道衰落率变化。

为了消除干扰，接收信号向量$\tilde{r}_k$被加权w_k后求和，即合并器的输出为

$$\tilde{r} = \sum_{k=1}^{L} w_k \tilde{r}_k = \boldsymbol{w}^{\mathrm{T}} \tilde{\boldsymbol{R}}_t \tag{4-82}$$

式中，$\boldsymbol{w}$为权重向量。有多种方法可以求得最优的权重向量$\boldsymbol{w}$。一种方法是最小均方误差

$$J = E \left[\| \tilde{r} - \tilde{\boldsymbol{s}}_0 \|^2 \right] = E \left[\| \boldsymbol{w}^{\mathrm{T}} \tilde{\boldsymbol{R}}_t - \tilde{\boldsymbol{s}}_0 \|^2 \right] = 2 \boldsymbol{w}^{\mathrm{T}} \boldsymbol{\Phi}_{\tilde{R}_t \tilde{R}_t} \boldsymbol{w}^* - 4 \mathrm{Re} \left\{ \boldsymbol{\Phi}_{\tilde{s}_0 \tilde{R}_t} \boldsymbol{w}^* \right\} - 2 E_{\mathrm{av}}$$

式中，$\boldsymbol{\Phi}_{\tilde{R}_t \tilde{R}_t}$由式（4-80）定义且

$$\boldsymbol{\Phi}_{\tilde{s}_0 R_i} = E \left[\tilde{\boldsymbol{s}}_0 \tilde{\boldsymbol{R}}_i^{\mathrm{H}} \right] = 2 E_{\mathrm{av}} \boldsymbol{g}_0^{\mathrm{H}} \tag{4-83}$$

令梯度 $\nabla_w J = 0$，可求得最小化均方误差的权重向量。这给出了最小均方误差（Minimum Mean Square Error，MMSE）解

$$\nabla_w J = \left(\frac{\partial J}{\partial w_1}, \cdots, \frac{\partial J}{\partial w_L} \right) = 4 \boldsymbol{w}^{\mathrm{T}} \boldsymbol{\Phi}_{\tilde{R}_t \tilde{R}_t} - 4 \boldsymbol{\Phi}_{\tilde{s}_0 \tilde{R}_t} = 0 \tag{4-84}$$

解为

$$\boldsymbol{w}_{\text{opt}} = \boldsymbol{\Phi}_{\tilde{R}_i \tilde{R}_i}^{-1} \boldsymbol{\Phi}_{\tilde{s}_0 \tilde{R}_i}^{\text{T}} = 2E_{\text{av}} \boldsymbol{\Phi}_{\tilde{R}_i \tilde{R}_i}^{-1} g_0^* \qquad (4\text{-}85)$$

式中，使用了 $\boldsymbol{\Phi}_{\tilde{s}_0 \tilde{R}_i}^{\text{T}} = 2 g_0^* E_{\text{av}}$，既然 $\boldsymbol{\Phi}_{\tilde{R}_i \tilde{R}_i} = g_0 g_0^{\text{H}} E_{\text{av}} + \boldsymbol{\Phi}_{\tilde{R}_i \tilde{R}_i}$，则有

$$\boldsymbol{w}_{\text{opt}} = 2E_{\text{av}}(\boldsymbol{\Phi}_{\tilde{R}_i \tilde{R}_i} + g_0 g_0^{\text{H}} E_{\text{av}})^{-1} g_0^* = 2E_{\text{av}}(\boldsymbol{\Phi}_{\tilde{R}_i \tilde{R}_i} + g_0^* g_0^{\text{T}} E_{\text{av}})^{-1} g_0^* \qquad (4\text{-}86)$$

接下来，对式（4-86）使用矩阵求逆定理

$$(\boldsymbol{A} + uv^{\text{H}})^{-1} = \boldsymbol{A}^{-1} - \frac{\boldsymbol{A}^{-1} u v^{\text{H}} \boldsymbol{A}^{-1}}{1 + v^{\text{H}} \boldsymbol{A}^{-1} u} \qquad (4\text{-}87)$$

得到

$$\boldsymbol{w}_{\text{opt}} = 2E_{\text{av}}\left(\boldsymbol{\Phi}_{\tilde{R}_i \tilde{R}_i}^{-1} - \frac{E_{\text{av}} \boldsymbol{\Phi}_{\tilde{R}_i \tilde{R}_i}^{-1} g_0^* g_0^{\text{T}} \boldsymbol{\Phi}_{\tilde{R}_i \tilde{R}_i}^{-1}}{1 + E_{\text{av}} g_0^{\text{T}} \boldsymbol{\Phi}_{\tilde{R}_i \tilde{R}_i}^{-1} g_0^*}\right) g_0^* = 2E_{\text{av}}\left(\frac{1}{1 + E_{\text{av}} g_0^{\text{T}} \boldsymbol{\Phi}_{\tilde{R}_i \tilde{R}_i}^{-1} g_0^*}\right) \boldsymbol{\Phi}_{\tilde{R}_i \tilde{R}_i}^{-1} g_0^* = C \boldsymbol{\Phi}_{\tilde{R}_i \tilde{R}_i}^{-1} g_0^* \quad (4\text{-}88)$$

式中，$C = 2E_{\text{av}} / (1 + E_{\text{av}} g_0^{\text{T}} \boldsymbol{\Phi}_{\tilde{R}_i \tilde{R}_i}^{-1} g_0^*)$ 为尺度因子。

另一种权重优化方法是最大化合并器输出信号的即时 SINR，即由

$$\boldsymbol{w} = \frac{\boldsymbol{w}^{\text{T}} g_0 g_0^{\text{H}} E_{\text{av}} \boldsymbol{w}^*}{\boldsymbol{w}^{\text{T}} \boldsymbol{\Phi}_{\tilde{R}_i \tilde{R}_i}^{-1} \boldsymbol{w}^*} \qquad (4\text{-}89)$$

解得最优权重向量为

$$\boldsymbol{w}_{\text{opt}} = B \boldsymbol{\Phi}_{\tilde{R}_i \tilde{R}_i}^{-1} g_0^* \qquad (4\text{-}90)$$

式中，B 为任意整数。因此，最大即时输出 SINR 为

$$\boldsymbol{w} = E_{\text{av}} g_0^{\text{H}} \boldsymbol{\Phi}_{\tilde{R}_i \tilde{R}_i}^{-1} g_0 \qquad (4\text{-}91)$$

注意，该值不依赖于所选择的尺度 B。因此，式（4-88）中的 MMSE 权重向量也最大化瞬时输出 SINR。最后，当没有干扰存在时，$\boldsymbol{\Phi}_{\tilde{R}_i \tilde{R}_i} = N_0 \boldsymbol{I}$ 且最优权重向量变为

$$\boldsymbol{w}_{\text{opt}} = \frac{g_0^*}{N_0} \qquad (4\text{-}92)$$

因而合并器的输出为

$$\tilde{r} = \sum_{k=1}^{L} \frac{g_{0,k}^*}{N_0} \tilde{r}_k \qquad (4\text{-}93)$$

由式（4-19）和式（4-93），可以看到当没有共道干扰时，OC 退化为 MRC。

4.8.1　最优合并的性能

在典型的地面移动传播环境，有多种功率水平接近目标信号的干扰信号源，此外还有无数低功率干扰信号。干扰信号的数量可能远大于接收天线的数目。在这种情况下，天线阵列输出的 SINR 可能不会有大的变化。然而，即使是输出端 SINR 很小的提升（如几个分贝）也会产生很大的容量增益。因而，阵列只需要抑制功率较大的干扰源，使其功率水平低于其他干扰源的功率和。

在无衰落环境，由于天线单元之间的目标信号和干扰信号的相位差值几乎是一样的，

阵列无法解析两个空间距离较近的发射机的信号。然而，在陆地移动无线应用中，接收机的天线可以隔离得足够远，使得每一天线单元都是独立的。对于接收机周围为 2D 全向散射环境，半波长的隔离已足够。同样地，若在发射机（如基站）周围是 2D 全向散射环境，半波长的空间隔离足以保证接收天线单元之间的相位独立。因而，在地面移动传播环境中对来自两个不同发射机的信号进行解析并不依赖于发射机的空间隔离。相反，对于所有位置只有较小的概率接收机无法解析两个信号。这种情况发生在对于目标信号和干扰信号而言，接收机天线间的相位差几乎一样时。然而，天线间的相位差是独立的，随着接收天线总数的增加，这种天线间相位差相同的概率急剧减少，并可以忽略。

现在考虑最优合并性能同输出 SINR 分布的关系，以及采用相干 BPSK 调制时的误比特率，并同使用 MRC 的结果加以比较。假设所有的信号服从慢平坦瑞利衰落。由于每一干扰源都会影响最优合并器的性能，最优合并的性能是相当复杂的，在这一节，我们讨论只有一个突出干扰源的情形，并假设剩余的共道干扰可以合并且被视为加性干扰，且在各接收天线单元间不相关。这样的剩余干扰可以看作 AWGN。在合并器无法消除剩余干扰（由于其在天线单元间是不相关的）时，我们获得了最差情形下的性能，这也意味着实际的合并性能要更好一些。

为了评估 OC 的性能，需要定义几个符号：

$$\Omega = \frac{\text{每天线目标信号平均接收功率}}{\text{每天线干扰和噪声信号平均接收功率}}$$

$$\overline{\gamma}_c = \frac{\text{每天线目标信号平均接收功率}}{\text{每天线噪声信号平均接收功率}} = \frac{E\left[|g_{0,k}|^2\right]E_{av}}{N_0}$$

$$\overline{\gamma}_i = \frac{\text{每天线第}i\text{个干扰信号平均接收功率}}{\text{每天线噪声信号平均接收功率}} = \frac{E\left[|g_{i,k}|^2\right]E_{av}}{N_0}$$

$$\omega_R = \frac{\text{阵列输出端即时目标信号功率}}{\text{阵列输出端干扰和噪声信号平均功率}}$$

在上述定义中，"平均"指的是在瑞利衰落分布上取平均，而"即时"指的是短于信道相干时间的时间内（即几个调制符号周期）取平均。最后，我们注意到

$$\Omega = \frac{\overline{\gamma}_c}{1 + \sum_{i=1}^{K}\overline{\gamma}_i} \tag{4-94}$$

一般地，文献中评估 OC 性能的方法有两种：第一种方法是假设只有目标信号发生衰落（干扰信号没有衰落）；而另一种方法假设目标信号和干扰信号同时发生衰落。由于干扰信号常常具有和目标信号一样的衰落速率，因此第二种方法更符合实际。在只有一个干扰源时的两种方法均存在闭式解，而对多个干扰源的情形已经给出界和近似解。对我们而言，主要关注只有一个干扰源的情形。

4.8.2　仅目标信号衰落

由式（4-91）可知，

$$w_R = E_{av} g_0^{\mathrm{H}} \boldsymbol{\Phi}_{\tilde{R}_i \tilde{R}_i}^{-1} g_0 \qquad (4\text{-}95)$$

其中，只有一个干扰源时

$$\boldsymbol{\Phi}_{\tilde{R}_i \tilde{R}_i} = E_{av}^1 E\left[g_1 g_1^{\mathrm{H}} \right] + N_0 \boldsymbol{I} \qquad (4\text{-}96)$$

注意式（4-96）是对瑞利衰落求期望。w_R 的概率密度函数为

$$
\begin{aligned}
p_{w_R}(x) &= \frac{\mathrm{e}^{-x/\bar{\gamma}_c}(x/\bar{\gamma}_c)^{L-1}(1+L\bar{\gamma}_1)}{\bar{\gamma}_c(L-2)!} \\
&= \int_0^1 \mathrm{e}^{-((x/\bar{\gamma}_c)L\bar{\gamma}_1)t}(x/\bar{\gamma}_c)^{L-1}(1-t)^{L-2}\mathrm{d}t
\end{aligned}
\qquad (4\text{-}97)
$$

且 w_R 的累积概率分布函数为

$$
\begin{aligned}
F_{w_R}(x) &= \int_0^{x/\bar{\gamma}_c} \frac{\mathrm{e}^{-y}y^{L-1}(1+L\bar{\gamma}_1)}{(L-2)!} \\
&= \int_0^1 \mathrm{e}^{-(yL\bar{\gamma}_1)t}(1-t)^{L-2}\mathrm{d}t\mathrm{d}y
\end{aligned}
\qquad (4\text{-}98)
$$

式（4-98）仅在 $L \geqslant 2$ 时可用。注意到式（4-97）和式（4-98）中的 w_R 均使用 $\bar{\gamma}_c$ 进行归一化。由于只有一个干扰源时 $\bar{\gamma}_c = (1+\bar{\gamma}_1)\Omega$，显然 w_R 也能使用 Ω 进行归一化。使用后者可以对 OC 和 MRC 进行简单直观的比较。图 4-13 给出了不同 $\bar{\gamma}_1$ 取值时的累积概率分布函数 $F_{w_R}(x)$ 随 x/Ω 变化的曲线。$\bar{\gamma}_1 = 0$ 时的曲线对应于 MRC 的性能。随着 $\bar{\gamma}_1$ 的增加，给定 Ω 的累积概率分布函数会减小。这意味着当干扰变为干扰加噪声功率中的较大成分时，OC 的性能会变好。同时，随着天线数目的增加，性能也不断改善。

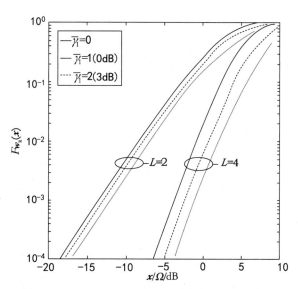

图 4-13　最优合并中不同 $\bar{\gamma}_1$ 取值和不同接收天线数 L 时 w_R 的累积概率分布函数

相干检测 BPSK 调制的误比特率为

$$P_b = \int_0^\infty Q(\sqrt{2x})p_{w_R}(x)\mathrm{d}x \qquad (4\text{-}99)$$

有多种方法可以求解上述的积分。使用式（4-99）和式（4-97）的结果，Winters 求得误比特率为

$$P_{\mathrm{b}} = \frac{(-1)^{L-1}(1+L\bar{\gamma}_1)}{2\ (L\bar{\gamma}_1)^{L-1}}\left(-\frac{L\bar{\gamma}_1}{1+L\bar{\gamma}_1}+\sqrt{\frac{\bar{\gamma}_{\mathrm{c}}}{1+\bar{\gamma}_{\mathrm{c}}}}-\frac{1}{1+L\bar{\gamma}_1}\sqrt{\frac{\bar{\gamma}_{\mathrm{c}}}{1+L\bar{\gamma}_1+\bar{\gamma}_{\mathrm{c}}}}-\right.$$
$$\left.\sum_{k=1}^{L-2}(-L\bar{\gamma}_1)^k\left(1-\sqrt{\frac{\bar{\gamma}_{\mathrm{c}}}{1+\bar{\gamma}_{\mathrm{c}}}}\left(1+\sum_{i=1}^{k}\frac{(2i-1)!!}{i!(2+2\bar{\gamma}_{\mathrm{c}})^i}\right)\right)\right) \tag{4-100}$$

式中

$$(2i-1)!!=1\cdot3\cdot5\cdots(2i-1)$$

正如 Simon 和 Alouini 所观察到的，表达式仅在 $L\geqslant2$ 时有效。对 $L=1$ 处的无效性可以观察 $\bar{\gamma}_1=0$（没有干扰）时 $P_{\mathrm{b}}=0$，这显然是不正确的。使用高斯 Q 函数的替换形式，Simon 和 Alouini 求得了当 $L\geqslant1$ 时成立的有效形式

$$P_{\mathrm{b}} = \frac{1}{2}\left(1-\sqrt{\frac{\bar{\gamma}_{\mathrm{c}}}{1+\bar{\gamma}_{\mathrm{c}}}}\sum_{k=0}^{L-2}\binom{2k}{k}\frac{1}{(4(1+\bar{\gamma}_{\mathrm{c}}))^k}\left(1-\left(-\frac{1}{L\bar{\gamma}_1}\right)^{L-1-k}\right)-\right.$$
$$\left.\sqrt{\frac{\bar{\gamma}_{\mathrm{c}}}{1+L\bar{\gamma}_1+\bar{\gamma}_{\mathrm{c}}}}\left(-\frac{1}{L\bar{\gamma}_1}\right)^{L-1}\right) \tag{4-101}$$

图 4-14 给出了给定 $\bar{\gamma}_1$ 和 L 的值时使用 OC 且只有一个干扰源时误比特率随 Ω 的变化。$\bar{\gamma}_1=0$ 时的曲线对应于 MRC 的性能。可以看到相干检测 BPSK 使用 MRC 时的误比特率由式（4-28）给出，式中

$$\boldsymbol{w}_R = E_{\mathrm{av}}\boldsymbol{g}_0^{\mathrm{H}}\boldsymbol{\Phi}_{\tilde{R}_i\tilde{R}_i}^{-1}\boldsymbol{g}_0$$

$$\mu = \sqrt{\frac{\Omega}{1+\Omega}}$$

且 $\Omega=\bar{\gamma}_{\mathrm{c}}$。

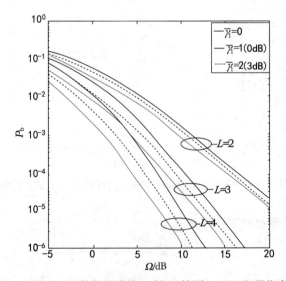

图 4-14　不同 $\bar{\gamma}_1$ 取值和不同接收天线数 L 时相干检测 BPSK 和最优合并的误比特率

4.8.3　目标信号和干扰信号均衰落

由式（4-91），最大即时输出 SINR 等于

$$w_R = E_{av} g_0^H \Phi_{\tilde{R}_i \tilde{R}_i}^{-1} g_0 \tag{4-102}$$

当只有一个干扰源时

$$\Phi_{\tilde{R}_i \tilde{R}_i} = E_{av}^1 g_1 g_1^H + N_0 I \tag{4-103}$$

在这种情况下，$\Phi_{\tilde{R}_i \tilde{R}_i}$ 以衰落率变化。$\Phi_{\tilde{R}_i \tilde{R}_i}$ 是 Hermitian 矩阵，因此 $\Phi_{\tilde{R}_i \tilde{R}_i}^H = \Phi_{\tilde{R}_i \tilde{R}_i}$。相应地，存在对角化 $\Phi_{\tilde{R}_i \tilde{R}_i} = U \Lambda U^H$，使得 U 为酉阵且 $\Lambda = \text{diag}\{ \lambda_1, \lambda_2, \cdots, \lambda_L \}$ 为包含了 $\Phi_{\tilde{R}_i \tilde{R}_i}$ 特征值的对角阵。可推出 $\Phi_{\tilde{R}_i \tilde{R}_i}^{-1} = U^H \Lambda^{-1} U$。因此，有

$$w = E_{av} g_0^H U^H \Lambda^{-1} U g_0 \tag{4-104}$$

既然 U 为酉阵，则向量 $\hat{g}_0 = U g_0$ 保留了 g_0 的统计特性，因此有

$$w = E_{av} \hat{g}_0^H \Lambda^{-1} g_0$$
$$= E_{av} \sum_{i=1}^{L} \frac{\left| \hat{g}_{0,i} \right|^2}{\lambda_i} \tag{4-105}$$

给定特征值（现在设为随机变量）集合 λ_i（$i = 1, 2, \cdots, L$），w 是具有均值为 $E_{av} \left| \hat{g}_{0,i} \right|^2 / \lambda_1$ 的指数分布独立变量的和。因此可以推出给定特征值 λ_i（$i = 1, 2, \cdots, L$）时 w 的特征函数为

$$\phi_{\omega | \Lambda}(jv) = \prod_{i=1}^{L} \left(\frac{\lambda_i}{\lambda_i - jv E_{av} E\left[\left| \hat{g}_{0,i} \right|^2 \right]} \right) \tag{4-106}$$

进一步处理的困难是，除了某些特例，求解特征值 λ_i（$i = 1, 2, \cdots, L$）及其对应的概率密度函数是十分困难的。对于只有一个干扰源的情况，特征值为

$$\lambda_1 = E_{av}^1 g_1^H g_1 + N_0 \tag{4-107}$$
$$\lambda_i = N_0, i = 2, 3, \cdots, L \tag{4-108}$$

合并器输出的干扰噪声比 $\gamma_1 = E_{av}^1 E\left[\left| g_{1,k} \right|^2 \right] / N_0$，是服从自由度为 $2L$ 的中心 χ^2 分布，且有概率密度函数

$$p_{\gamma_1}(x) = \frac{1}{(L-1)!(\bar{\gamma}_1)^L} x^{L-1} e^{-x/\bar{\gamma}_1} \quad x \geq 0 \tag{4-109}$$

式中，$\gamma_1 = E_{av}^1 E\left[\left| g_{0,k} \right|^2 \right] / N_0$。同样地，合并器输出端的目标信号噪声比 $\gamma_s = E_{av} g_0^H g_0 / N_0$ 也服从自由度为 $2L$ 的中心 χ^2 分布，且有概率密度函数

$$p_{\gamma_s}(x) = \frac{1}{(L-1)!(\bar{\gamma}_c)^L} x^{L-1} e^{-x/\bar{\gamma}_c} \quad x \geq 0 \tag{4-110}$$

式中 $\bar{\gamma}_c = E_{av} E\left[\left| g_{0,k} \right|^2 \right] / N_0$。使用式（4-106），给定 γ_1，w_R 的特征函数为

$$\psi_{\omega|\gamma_1}(\mathrm{j}v)=\left(\dfrac{\dfrac{\gamma_1+1}{\overline{\gamma}_c}}{\dfrac{\gamma_1+1}{\overline{\gamma}_c}-\mathrm{j}v}\right)\left(\dfrac{\dfrac{1}{\overline{\gamma}_c}}{\dfrac{1}{\overline{\gamma}_c}-\mathrm{j}v}\right)^{L-1} \tag{4-111}$$

对于相干 BPSK，给定 w 时的误比特率为

$$P_b=Q(\sqrt{2w})=\frac{1}{2\pi}\int_1^\infty\frac{1}{z\sqrt{z-1}}\mathrm{e}^{-\omega z}\mathrm{d}z \tag{4-112}$$

对 w 的分布取平均，则误比特率[1]为

$$P_b=\int_0^\infty\frac{1}{2\pi}\int_1^\infty\frac{1}{z\sqrt{z-1}}\mathrm{e}^{-xz}p_w(x)\mathrm{d}z\mathrm{d}z=\frac{1}{2\pi}\int_1^\infty\frac{1}{z\sqrt{z-1}}\mathrm{e}^{-xz}p_w(x)\mathrm{d}z\mathrm{d}z$$
$$=\frac{1}{2\pi}\int_1^\infty\frac{1}{z\sqrt{z-1}}\psi_w(z)\mathrm{d}z \tag{4-113}$$

将式（4-111）代入式（4-113）可得给定 γ_1 时的误比特率。文献 [1] 给出了其闭式解形式：

$$P_b=\frac{1}{2}\left(1-\sqrt{\frac{\overline{\gamma}_c}{1+\overline{\gamma}_c}}\sum_{k=0}^{L-2}\binom{2k}{k}\left(\frac{1}{4(\overline{\gamma}_c+1)}\right)^k\right)-$$
$$\left(\sqrt{\frac{\overline{\gamma}_c}{1+\gamma_1+\overline{\gamma}_c}}-\sqrt{\frac{\overline{\gamma}_c}{1+\overline{\gamma}_c}}\sum_{k=0}^{L-2}\binom{2k}{k}\left(\frac{1}{4(\overline{\gamma}_c+1)}\right)^k\right)(-\gamma_1)^{-(L-1)} \tag{4-114}$$

用均值 $\overline{L\gamma_1}$ 代替 γ_1，可得到非衰落干扰时的性能。结果同式（4-100）和式（4-101）在假定单个干扰源的功率为常值时的结果相同。而且，正如早前所提到的，当没有干扰信号时，OC 退化为 MRC。可以证实若 $\gamma_1=0$，则式（4-114）退化为

$$P_b=\frac{1}{2}\left(1-\sqrt{\frac{\overline{\gamma}_c}{1+\overline{\gamma}_c}}\sum_{k=0}^{L-2}\binom{2k}{k}\left(\frac{1}{4(\overline{\gamma}_c+1)}\right)^k\right) \tag{4-115}$$

这和式（4-28）是等价的。不过在当前情况下，干扰噪声比 γ_1 是服从自由度为 $2L$ 的中心 χ^2 分布，且有式（4-109）给出的概率密度函数。对 γ_1 的概率分布取平均得到误比特率

$$P_b=\int_0^\infty p_{b|\gamma_1}(x)p_{\gamma_1}(x)\mathrm{d}x=\frac{1}{2}\left(1-\sqrt{\frac{\overline{\gamma}_c}{1+\overline{\gamma}_c}}\sum_{k=0}^{L-2}\binom{2k}{k}\left(\frac{1}{4(\overline{\gamma}_c+1)}\right)^k\right)-$$
$$\frac{1}{2\Gamma(L)(-\overline{\gamma}_1)^{L-1}}\left(\sqrt{\frac{\pi\overline{\gamma}_c}{\overline{\gamma}_1}}\exp\left(\frac{1+\overline{\gamma}_c}{\overline{\gamma}_1}\right)\mathrm{erfc}\left(\sqrt{\frac{1+\overline{\gamma}_c}{\overline{\gamma}_1}}\right)-\sqrt{\frac{\overline{\gamma}_c}{1+\overline{\gamma}_c}}\sum_{k=0}^{L-2}\frac{(2k)!}{k!}\left(\frac{-\gamma_1}{4(\overline{\gamma}_c+1)}\right)^k\right) \tag{4-116}$$

图 4-15 给出了误比特率随 Ω 的变化曲线，有

$$\Omega=\frac{\overline{\gamma}_c}{1+\overline{\gamma}_1} \tag{4-117}$$

图中的 $\overline{\gamma}_1=0$，1，2。图 4-16 将式（4-100）或式（4-101）中无衰落干扰的误比特率同式（4-16）中有一个衰落干扰的情况加以比较，看上去两者的性能几乎相同。同有

衰落干扰相比，无衰落干扰假设给出了略微乐观的系统性能预测。性能如此相近的原因是当 L =2 或 4 时，无论是否受到衰落的影响，阵列有足够的自由度来消除共道干扰。

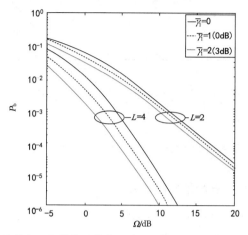

图 4-15　不同 $\bar{\gamma}_1$ 取值和不同接收天线数 L 时相干检测 BPSK 和最优合并的误比特率

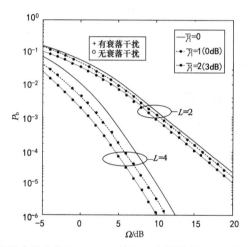

图 4-16　最优合并和相干 BPSK 的误码率性能在无衰落干扰和有衰落干扰时的比较（可以看出两种情况下性能几乎相同）

4.9　经典的波束成形

在这一节我们讨论使用均匀线性天线阵列（Uniform Linear Array，ULA）接收视距信号，如图 4-17 所示。发射机和接收机之间的距离足够远，从而可以假定电波为平面波传播。ULA 同参考轴 x 的夹角为 θ，且各天线单元间隔 5m。发射的带通信号为

$$s(t) = \mathrm{Re}\left\{\tilde{s}(t)\mathrm{e}^{\mathrm{j}2\pi f_c^t}\right\} \qquad （4-118）$$

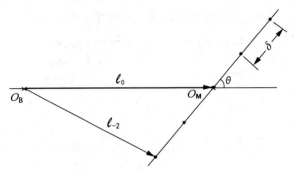

图 4-17 均匀线性阵列上的平面波入射

则在距离发射机 l(m) 处接收到的带通信号为

$$r(t) = \mathrm{Re}\left\{\alpha(l)\tilde{s}(t-l/c)\mathrm{e}^{\mathrm{j}2\pi f_\mathrm{c}(t-l/c)}\right\} \qquad (4\text{-}119)$$

式中：$\alpha(l)$ 为距离 l 处的衰减；c 为光速。可得接收信号的复包络为

$$\tilde{r}(t) = \alpha(l)\tilde{s}(t-l/c)\mathrm{e}^{\mathrm{j}\phi(t)} \qquad (4\text{-}120)$$

其中

$$\phi(t) = -\mathrm{j}2\pi f_\mathrm{c} l/c \qquad (4\text{-}121)$$

为载波相位超前量。

假设：① 天线单元之间距离很近，所以对于所有天线单元而言，$\alpha(l) = \alpha(l_0) = \alpha_0$；② 天线单元之间距离足够远，使得它们之间没有交互耦合；③ 发射信号为带通波形，所以 $\tilde{s}(t-l/c) = \tilde{s}(t-l_0/c) = \tilde{s}_0(t)$。

设 ULA 有 L（奇数）个天线单元，相邻单元间隔 δ。天线 k 位于距离发射天线 l_k 处，其对应的载波相位超前量为

$$\phi_k(t) = -2\pi f_\mathrm{c} l_k/c = -2\pi f_\mathrm{c} l_0/c - 2\pi f_\mathrm{c}(l_k - l_0)/c$$
$$= \phi_0(t) - 2\pi f_\mathrm{c}\Delta l_k/c = \phi_0(t) - \Delta\phi_k \qquad (4\text{-}122)$$

根据图 4-17 所示的几何关系，可得相对距离：

$$\Delta l_k = k\delta\cos(\theta) \qquad (4\text{-}123)$$

这里假设距离 $O_\mathrm{B} O_\mathrm{M}$ 远大于天线间距 δ，其中天线序号 k 取值范围为 $-L/2$ 到 $L/2$。相位偏移为

$$\Delta\phi_k = (2\pi f_\mathrm{c}/c)k\delta\cos(\theta) = 2\pi\left(\frac{k\delta}{\lambda_\mathrm{c}}\right)\cos(\theta) \qquad (4\text{-}124)$$

式中：λ_c 为载波波长。因此，天线单元 k 接收信号的复包络为

$$\tilde{r}_k(t) = \alpha_0\tilde{s}_0(t)\mathrm{e}^{\mathrm{j}\phi_0(t)}\mathrm{e}^{\mathrm{j}2\pi\left(\frac{k\delta}{\lambda_\mathrm{c}}\right)\cos\theta} = \alpha_0\tilde{s}_0(t)\mathrm{e}^{\mathrm{j}\phi_0(t)}a_k(\theta) \qquad (4\text{-}125)$$

式中

$$a_k(\theta) = \mathrm{e}^{\mathrm{j}2\pi\left(\frac{k\delta}{\lambda_\mathrm{c}}\right)\cos\theta} \qquad (4\text{-}126)$$

相位阵列计算加权和

$$\tilde{r}_c(t) = \sum_{k=-L/2}^{L/2} w_k^* \alpha_k(\theta)\alpha_0 \tilde{s}_0(t)\mathrm{e}^{\mathrm{j}\phi_0(t)} = \boldsymbol{w}^{\mathrm{H}}\boldsymbol{a}(\theta)\alpha_0 \tilde{s}_0(t)\mathrm{e}^{\mathrm{j}\phi_0(t)} \qquad (4\text{-}127)$$

式中

$$\boldsymbol{a}(\theta) = (a_{-L/2}(\theta),\cdots,a_0,\cdots,a_{L/2}(\theta))^{\mathrm{T}} \qquad (4\text{-}128)$$

且

$$\boldsymbol{w}(\theta) = (w_{-L/2},\cdots,w_0,\cdots,w_{L/2})^{\mathrm{T}} \qquad (4\text{-}129)$$

为权重向量。根据不同的优化准则来选择权重向量。一种情况是，当目标信号到达天线阵列的方向角等于 θ_0 时，最大化天线阵列的增益 $G(\phi) = \boldsymbol{w}^{\mathrm{H}}\boldsymbol{a}(\theta)$。使用柯西 – 施瓦茨不等式，可以得到权重向量为

$$\boldsymbol{w}_{\mathrm{opt}} = \boldsymbol{a}(\theta_0) \qquad (4\text{-}130)$$

得到的天线增益为

$$G(\theta) = \boldsymbol{a}^{\mathrm{H}}(\theta)\boldsymbol{a}(\theta) \qquad (4\text{-}131)$$

例 4-1 设 $\theta_0 = 90°$ 以使得平面波垂射到达天线阵列，则

$$\boldsymbol{w}_{\mathrm{opt}} = \boldsymbol{a}(\theta_0) = (1,1,\cdots,1)^{\mathrm{T}} \qquad (4\text{-}132)$$

在这种情况下，天线增益可以写为

$$G(\theta) = \boldsymbol{w}_{\mathrm{opt}}^{\mathrm{H}}\boldsymbol{a}(\theta)$$
$$= \sum_{k=-L/2}^{L/2} \mathrm{e}^{\mathrm{j}2\pi\left(\frac{k\delta}{\lambda_c}\right)\cos\theta}$$

若令

$$z = \mathrm{e}^{\mathrm{j}2\pi\left(\frac{k\delta}{\lambda_c}\right)\cos\theta} \qquad (4\text{-}133)$$

则有

$$G(\theta) = \sum_{k=-L/2}^{L/2} z^k = \frac{z^{-(L+1)/2} - z^{(L+1)/2}}{z^{-1/2} - z^{1/2}} \qquad (4\text{-}134)$$

将式（4-133）代入式（4-134）中，并使用逆欧拉恒等式得到：

$$G(\theta) = \frac{\sin(\pi(L+1)(\delta/\lambda_c)\cos\theta)}{\sin(\pi(\delta/\lambda_c)\cos\theta)} \qquad (4\text{-}135)$$

图 4-18 给出了 $\delta/\lambda_c = 0.25$ 且 $L=8$（9 单元阵列）时，天线增益幅度

$$G(\theta)_{(\mathrm{dB})} = 20\lg\left\{|G(\theta)|/|G(0)|\right\} \qquad (4\text{-}136)$$

随到达角 θ 变化的曲线。显然，在 $\theta_0 = 90°$（π/2rad）方向时，天线具有最大增益。

对于 ULA 而言，波束成形的质量依赖到达角。当 $\theta_0 = 90°$ 时，波垂直入射，此时具有最好的效果。而最糟的情形是同轴入射，即 $\theta_0 = 0°$。而其他类型的天线阵列，如均匀圆阵，能够在所有方位角上提供一样的性能。

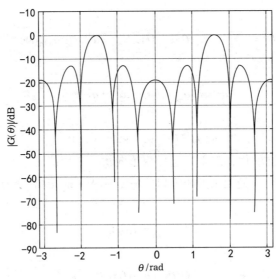

图 4-18　优化为 $\theta_0 =90°$ ，$\delta / \lambda_c =0.25$ 且 $L =8$（9 单元阵列）的均匀
线性阵列的天线幅度增益

4.10　发射分集

发射分集使用多个发射天线来为接收机提供同一信号的多个不相关副本。它最明显的优点就是将使用多个天线的复杂性置于发射机处，而许多接收机共享使用该发射机。例如许多无线系统中的前向链路（基于移动），便携式接收机虽然仅有一副天线，但仍然可以获得分集增益。

根据多个发射天线的使用方式来区分，发射分集可采用多种形式。发射分集对于时分双工（Time Division Duplexing，TDD）系统而言较为简单，在 TDD 系统中，同一载波的不同时隙被分别作为前向和后向链路，且前向和后向链路的信道脉冲响应满足互逆性。在基站侧每一次接收脉冲时，所有天线上收到的信号都被处理并用来估计对应的信道脉冲响应。在反向链路上具有最大接收信号比特或符号能量噪声比的天线被作为下一脉冲突发时的前向链路发射天线。这是一种选择发射分集（Selective Transmit Diversity，STD）的形式。显然，这种方案要求信道的相干时间大于脉冲突发的时间。

对于频分双工系统（Frequency Division Duplexed，FDD），因为前向和反向链路并不是互逆的，发射分集实现起来就复杂一些。在 FDD 中可使用时分发射分集（Time Division Transmit Diversity，TDTD），它通过在两个或多个发射天线间切换发送的信号来实现。如果通过两个或多个独立的天线交替发送脉冲信号，则称为时间切换发射分集（Time-Switched Transmit Diversity，TSTD）的技术。另一种方法是延时发射分集，它将同一码元的副本在不同的时间通过多个天线发送出去。由于产生了人为制造的延时扩展效果，所以最后信道看起来就像一条衰落的码间干扰（ISI）信道。这样就可以使用均衡器来恢复信号，并得到分集增益。

　　发射分集的更复杂形式是对发射信号进行空时、空频或者空时频编码。总的来说，这些方案需要实现 3 个方面的功能：发射机对信息序列进行编码和发送，接收机的合并方案，判决规则。Alamouti 提出了一种可以在接收端采用最大似然合并的简单重复发射分集方案。该方案使用两副发射天线和一副接收天线，得到了与使用一副发射天线和两副接收天线时的最大比值合并分集相同的分集效果。该方案不需要接收方向发射方反馈信息，也不需要扩充带宽。但为了估计信道状况，该方案需要在每一副发射天线的发射信号中插入单独的导频序列。

4.10.1　Alamouti 发射分集方案

　　Alamouti 所提出的发射分集方案使用两副发射天线和一副接收天线，称为 2×1 分集。使用该方案时，两个复数据码元在两个相继的符号间隔内同时从两副发射天线上发送出去。在第一个符号间隔内，设天线 1 和 2 发送的符号分别记为 $\tilde{s}_{(1)}$ 和 $\tilde{s}_{(2)}$。在下一个周期内，天线 1 和 2 发送的符号则分别为 $-\tilde{s}_{(2)}^{*}$ 和 $\tilde{s}_{(1)}^{*}$。设信道为慢平坦衰落，两副天线的信道增益分别记为 $\boldsymbol{g}_1$ 和 $\boldsymbol{g}_2$，则接收到的复信号向量为

$$\tilde{\boldsymbol{r}}_{(1)} = \boldsymbol{g}_1 \tilde{\boldsymbol{s}}_{(1)} + \boldsymbol{g}_2 \tilde{\boldsymbol{s}}_{(2)} + \tilde{\boldsymbol{n}}_{(1)}$$
$$\tilde{\boldsymbol{r}}_{(2)} = -\boldsymbol{g}_1 \tilde{\boldsymbol{s}}_{(2)}^{*} + \boldsymbol{g}_2 \tilde{\boldsymbol{s}}_{(1)}^{*} + \tilde{\boldsymbol{n}}_{(2)}$$

（4-137）

式中：$\tilde{\boldsymbol{r}}_{(1)}$ 和 $\tilde{\boldsymbol{r}}_{(2)}$ 分别表示在第一个和第二个符号周期内的接收向量；$\tilde{\boldsymbol{n}}_{(1)}$ 和 $\tilde{\boldsymbol{n}}_{(2)}$ 则是相应的复高斯噪声向量。

　　该方案的分集合并器如图 4-19 所示。合并器用来构造下面两个信号向量

$$\tilde{\boldsymbol{v}}_{(1)} = \boldsymbol{g}_1^{*} \tilde{\boldsymbol{r}}_{(1)} + \boldsymbol{g}_2 \tilde{\boldsymbol{r}}_{(2)}^{*}$$
$$\tilde{\boldsymbol{v}}_{(2)} = \boldsymbol{g}_2^{*} \tilde{\boldsymbol{r}}_{(1)} - \boldsymbol{g}_1 \tilde{\boldsymbol{r}}_{(2)}^{*}$$

（4-138）

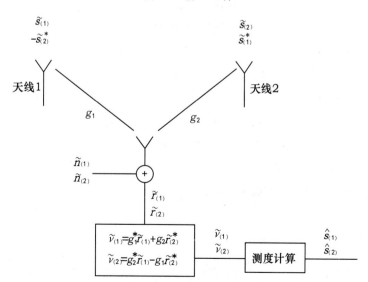

图 4-19　用于 2×1 分集的空时分集接收机

然后，接收机将向量 $\tilde{\boldsymbol{v}}_{(1)}$ 和 $\tilde{\boldsymbol{v}}_{(2)}$ 以串行或者并行方式送入图 4-4 中的测度计算单元，并使下面的测度最大化来进行判决

$$\mu(\tilde{s}_{(1),m}) = \mathrm{Re}(\tilde{\boldsymbol{v}}_{(1)}, \tilde{s}_{(1),m}) - E_{\mathrm{m}}(|g_1|^2 + |g_2|^2)$$

$$\mu(\tilde{s}_{(2),m}) = \mathrm{Re}(\tilde{\boldsymbol{v}}_{(2)}, \tilde{s}_{(2),m}) - E_{\mathrm{m}}(|g_1|^2 + |g_2|^2)$$

（4-139）

将式（4-137）代入式（4-138）得

$$\tilde{\boldsymbol{v}}_{(1)} = (\alpha_1^2 + \alpha_2^2)\tilde{\boldsymbol{s}}_{(1)} + \boldsymbol{g}_1^*\tilde{\boldsymbol{n}}_{(1)} + \boldsymbol{g}_2\tilde{\boldsymbol{n}}_{(2)}^*$$

$$\tilde{\boldsymbol{v}}_{(2)} = (\alpha_1^2 + \alpha_2^2)\tilde{\boldsymbol{s}}_{(2)} + \boldsymbol{g}_1\tilde{\boldsymbol{n}}_{(2)}^* + \boldsymbol{g}_2^*\tilde{\boldsymbol{n}}_{(1)}$$

（4-140）

这样就可以与图 4-4 中的 MRC 测度输出进行比较了。当 $L=2$ 时，有

$$\tilde{\boldsymbol{r}} = \boldsymbol{g}_1^*\tilde{r}_1 + \boldsymbol{g}_2^*\tilde{r}_2 = (\alpha_1^2 + \alpha_2^2)\tilde{\boldsymbol{s}}_{(m)} + \boldsymbol{g}_1^*\tilde{\boldsymbol{n}}_1 + \boldsymbol{g}_2^*\tilde{\boldsymbol{n}}_2$$

（4-141）

比较式（4-140）和式（4-141），可看到两种情况下合并得到的信号是相同的。唯一的区别是高斯噪声向量的相位旋转，由于它们是循环对称的，不会影响误码率。

4.10.2 2×L 分集

我们现在考虑 2 副发射天线和 L 副接收天线的情况，并将看到其性能与 $2L$ 级的接收分集的性能是等价的。该结论是从 2×2 分集推得的，但可以很容易地推广到 $2\times L$ 分集的情况。为了描述该方案，需先定义下列符号：

$g_{i,j}$：发射天线 i 到接收天线 j 之间的信道增益；

$\tilde{r}_{(1),j}$：第一个符号周期内天线 j 上接收的信号；

$\tilde{r}_{(2),j}$：第二个符号周期内天线 j 上接收的信号。

编码方案依然与先前相同：天线 1 和 2 在第一个符号周期内发送符号 $\tilde{s}_{(1)}$ 和 $\tilde{s}_{(2)}$，而在第二个符号周期内发送符号 $-\tilde{s}_{(2)}^*$ 和 $\tilde{s}_{(1)}^*$。复接收信号向量为

$$\tilde{\boldsymbol{r}}_{(1),1} = \boldsymbol{g}_{1,1}\tilde{\boldsymbol{s}}_{(1)} + \boldsymbol{g}_{2,1}\tilde{\boldsymbol{s}}_{(2)} + \tilde{\boldsymbol{n}}_{(1),1}$$

$$\tilde{\boldsymbol{r}}_{(2),1} = -\boldsymbol{g}_{1,1}\tilde{\boldsymbol{s}}_{(2)}^* + \boldsymbol{g}_{2,1}\tilde{\boldsymbol{s}}_{(1)}^* + \tilde{\boldsymbol{n}}_{(2),1}$$

$$\tilde{\boldsymbol{r}}_{(1),2} = \boldsymbol{g}_{1,2}\tilde{\boldsymbol{s}}_{(1)} + \boldsymbol{g}_{2,2}\tilde{\boldsymbol{s}}_{(2)} + \tilde{\boldsymbol{n}}_{(1),2}$$

$$\tilde{\boldsymbol{r}}_{(2),2} = -\boldsymbol{g}_{1,2}\tilde{\boldsymbol{s}}_{(2)}^* + \boldsymbol{g}_{2,2}\tilde{\boldsymbol{s}}_{(1)}^* + \tilde{\boldsymbol{n}}_{(2),2}$$

图 4-20 所示的合并器计算下面两个信号向量

$$\tilde{\boldsymbol{v}}_{(1)} = \boldsymbol{g}_{1,1}^*\tilde{\boldsymbol{r}}_{(1),1} + \boldsymbol{g}_{2,1}\tilde{\boldsymbol{r}}_{(1),2} + \boldsymbol{g}_{1,2}^*\tilde{\boldsymbol{r}}_{(2),1} + \boldsymbol{g}_{2,2}\tilde{\boldsymbol{r}}_{(2),2}^*$$

（4-142）

$$\tilde{\boldsymbol{v}}_{(2)} = \boldsymbol{g}_{2,1}^*\tilde{\boldsymbol{r}}_{(1),1} - \boldsymbol{g}_{1,1}\tilde{\boldsymbol{r}}_{(1),2}^* + \boldsymbol{g}_{2,2}^*\tilde{\boldsymbol{r}}_{(2),1} - \boldsymbol{g}_{1,2}\tilde{\boldsymbol{r}}_{(2),2}^*$$

（4-143）

和先前一样，接收机以串行或并行的方式将向量 $\tilde{\boldsymbol{v}}_{(1)}$ 和 $\tilde{\boldsymbol{v}}_{(2)}$ 送入图 4-4 所示的测度运算单元，并通过使式（4-139）最大化来进行判决。

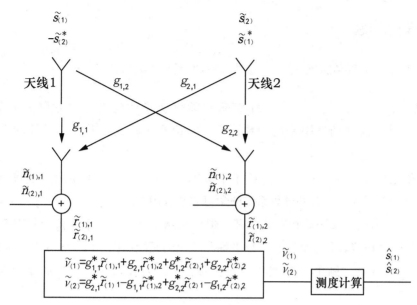

图 4-20　用于 2 × 2 分集的空时分集接收机

为了将 2×2 的发射分集与使用 MRC 的 1×4 的接收分集进行比较，进行适当的等式替换后可得

$$\tilde{\boldsymbol{v}}_{(1)} = (\alpha_{1,1}^2 + \alpha_{1,2}^2 + \alpha_{2,1}^2 + \alpha_{2,2}^2)\tilde{\boldsymbol{s}}_{(1)} + \boldsymbol{g}_{1,1}^*\tilde{\boldsymbol{n}}_{(1),1} + \boldsymbol{g}_{2,1}\tilde{\boldsymbol{n}}_{(2),1}^* + \boldsymbol{g}_{1,2}^*\tilde{\boldsymbol{n}}_{(1),2} + \boldsymbol{g}_{2,2}\tilde{\boldsymbol{n}}_{(2),2}^* \quad （4-144）$$

$$\tilde{\boldsymbol{v}}_{(2)} = (\alpha_{1,1}^2 + \alpha_{1,2}^2 + \alpha_{2,1}^2 + \alpha_{2,2}^2)\tilde{\boldsymbol{s}}_{(2)} + \boldsymbol{g}_{2,1}^*\tilde{\boldsymbol{n}}_{(1),1} - \boldsymbol{g}_{1,1}\tilde{\boldsymbol{n}}_{(1),2}^* + \boldsymbol{g}_{2,2}^*\tilde{\boldsymbol{n}}_{(2),1} - \boldsymbol{g}_{1,2}\tilde{\boldsymbol{n}}_{(2),2}^* \quad （4-145）$$

这样就可与图 4-4 所示的 MRC 的输出进行比较了。当 $L=4$ 时，有

$$\begin{aligned}\tilde{\boldsymbol{r}} &= \boldsymbol{g}_1^*\tilde{\boldsymbol{r}}_1 + \boldsymbol{g}_2^*\tilde{\boldsymbol{r}}_2 + \boldsymbol{g}_3^*\tilde{\boldsymbol{r}}_3 + \boldsymbol{g}_4^*\tilde{\boldsymbol{r}}_4 \\ &= (\alpha_1^2 + \alpha_2^2 + \alpha_3^2 + \alpha_4^2)\tilde{\boldsymbol{s}}_m + \boldsymbol{g}_1^*\tilde{\boldsymbol{n}}_1 + \boldsymbol{g}_2^*\tilde{\boldsymbol{n}}_2 + \boldsymbol{g}_3^*\tilde{\boldsymbol{n}}_3 + \boldsymbol{g}_4^*\tilde{\boldsymbol{n}}_4 \end{aligned} \quad （4-146）$$

我们再次看到 Alamouti 的 2×2 发射分集方案与使用 MRC 的 1×4 接收分集方案是等价的。大家可练习推广该结论，即 $2 \times L$ 发射分集方案与 $1 \times 2L$ 的使用 MRC 的接收分集方案等价。

4.10.3　实施话题

在实际应用中，上面所述的 Alamouti 发射分集方案还存在许多关键问题，包括：

①由于有两副发射天线，为保持发射功率不变，每副天线上的功率将减半。因此 $2 \times L$ 发射分集方案较 $1 \times 2L$ 的使用 MRC 的接收分集方案将有 3dB 的性能损失。

②使用两副发射天线时，需要的导频符号将是一副发射天线时的两倍。导频符号必须在天线之间交替使用。一种解决办法是从两副发射天线端同时发射正交导频序列。

③为了在分集支路和，（ $i=1, \cdots, L$ ）上获得足够的空间不相关，发射天线间必须有足够的空间隔离。在第 2 章中我们知道，当使用 2D 全向散射时，这个间隔应该是半波长的数量级，但是在蜂窝基站处实际的要求是波长的几十倍。

思考题与习题

4.1　对于一个瑞利随机变量 X，其概率密度函数为 $P_a(x)=\dfrac{2x}{\Omega p}\exp\left(-\dfrac{x^2}{\Omega p}\right)x$。

①记 { X_1，X_2，$\cdots$，X_N } 为独立瑞利随机变量的集合，均方值为 $1/\sqrt{N}$。求 $Y=\max\{x_1^2,x_2^2,\cdots,x_N^2\}$ 的概率密度函数，所得结论对选择式合并分集系统的学习非常有用。

②再使用集合 { X_1，X_2，$\cdots$，X_N } 计算 $Z=X_1^2+X_2^2+\cdots+X_N^2$ 的概率密度函数。所得结论对最大比值合并分集系统的学习非常有用。

4.2　假设采用 2 支路的选择式合并，但两支路不匹配，即 $\bar\gamma_1\neq\bar\gamma_2$，其中 $\bar\gamma_i(i=1,2)$ 是两支路上的平均接收码元能噪比。以平均归一化码元能噪比 $10\lg(\gamma_s^s/\bar\gamma_t)$ 为横坐标，其中 $\bar\gamma_t=(\bar\gamma_1+\bar\gamma_2)/2$，画出 γ_s^s 的累积分布函数，并针对比值 $\xi=\bar\gamma_1/\bar\gamma_2$ 的变化画出几条曲线。

4.3　考虑使用相干 BPSK 的选择式合并。对 BPSK，其误比特率为 $P_b(r_b^s)=Q\left(\sqrt{2r_b^s}\right)$，其瞬时比特能噪比由式（4-8）给出。

①推导平均误比特率的表达式

$$P_b=\int_0^\infty P_b(x)p_{\gamma_s^s}(x)\mathrm{d}x$$

②用两支路的切换式分集合并，γ_s^{sw} 的概率密度函数由式（4-49）给出，重做①。
③画出并比较两支路分集中①和②得到的结果。

4.4　假设在一个 3 支路分集的平缓瑞利衰落信道中，使用的是二进制 DPSK 信号（$x_k\in\{-1,1\}$），分集支路上产生的衰落是不相关的。所有分集支路接收到的信号都受到单边谱密度为 N_0（W/Hz）的加性高斯白噪声的干扰，分集支路所使用的噪声处理单元也是互不相关的。

①假设每个分集支路都使用单独的检波器，对每个发送的比特都进行三次独立的判别，例如，对 x_k 接收机将产生三个独立的估计值（$\hat{x}_k^1$，$\hat{x}_k^2$，$\hat{x}_k^3$），然后使用多数逻辑判别得到最后的取值 $\hat{x}_k$，比如

$$\hat{x}_k=\begin{cases}-1,\text{如果有两个以上}\hat{x}_k^1=-1\\1,\text{如果有两个以上}\hat{x}_k^1=1\end{cases}$$

求误码率 P_b 的表达式，并计算 $\bar\gamma_c$ =20dB 时的 P_b，其中 $\bar\gamma_c$ 是支路平均接收比特能噪比。

②若接收机使用带有检测后 EGC 的三支路分集，求 $\bar\gamma_c$ =20dB 时的误比特率。将得到的结果同①中的结论进行比较。
③将①中得到的误比特率表达式推广到 L 支路分集的情况。

4.5　对 BPSK 和最大比值合并推导式（4-28）。

4.6　对使用差分检波和等增益合并的 DPSK 推导式（4-56）。

4.7　AWGN 信道中，信道增益 α 有下面的概率密度函数

$$P_\alpha(x) = 0.2\delta(x) + 0.5\delta(x-1) + 0.3\delta(x-2)$$

①使用平均接收比特能噪比 $\bar{\gamma}_b$ 表示二进制 DPSK 信号在增益为 α 的信道上的平均误比特率。当 $\bar{\gamma}_b$ 增大时，误比特率逼近什么值？

②现假设使用两支路天线分集和预检测选择式合并。设分集支路间是完美不相关的。用每分集支路平均比特能噪比 $\bar{\gamma}_c$ 表示平均差错概率。当 $\bar{\gamma}_c$ 增大时，差错概率逼近什么值？

③将上面两问得到的差错概率绘于同一幅图中。

4.8　使用 BPSK 调制和 $L=2$ 的接收机分集。符号周期 n 内天线 i（$i=1$，2）的信道增益有下面的概率密度函数

$$P_{\alpha_{i,n}}(x) = 0.9\delta(x-1.0) + 0.1 + 0.1\delta(x-0.5)$$

对于 $i=1$，2 和所有的 n 是独立的。每一接收机支路受到噪声功率谱密度为 N_0（W/Hz）的独立复 AWGN 影响。推导 MRC 时误比特率的表达式。

4.9　在有高斯白噪声的瑞利衰落信道上的 MSK 信号的误比特率为

$$P_b = \frac{1}{2}\left(1 - \sqrt{\frac{\overline{\gamma_b}}{1+\overline{\gamma_b}}}\right)$$

①推导误比特率的 Chernoff 限，并将 Chernoff 限与实际的误码率进行比较。

②如果接收机采用 L 支集，重做①。假设分集支路是不相关的且 $\bar{\gamma}_1 = \bar{\gamma}_2 = \cdots \bar{\gamma}_L = \bar{\gamma}_c$。

4.10　在有 AWGN 的瑞利衰落信道上对二进制正交 FSK 信号进行非相干平方律合并，其误比特率由式（4-28）给出，其中的参数 μ 由式（4-73）定义。

①推导误比特率的 Chernoff 界，并将其同确切的误比特率作比较。

②推导 M 进制正交 FSK 信号进行非相干平方律合并时误比特率的 Chernoff 界。

③使用上问中得到的联合 Chernoff 界，求最小化差错概率的分集阶数 L。

4.11　设 BPSK 调制使用两分支分集和相干等增益合并。并设对不相关的分支有 $\bar{\gamma}_1 = \bar{\gamma}_2 = \bar{\gamma}_c$，推导由式（4-40）给出的瑞利衰落信道上的误比特率。

4.12　考虑存在单个共道干扰源并忽视 AWGN 影响时目标信号的接收。由于瑞利衰落，目标信号功率 s_0 和干扰功率 s_1 有指数分布

$$P_{s_0}(x) = \frac{1}{\Omega_0}e^{-x/\Omega_0}$$

$$P_{s_1}(y) = \frac{1}{\Omega_1}e^{-y/\Omega_1}$$

式中：Ω_0 和 Ω_1 分别为平均接收信号功率和干扰功率。

①设 s_0 和 s_1 是独立随机变量，求载干比 $\lambda = \dfrac{s_0}{s_1}$ 的概率密度函数。

提示：若 X 和 Y 是独立随机变量，则 $U = X / Y$ 的概率密度函数为

$$P_U(u) = \int P_{XY}(v, v/u) |v/u^2| dv$$

② λ 的均值为多少？

③ 现假设系统使用 L 支路选择合并。设支路是独立且平衡的（每支路上 λ_i，$i = 1, \cdots, L$ 的分布相同）。求选择合并器输出端的载干比的概率密度函数。

$$\lambda_s = \max\{\lambda_1,\ \lambda_2, \cdots,\ \lambda_L\}$$

4.13　设选择式合并中使用两支路的天线分集，但是由于支路间具有相关衰落，导致不能获得最大分集增益。记 γ_1 和 γ_2 为每一支路上瞬时比特信噪比的联合概率密度，且令 $\overline{\gamma}_c = E[\overline{\gamma}_i]$，显然 γ_1 和 γ_2 的联合概率密度函数为

$$p_{\gamma_1, \gamma_1}(x_1, x_2) = \frac{1}{\overline{\gamma}_c^2 (1-|\rho|^2)} I_0\left(\frac{2|\rho|\sqrt{x_1 x_2}}{\overline{\gamma}_c(1-|\rho|^2)}\right) \exp\left(-\frac{x_1+x_2}{\overline{\gamma}_c(1-|\rho|^2)}\right)$$

式中：$|\rho|$ 是两个分集支路上的复高斯随机变量的相关系数的幅度。求选择式合并器输出端比特信噪比的累积概率分布函数的表达式

$$\gamma_s = \max\{\gamma_1, \gamma_2\}$$

画出 ρ 变化时的累积分布函数，从中你能得到什么结论？

4.14　设接收信号包括从不同方向到达的两条强多径分量。解释如何设计相位阵列来捕捉两径上的能量。

4.15　考虑 Alamouti 发射分集方案。4.10.1 节说明了如何构造用于 2×1 和 2×2 分集的合并器。构造用于 $2 \times L$ 分集的合并器。

4.16　描述如何将 Alamouti 发射分集方案和 OFDM 结合起来。给出发射机和接收机的框图。

第5章　GSM与GPRS系统

5.1　GSM 系统的结构与特征

　　GSM 的英文全名为 Global System for Mobile Communications，中文译为全球移动通信系统，俗称"全球通"，是一种起源于欧洲的数字移动通信系统标准。早在 1982 年，欧洲已有几大模拟蜂窝移动系统在运营，例如北欧多国的 NMT（北欧移动电话）和英国的 TACS（全接入通信系统），西欧其他各国也提供移动业务。但由于各国之间的移动通信系统的体制和标准不统一，移动通信很难实现国家间的漫游，为了方便全欧洲统一使用移动电话，北欧国家向 CEPT（欧洲邮电行政大会）建议制定一种公共的数字移动通信系统标准，统一规范欧洲电信业务，因此成立了一个在 ETSI 技术委员会下的"移动特别小组"（Group Special Mobile），简称 GSM，来制定有关的标准和建议书。

5.1.1　GSM 系统的结构

　　GSM 系统结构如图 5-1 所示，主要由移动台（MS）、基站子系统（BSS）和网络子系统（NSS）组成。

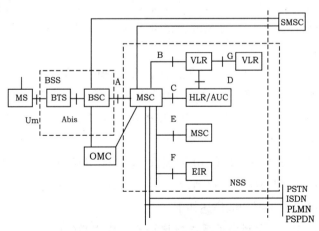

图 5-1　GSM 系统的网络结构

5.1.1.1　网络各部分的主要功能

　　MS（移动台）包括 ME（移动设备）和 SIM（用户识别模块）卡。移动台可分为车载台、便携台和手机 3 类，其主要作用是通过无线接口接入网络系统，也提供人机接口。

SIM 卡是识别卡，用来识别用户，它基本上是一张符合 ISO 标准的"智慧"磁卡，其中包含与用户有关的无线接口的信息，也包括鉴权和加密的信息。除紧急呼叫外，移动台都需要插入 SIM 卡才能得到通信服务。

BSS（基站子系统）主要的功能是负责无线发射和管理无线资源。BSS 由 BTS（基站收发台）和 BSC（基站控制器）组成。BSS 中的 BTS 是用户终端的接口设备，BSC 可以控制一个或多个 BTS，可以控制信道分配，通过 BTS 对信号强度的检测来控制移动台和BTS 的发射功率，也可做出执行切换的决定。

NSS（网络子系统）由 MSC（移动交换中心）和 OMC（操作维护中心）以及 HLR（归属位置寄存器）、VLR（访问位置寄存器）、AUC（鉴权中心）和 EIR（设备标志寄存）等组成。NSS 主要负责完成 GSM 系统内移动台的交换功能和移动性管理、安全性管理等。

MSC 是 GSM 网络的核心部分，也是 GSM 系统与其他公用通信系统之间的接口，主要是对位于它所管辖区域中的移动台进行控制、交换。

OMC 主要对 GSM 网络系统进行管理和监控。

VLR 是一个动态的数据库，用于存储进入其控制区用户的数据信息，例如用户的号码、所处位置区的识别、向用户提供的服务等参数。一旦用户离开了该 VLR 的控制区，用户的有关数据将被删除。

HLR 是一个静态数据库，每个移动用户都应在其 HLR 登记注册。HLR 主要用来存储有关用户的参数和有关用户目前所处位置的信息。

EIR 是用来存储有关移动台设备参数的数据库，它对移动设备进行识别、监视和闭锁等。

AUC 专门用于 GSM 系统的安全性管理，进行用户鉴权及对无线接口上的语音、数据、信令信号进行加密，以防止无权用户的接入和保证移动用户的通信安全。

SMSC（短消息业务中心）与 NSS 连接可实现点对点短消息业务，与 BSS 连接完成小区广播短消息业务。

在实际的 GSM 网络中，可根据不同的运营环境和网络需求进行网络配置。具体的网络单元可用多个物理实体来承担，也可以将几个网络单元合并为一个物理实体，比如将MSC 和 VLR 合并在一起，也可以把 HLR、EIR 和 AUC 合并为一个物理实体。

5.1.1.2　GSM 网络接口

如图 5-1 所示，GSM 网络共有 10 类接口，其中的主要接口包括 A 接口、Abis 接口和 Um 接口，这 3 个接口直接连接移动台、基站子系统和网络子系统。

GSM 网络各接口的主要功能描述如下。

A 接口。A 接口定义为网络子系统与基站子系统之间的通信接口。其物理连接是通过采用标准的 2.048Mb/s PCM 数字传输链路来实现的。此接口传送的信息包括对移动台及基站的管理、移动性和呼叫接续管理等。

Abis 接口。Abis 接口定义为基站子系统的基站控制器与基站收发信机两个功能实体之间的通信接口。该接口用于 BTS（不与 BSC 放在一处）与 BSC 之间的远端互连方式。

该接口支持所有向用户提供的服务，并支持对 BTS 无线设备的控制和无线频率的分配。

Um 接口。又称为空中接口，定义为移动台与基站收发信机之间的无线通信接口。它是 GSM 系统中最重要、最复杂的接口。此接口传递的信息包括无线资源管理、移动性管理和接续管理等。

B 接口。B 接口定义为移动交换中心与访问位置寄存器之间的内部接口。此接口用于 MSC 向 VLR 询问有关移动台当前位置信息或者通知 VLR 有关 MS 的位置更新信息等。

C 接口。C 接口定义为 MSC 与 HLR 之间的接口。此接口用于传递路由选择和管理信息，两者之间是采用标准的 2.048Mb/s PCM 数字传输链路实现的。

D 接口。D 接口定义为 HLR 与 VLR 之间的接口。此接口用于交换移动台位置和用户管理的信息，保证移动台在整个服务区内能建立和接收呼叫。由于 VLR 综合于 MSC 中，因此 D 接口的物理链路与 C 接口相同。

E 接口。E 接口为相邻区域的不同移动交换中心之间的接口。此接口用于移动台从一个 MSC 控制区到另一个 MSC 控制区时交换有关信息，以完成越区切换。

F 接口。F 接口定义为 MSC 与 EIR 之间的接口。此接口用于交换相关的管理信息。

G 接口。G 接口定义为两个 VLR 之间的接口。当采用临时移动用户识别码（TMSI）时，此接口用于向分配 TMSI 的 VLR 询问此移动用户的国际移动用户识别码（IMSI）的信息。

GSM 系统通过 MSC 与其他公用电信网互联，一般采用 SS7 号信令系统接口。其物理链接方式是通过在 MSC 与 PSTN 或 ISDN 交换机之间采用 2.048Mb/s PCM 数字传输链路实现的。

5.1.2　GSM 的区域和识别号码

5.1.2.1　区域的划分

GSM 通信系统服务区域划分如图 5-2 所示。各类区域的定义如下。

① GSM 服务区。是指移动台可获得服务的区域，这些服务区具有完全一致的 MS-BS 接口。一个服务区可包含一个或多个公用陆地移动通信网（PLMN），从地域上说，可对应一个国家或多个国家，也可以是一个国家的一部分。

② PLMN。可由一个或多个移动交换中心组成，该区具有共同的编号制度和路由计划，其网络与公众交换电话网互联，形成整个地区或国家规模的通信网。

③ MSC 区。是指 MSC 所覆盖的服务区，提供信号交换功能及和系统内其他功能的连接。从位置上看，包含多个位置区。

④ 位置区。一般由若干个基站区组成。移动台在位置区内移动时，无须进行位置的登记或更新。

⑤ 基站区。指基站提供服务的所有的区域，也叫作小区。

⑥ 扇区。当基站收发天线采用定向天线时，基站区可分为若干个扇区。若采用 120° 定向天线，一个小区分为 3 个扇区；若采用 60° 定向天线，一个小区分为 6 个扇区。

GSM 移动通信网在整个服务区内, 具有控制、交换功能, 以实现位置更新、呼叫接续、越区切换及漫游功能。而实现这些功能与各类区域的具体划分密切相关。

5.1.2.2　GSM 系统中的各种识别号码

GSM 网络比较复杂, 包括无线和有线信道, 移动用户之间或与其他多种网络的用户都能够建立连接, 例如市话网用户、综合业务数字网用户、公用数据网。因此, 要想能准确无误地呼叫连接上某个移动用户, 一个移动用户就必须具备多种识别号码, 用于识别不同的移动用户和移动设备。

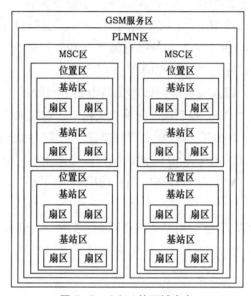

图 5-2　GSM 的区域定义

下面具体介绍一下各种号码。

（1）MSISDN（移动台国际身份号码）

MSISDN 号码是在公共电话网交换网络编号计划中, 唯一能识别移动用户的号码。根据 CCITT（国际电报电话咨询委员会）的建议, MSISDN 由以下部分组成（见图 5-3）, 即

$$MSISDN = CC + NDC + SN \tag{5-1}$$

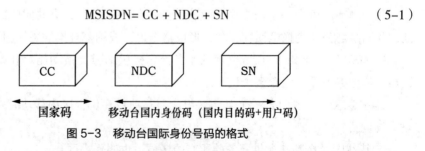

图 5-3　移动台国际身份号码的格式

其中, CC（国家码）表示用户注册在哪个国家（中国为 86）; NDC（国内目的码）是国家特定的 PLMN 所确定的目标国家码; SN（用户号码）是由运营者自由授予的用户号码。

若在以上号码中将国家码 CC 去除，就成了移动台的国内身份号码，也就是人们日常所说的"手机号码"。目前，我国 GSM 的国内身份号码为 11 位，每个 GSM 的网络均分配一个国内目的码（NDC），也可以要求分配两个以上的 NDC 号。MSISDN 的号长是可变的（取决于网络结构与编号计划），不包括字冠，最长可以达到 15 位。

NDC 包括接入号 $N_1N_2N_3$，用于识别网络；SN 的前 4 位为 HLR 的识别号 $H_1H_2H_3H_4$（$H_1H_2H_3$ 全国统一分配，H4 省内分配），表示用户归属的 HLR，也表示移动业务本地网号。

（2）IMSI（国际移动用户识别码）

IMSI 是国际上为唯一识别一个移动用户所分配的号码，此码在所有位置都是有效的，在呼叫建立和位置更新时需要使用 IMSI。IMSI 总共不超过 15 位，其结构如图 5-4 所示。

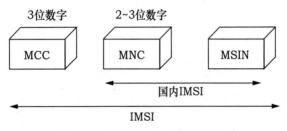

图 5-4　国际移动用户识别码的格式

MCC（移动国家码）：表示移动用户驻在国，共 3 位，中国为 460。

MNC（移动网络码）：即移动用户所属的 PLMN 网号，一般为 2 位，中国移动为 00，中国联通为 01。

MSIN（移动用户标识）：共有 10 位，用来识别某一移动通信网中的移动用户。

IMSI 组成关系式为

$$IMSI=MCC+MNC+MSIN \qquad (5-2)$$

从式（5-2）中可以看出，IMSI 在 MSIN 号码前加了 MCC，以便于区别出每个用户所属的国家，因此可以实现国际漫游。

（3）MSRN（移动台漫游号码）

这是针对移动台的移动特性所使用的号码。每次呼叫发生时，HLR 知道目前用户处在哪一个 MSC/VLR 服务区内，为了向接口交换机提供一个本次路由选择的临时号码，HLR 请当前的 MSC/VLR 分配两个移动台漫游号码（MSRN）给被叫用户，并将此号码传给 HLR，HLR 再将此号码转发给接口交换机，就能根据此号码将主叫用户接至所在的MSC/VLR。

漫游号码的组成格式与移动台国际（或国内）ISDN 号码相同。另外，当进行 MSC 交换局间切换时，为选择路由切换目的地，MSC（即目标 MSC）临时分配给来访移动用户一个切换号码（HON），HON 格式等同 MSRN，只不过 MSRN 后 3 位为 000 ~ 499，

HON 后 3 位为 500 ~ 900。

（4）TMSI（临时移动用户识别码）

为了保证移动用户识别码的安全性，在无线信道中需传输移动用户识别码时，一般用 TMSI 来代替 IMSI，这样就不会把用户的 IMSI 暴露给非法用户。TMSI 是由 VLR 分配的，与 IMSI 之间可按一定的算法互相转换。TMSI 可用于位置更新、切换、呼叫、寻呼等业务，并且在每次鉴权成功后都被重新分配，这样可以有效地防止他人窃取用户的通信内容，或非法盗取合法用户的 IMSI。

TMSI 的结构可由运营商自行决定，长度不超过 4 个字节。

（5）IMEI（国际移动台设备识别码）

IMEI 是由 15 位数字组成的"电子串号"（见图 5-5），它与每台手机一一对应，而且该码是全球范围内唯一的。每一台手机在组装完成后都将被赋予全球唯一的一个号码，这个号码从生产到交付使用都将被制造生产的厂商所记录，移动设备输入"*#06#"也可显示该号码。

该码作为移动台设备的标志，可用于监控被窃或无效的移动。

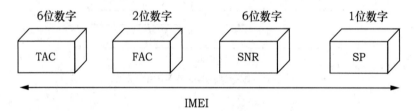

图 5-5　国际移动台设备识别码的格式

IMEI 的组成关系式为

$$IMEI=TAC+FAC+SNR+SP \tag{5-3}$$

TAC（型号核准号码）：一般代表机型。

FAC（最后装配号）：一般代表装配厂家号码。

SNR（串号）：一般代表生产顺序号。

SP（Spare）：通常是"0"，为检验码，目前暂备用。

（6）LAI（位置区识别码）

LAI 用于移动用户的位置更新，其结构组成如图 5-6 所示。

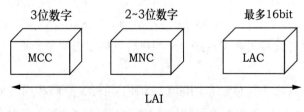

图 5-6　位置区识别码的格式

LAI 的组成关系式为

$$LAI=MCC+MNC+LAC \tag{5-4}$$

MCC：移动国家号，与 IMSI 中的 MCC 一样具有 3 个数字，用于识别一个国家，中国为 460。

MNC：移动网号，识别国内 GSM 网，与 IMSI 中的 MNC 的值是一样的。

LAC（位置区号码）：识别一个 GSM 网中的位置区。LAC 最大长度为 16bit，理论上可以在一个 GSM/VLR 内定义 65 536 个位置区。

（7）CGI（小区全球识别码）

用于识别一个位置区的小区。CGI 组成如图 5-7 所示。

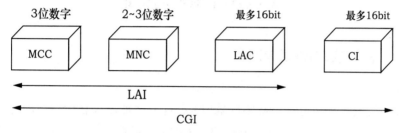

图 5-7　小区全球识别码的格式

CGI 的组成关系式为

$$CGI=MCC+MNC+LAC+CI \tag{5-5}$$

CI: 小区识别代码。

MCC、MNC 和 LAC 与位置区识别码中的含义一样。

（8）BSIC（基站识别码）

BSIC 用于识别相邻的、具有相同载频的不同基站，特别是用于区别不同国家的边界地区采用相同载频且相邻的基站。BSIC 是一个 6bit 号码，其组成如图 5-8 所示。

BSIC 的关系式为

$$BSIC=NCC+BCC \tag{5-6}$$

NCC（网络色码）：用于识别 GSM 移动网。

BCC（基站色码）：用于识别基站。

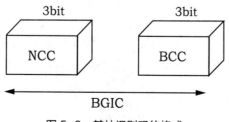

图 5-8　基站识别码的格式

5.1.2.3　GSM 业务

GSM 系统定义的所有业务是建立在综合业务数字网（ISDN）概念基础上，并考虑移动特点进行了必要修改。GSM 业务主要包含两类，即基本业务和补充业务，其中基本业务按功能又分为电信业务和承载业务，是独立的通信业务。

①电信业务，主要包括电话、紧急呼叫、传真和短消息服务等。

②承载业务，不仅支持语音业务，还支持数据业务。

③补充业务，是对基本业务的改进和补充，非单独的，需和基本业务一起提供服务。主要包括呼叫前转、呼叫限制、呼叫等待、会议电话和计费通知等。

5.2　GSM 系统的信道

5.2.1　物理信道与逻辑信道

5.2.1.1　物理信道

由前面的讨论已经知道，GSM 系统采用的是频分多址接入 (FDMA) 和时分多址接入 (TDMA) 混合技术，具有较高的频率利用率。FDMA 是指在 GSM900 频段的上行（MS 到 BTS)890 ~ 915MHz 或下行 (BTS 到 MS)935 ~ 960MHz 频率范围内分配了 124 个载波频率，简称载频，各个载频之间的间隔为 200kHz。上行与下行载频是成对的，即所谓双工通信方式。双工收发载频对的间隔为 45MHz。TDMA 是指在 GSM900 的每个载频上按时间分为 8 个时间段，每一个时间段称为一个时间（slot），这样的时隙称为信道，或称为物理信道。一个载频上连续的 8 个时隙组成一个称之为 "TDMA Frame" 的 TDMA 帧，也就是说，GSM 的一个载频上可提供 8 个物理信道。图 5-9 给出了时分多址接入的原理示意图。

为了使大家更好地理解目前我国正在广泛使用的 GSM900 和 GSM1800 的频率配置情况，下面给出我国 GSM 技术体制对频率配置所做的规定。

（1）工作频段

GSM 网络采用 900MHz/1800MHz 频段。

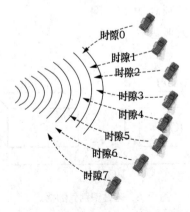

图 5-9　时分多址接入原理示意图

GSM 网络总的可用频带为 100MHz。中国移动应使用原国家无线电管理委员会（简称国家无委）分配的频率建设 M 络。随着业务的不断发展，在频谱资源不能满足用户容量需求时，可通过如下方式扩展频段：

① 充分利用 900MHz 的频率资源，尽量挖掘 900MHz 频段的潜力，根据不同地区的具体情况，可视需要向下扩展 900MHz 频段，相应地向 ETACS 频段压缩模拟公用移动电话网的频段。

② 在 900MHz 频率无法满足用户容量需求时，可启用 1800MHz 频段。

③ 考虑远期需要，向频率管理单位申请新的 1800MHz 频率。

（2）频道间隔

相邻频道间隔为 200kHz。每个频道采用时分多址接入（TDMA）方式，分为 8 个时隙，即为 8 个信道。

（3）双工收发间隔

在 900MHz 频段，双工收发间隔为 45MHz。在 1800MHz 频段，双工收发间隔为 95MHz。

（4）频道配置

采用等间隔频道配置方法。

在 900MHz 频段，频道序号为 1 ～ 124，共 124 个频道。频道序号和频道标称中心频率的关系为

$$f_1(n)= 890.200\text{MHz} + (n-1)\times 0.200\text{MHz} \qquad （移动台发，基站收）$$
$$f_h(n)=f_1(n)+45\text{MHz} \qquad （基站发，移动台收）$$

式中：$n= 1 ～ 124$。

在 1800MHz 频段，频道序号为 512 ～ 885，共 374 个频道。频道序号与频道标称中心频率的关系为

$$f_1(n) = 1710.200\text{MHz} + (n-512)\times 0.200\text{MHz} \qquad （移动台发，基站收）$$
$$f_h(n)=f_1(n)+95\text{MHz} \qquad （基站发，移动台收）$$

式中，$n= 512, 513, \cdots, 885$。

（5）频率复用方式

一般建议在建网初期使用 4×3 的复用方式，即 N=4，采用定向天线，每个基站用 3 个 120° 或 60° 方向性天线构成 3 个扇形小区，如图 5-10 所示。业务量较大的地区，根据设备的能力可采用其他的复用方式，如 3×3、2×6、1×3 复用方式等。邻省之间的协调应采用 4×3 复用方式。全向天线建议采用 N=7 的复用方式，为便于频率协调，其 7 组频率可从 4×3 复用方式所分的 12 组中任选 7 组，频道不够用的小区可以从剩余频率组中借用频道，但相邻频率组尽量不在相邻小区使用，如图 5-11 所示。

在话务密度高的地区，应根据需要适当采用新技术来提高频谱利用率。可采用的技术主要有：同心圆小区覆盖技术、智能双层网技术、微蜂窝技术等。考虑到微蜂窝的频率复用方式与正常的频率复用方式不同，在频率配置时，可根据需要留出一些频率专门

用于微蜂窝。

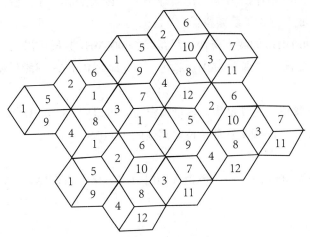

图 5-10 4 × 3 复用模式

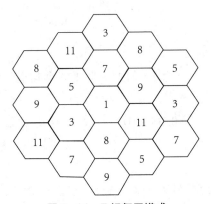

图 5-11 7 组复用模式

（6）干扰保护比

无论是采用无方向性天线还是方向性天线，无论采用哪种复用方式，基本原则是考虑不同的传播条件、不同的复用方式及多个干扰等因素后，还必须满足如表 5-1 所示的干扰保护比要求。

表5-1 干扰保护比

干扰	参考载干比
同道干扰 C/I_c	9dB
200kHz 邻道干扰 C/I_{a1}	−9dB
400kHz 邻道干扰 C/I_{a2}	−41dB
600kHz 邻道干扰 C/I_{a3}	−49dB

（7）保护频带

保护频带设置的原则是确保数字蜂窝移动通信系统能满足上面所述的干扰保护比要求。当一个地方的 GSM900 系统与模拟蜂窝移动电话系统共存时，两系统之间（频道中心频率之间）应有约 400kHz 的保护带宽。当一个地方的 GSM1800 系统与其他无线电系统的频率相邻时，应考虑系统间的相互干扰情况，留出足够的保护频带。

5.2.1.2　逻辑信道

如果把 TDMA 帧的每个时隙看作物理信道，那么在物理信道中所传输的内容就是逻辑信道。逻辑信道是指依据移动网通信的需要，为所传送的各种控制信令和语音或数据业务在 TDMA 的 8 个时隙分配相应的控制逻辑信道或语音、数据逻辑信道。

GSM 数字系统在物理信道上传输的信息是由约 100 个调制比特组成的脉冲串，称为突发脉冲序列（Burst）。以不同的 Burst 信息格式来携带不同的逻辑信道。

逻辑信道分为专用信道和公共信道两大类。专用信道指用于传送用户语音或数据的业务信道，另外还包括一些用于控制的专用控制信道。公共信道指用于传送基站向移动台广播消息的广播控制信道，以及用于传送 MSC 与 MS 间建立连接所需的双向信号的公共控制信道。图 5-12 所示为 GSM 所定义的各种逻辑信道。

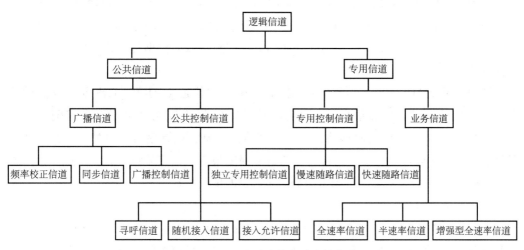

图 5-12　GSM 定义的各种逻辑信道

（1）广播信道

广播信道（BCH）是从基站到移动台的单向信道。包括以下几种。

频率校正信道（FCCH）：用于给用户传送校正 MS 频率的信息。MS 在该信道接收频率校正信息，并校正 MS 的时基频率。

同步信道（SYCH）：用于传送帧同步（TDMA 帧号）信息和 BTS 识别码（BSIC）信息给 MS。

广播控制信道（BCCH）：用于向每个 BTS 广播通用的信息。例如，在该信道上广播本小区和相邻小区的信息及同步信息（频率和时间信息）。移动台则周期性地监听

BCCH，以获取 BCCH 上的如下信息：本地区识别（Local Area Identity）；相邻小区列表（List of Neighbouring Cell）；本小区使用的频率表；小区识别（Cell Identity）；功率控制指示（Power Control Indicator）；间断传输允许（DTX permitted）；接入控制（Access Control），如紧急呼叫等；CBCH（Cell Broadcast Control Channel）的说明。BCCH 载波是由基站以固定功率发射的，其信号强度被所有移动台测量。

（2）公共控制信道

公共控制信道（CCCH）是基站与移动台间的一点对多点的双向信道。包括以下几种。

寻呼信道（PCH）：用于广播基站寻呼移动台的寻呼消息，是下行信道。

随机接入信道（RACH）：MS 随机接入网络时用此信道向基站发送信息。发送的信息包括：对基站寻呼消息的应答；MS 始呼时的接入，并且 MS 在此信道还向基站申请指配一个独立专用控制信道 SDCCH。此信道为上行信道。

允许接入信道（AGCH）：用于基站向随机接入成功的移动台发送指配了的独立专用控制信道 SDCCH。此信道为下行信道。

（3）专用控制信道

专用控制信道（DCCH）是基站与移动台间的点对点的双向信道。包括以下几种。

独立专用控制信道（SDCCH）：用于传送基站和移动台间的指令与信道指配信息，如鉴权、登记信令消息等。此信道在呼叫建立期间支持双向数据传输，支持短消息业务信息的传送。

随路信道（ACCH）：该信道能与独立专用控制信道（SDCCH）或者业务信道共用在一个物理信道上传送信令消息。随路信道（ACCH）又分为两种：慢速随路信道（SACCH），基站用此信道向移动台传送功率控制信息、帧调整信息，另一方面，基站用此信道接收移动台发来的移动台接收的信号强度报告和链路质量报告；快速随路信道（FACCH），用于传送基站与移动台间的越区切换的信令消息。

（4）业务信道

业务信道（TCH）指用于传送用户的话音和数据业务的信道。根据交换方式的不同，业务信道可分为电路交换信道和数据交换信道；依据传输速率的不同，可分为全速率信道和半速率信道。GSM 系统全速率信道的速率为 13kb/s，半速率信道的速率为 6.5kb/s。另外，增强全速率业务信道是指，它的速率与全速率信道的速率一样（为 13kb/s），只是其压缩编码方案比全速率信道的压缩编码方案优越，所以它有较好的话音质量。

5.2.2　物理信道与逻辑信道的配置

5.2.2.1　逻辑信道与物理信道的映射

由前面的讨论可知，GSM 系统的逻辑信道数已经超过了 GSM 一个载频所提供的 8 个物理信道，因此要想给每一个逻辑信道都配置一个物理信道，一个载频所提供的 8 个物理信道是不够的，需要再增加载频。可以看出，这样的逻辑信道和物理信道的指配方法是无法进行高效率的通信的。我们知道尽管控制信道在通信中起着至关重要的作用，但通信的根本任务是利用业务信道传送语音或数据。而按照上面的信道配置方法，在一个载频上已经没有业务信道的时隙了。解决上述问题的基本方法是，将公共控制信道复用，即在一个或两个物理信道上复用公共控制信道。

GSM 系统是按以下方法来建立物理信道和逻辑信道间的映射关系的。

一个基站有 N 个载频，每个载频有 8 个时隙。将载波定义为 f_0，f_1，f_2，$\cdots$。对于下行链路，从 f_0 的第 0 时隙（TS0）起始。f_0 的第 0 时隙（TS0）只用于映射控制信道，f_0 也称为广播控制信道。图 5-13 所示为广播控制信道（BCCH）和公共控制信道（CCCH）在 TS0 上的复用关系。

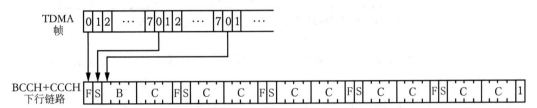

C(CCCH)：公共控制信道

F(FCCH)：移动台据此同步频率

S(SCH)：移动台据此读 TDMA 帧号和基站识别码（BSIC）

B(BCCH)：移动台据此读有关小区的通用信息

I(IDEL)：空闲帧，不包括任何信息，仅作为复帧的结束标志

图 5-13 BCCH 与 CCCH 在 TS0 上的复用

广播控制信道（BCCH）和公共控制信道（CCCH）共占用 51 个 TS0 时隙。尽管它们只占用了每一帧的 TS0 时隙，但从时间上讲长度为 51 个 TDMA 帧。作为一种复帧，以每出现一个空闲帧作为此复帧的结束，在空闲帧之后，复帧再从 F、S 开始进行新的复帧。以此方法进行重复，即时分复用构成 TDMA 的复帧结构。

在没有寻呼或呼叫接入时，基站也总在 f_0 上发射。这使移动台能够测试基站的信号强度，以决定使用哪个小区更为合适。

对上行链路，f_0 上的 TS0 不包括上述信道。它只用于移动台的接入，即上行链路作为 RACH 信道。图 5-14 所示为 51 个连续的 TDMA 帧的 TS0。

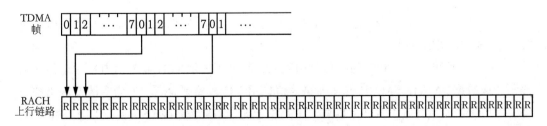

图 5-14 TS0 上 RACH 的复用

BCCH、FCCH、SCH、PCH、AGCH 和 RACH 均映射到 TS0。RACH 映射到上行链路，其余映射到下行链路。

下行链路 f_0 上的 TS1 时隙用来将专用控制信道映射到物理信道上，其映射关系如图 5-15 所示。

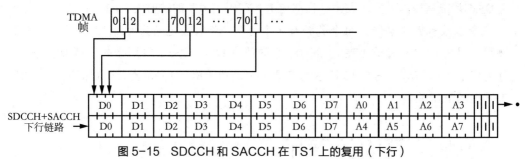

图 5-15　SDCCH 和 SACCH 在 TS1 上的复用（下行）

由于呼叫建立和登记时的比特率相当低，所以可在一个时隙上放 8 个专用控制信道，以提高时隙的利用率。

SDCCH 和 SACCH 共有 102 个时隙，即 102 个时分复用帧。

SDCCH 的 DX（D0，D1，…）只在移动台建立呼叫的开始时使用，当移动台转移到业务信道 TCH 上，用户开始通话或登记完释放后，DX 就用于其他的移动台。

SACCH 的 AX（A0，A1，…）主要用于传送那些不紧要的控制信息，如传送无线测量数据等。

上行链路 f_0 上的 TS1 与下行链路 f_0 上的 TS1 有相同的结构，只是它们在时间上有一个偏移，即意味着对于一个移动台同时可双向接续。图 5-16 给出了 SDCCH 和 SACCH 在上行链路 f_0 的 TS1 上的复用。

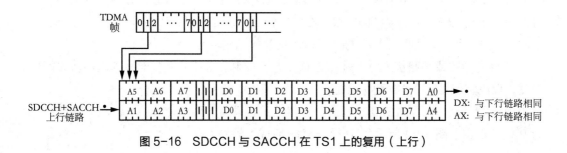

图 5-16　SDCCH 与 SACCH 在 TS1 上的复用（上行）

载频 f_0 上的上行、下行的 TS0 和 TS1 供逻辑控制信道使用，而其余 6 个物理信道 TS2 ~ TS7 由 TCH 使用。

图 5-17 给出了 TS2 时隙的时分复用关系，其中 T 表示 TCH 业务信道，用于传送编码语音或数据；A 表示 SACCH 慢速随路信道，用于传送控制命令，如命令改变输出功率等；I 为 IDEL 空闲，它不含任何信息，主要用于配合测量。时隙 TS2 是以 26 个时隙为周期进行时分复用的，以空闲时隙 I 作为重复序列的开头或结尾。

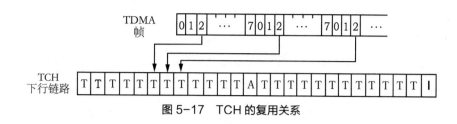

图 5-17　TCH 的复用关系

上行链路的 TCH 与下行链路的 TCH 结构完全一样，只是有一个时间的偏移。时间偏移为 3 个时隙，也就是说，上行的 TS2 与下行的 TS2 不同时出现，表明移动台的收发不必同时进行。

图 5-18 给出了 TCH 上行与下行偏移的情况。

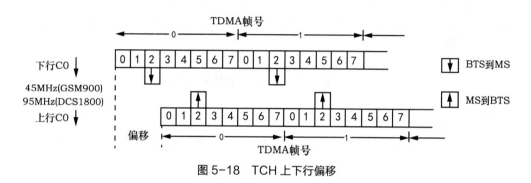

图 5-18　TCH 上下行偏移

通过以上论述可以得出，在载频 f_0 上：

TS0——逻辑控制信道，重复周期为 51 个 TS；

TS1——逻辑控制信道，重复周期为 102 个 TS；

TS2——逻辑业务信道，重复周期为 26 个 TS；

TS3 ~ TS7——逻辑业务信道，重复周期为 26 个 TS。

其他 f_1 ~ f_N 载频的 TS0 ~ TS7 时隙全部是业务信道。

5.2.2.2　GSM 的时隙帧结构

前面论述了 GSM 的逻辑信道和物理信道的映射，在此基础上给出 GSM 的帧结构。

GSM 的时隙帧结构有 5 个层次，即时隙、TDMA 帧、复帧（multiframe）、超帧（superframe）和超高帧。

时隙是物理信道的基本单元。

TDMA 帧是由 8 个时隙组成的，是占据载频带宽的基本单元，即每个载频有 8 个时隙。

复帧有两种类型：由 26 个 TDMA 帧组成的复帧，这种复帧用于 TCH、SACCH 和 FACCH；由 51 个 TDMA 帧组成的复帧，这种复帧用于 BCCH 和 CCCH。

超帧是由 51 个 26 帧的复帧或由 26 个 51 帧的复帧所构成的。

超高帧等于 2048 个超帧。

图 5-19 给出了 GSM 系统分级帧结构示意图。

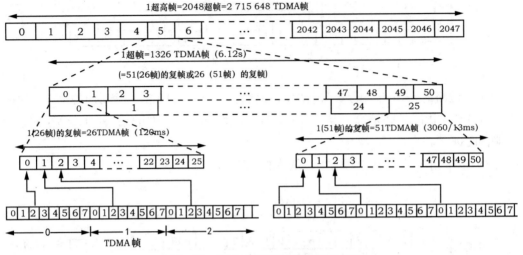

图 5-19　GSM 系统分级帧结构示意图

在 GSM 系统中超高帧的周期是与加密和跳频有关的。每经过一个超高帧的周期，循环长度为 2 715 648，相当于 3 小时 28 分 53 秒 760 毫秒，系统将重新启动密码和跳频算法。

5.2.3 突发脉冲

突发脉冲是以不同的信息格式携带不同的逻辑信道，在一个时隙内传输的、由 100 多个调制比特组成的脉冲序列。因此可以将突发脉冲看作逻辑信道在物理信道传输的载体。逻辑信道不同，突发脉冲也不尽相同。通常突发脉冲有以下 5 种类型。

5.2.3.1 普通突发脉冲

普通突发脉冲（Normal Burst，NB）用于构成 TCH，以及除 FCCH、SYCH、RACH 和空闲突发脉冲以外的所有控制信息信道，携带它们的业务信息和控制信息。普通突发脉冲序列的结构如图 5-20 所示。

图 5-20　普通突发脉冲序列的结构

由图 5-20 可看出：普通突发脉冲（NB）由加密信息（2×57bit）、训练序列（26bit）、尾位 TB（2×3bit）、借用标志 F（Stealing Hag，2×1bit）和保护时间 GP（Guard Period，8.25bit）构成，总计 156.25bit。每个比特的持续时间为 3.692 3μs，一个普通突发脉冲所占用的时间为 0.577ms。

在普通突发脉冲中，加密比特是 57bit 的加密语音、数据或控制信息，另外有 1bit 的"借用标志"，当业务信道被 FACCH 借用时，以此标志表明借用一半业务信道资源；训练序列是一串已知比特，是供信道均衡用的；尾位 TB 总是 000，是突发脉冲开始与结尾的标志；保护时间 GP 用来防止由于定时误差而造成突发脉冲间的重叠。

5.2.3.2 频率校正突发脉冲

频率校正突发脉冲（Frequencycorrection Burst，FB）用于构成频率校正信道（FCCH），携带频率校正信息。其结构如图 5-21 所示。

图 5-21 频率校正突发脉冲序列的结构

频率校正突发脉冲除了含有尾位和保护时间外，主要传送固定的频率校正信息，即 142 个全零比特。

5.2.3.3 同步突发脉冲

同步突发脉冲（Synchronization Burst，SB）用于构成同步信道（SYCH），携带有系统的同步信息。其结构如图 5-22 所示。

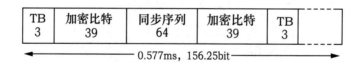

图 5-22 同步如法脉冲序列的结构

同步突发脉冲（SB）由加密信息（2×39bit）和一个易被检测的长同步序列（64bit）构成。加密信息位携带有 TDMA 帧号（TN）及基站识别码（BSIC）信息。

5.2.3.4 接入突发脉冲

接入突发脉冲（Access Burst，AB）用于构成移动台的随机接入信道（RACH），携带随机接入信息。接入突发脉冲的结构如图 5-23 所示。

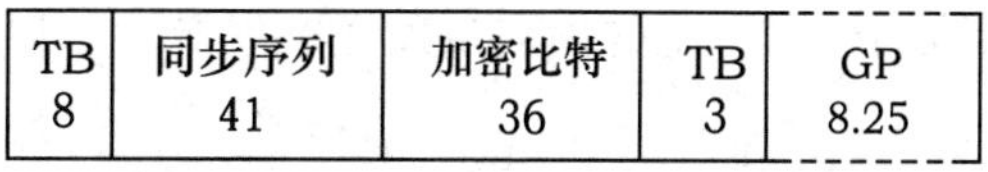

图 5-23 接入突发脉冲序列的结构

接入突发脉冲（AB）由同步序列（41bit）、加密信息（36bit）、尾位 [（8+3）bit] 和保护时间构成。其中保护时间间隔较长，这是为了使移动台首次接入或切换到一个新的基站时不知道时间的提前量而设置的。当保护时间长达 252μs 时，允许小区半径为

35km，在此范围内可保证移动台随机接入移动网。

5.2.3.5 空闲突发脉冲

空闲突发脉冲（Dummy Burst，DB）的结构与普通突发脉冲的结构相同，只是将普通突发脉冲中的加密信息比特换成了固定比特。其结构如图 5-24 所示。

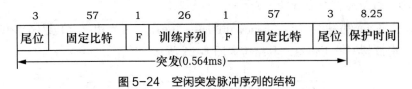

3	57	1	26	1	57	3	8.25
尾位	固定比特	F	训练序列	F	固定比特	尾位	保护时间

突发(0.564ms)

图 5-24　空闲突发脉冲序列的结构

空闲突发脉冲的作用是当无用户信息传输时，用空闲突发脉冲替代普通突发脉冲在 TDMA 时隙中传送。

5.2.4　帧偏离、定时提前量与半速率信道

5.2.4.1　帧偏离

帧偏离是指前向信道的 TDMA 帧定时与反向信道的 TDMA 帧定时的固定偏差。GSM 系统中规定帧偏差为 3 个时隙，如图 5-25 所示。这样做的目的是简化设计，避免移动台在同一时隙收发，从而保证收发的时隙号不变。

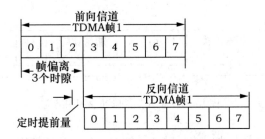

图 5-25　帧偏离与定时提前量示意图

5.2.4.2　定时提前量

在 GSM 系统中，突发脉冲的发送与接收必须严格地在相应的时隙中进行，所以系统必须保证严格的同步。然而，移动用户是随机移动的，当移动台与基站距离远近不同时，它的突发脉冲的传输延时就不同。为了克服由突发脉冲的传输延时所带来的定时的不确定性，基站要指示移动台以一定的提前量发送突发脉冲，以补偿所增加的延时，如图 5-25 所示。

5.2.4.3　半速率信道

全速率是指 GSM 中用于无线传输的 13kb/s 的语音信号，即 GSM 系统中的语音编码器将 64kb/s 的语音变换成 13kb/s 的语音信号。前面所介绍的业务信道都是以 13kb/s 的速率传输语音数据的，通常称为全速率信道；半速率信道是指语音速率从原来的 13kb/s 下降到 6.5kb/s，这样两个移动台可使用一个物理信道进行呼叫，系统容量可增加一倍。图

5-26 为全速率信道和半速率信道的示意图。

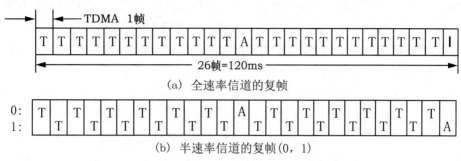

（a）全速率信道的复帧

（b）半速率信道的复帧(0，1)

图 5-26　全速率信道和半速率信道的示意图

5.3　GSM 系统的接续和移动性管理

在所有电话网络中建立两个用户始呼和被呼之间的连接是通信的最基本的任务。为了完成这一任务，网络必须完成一系列的操作，诸如识别被呼用户、定位用户所在的位置，建立网络到用户的路由连接，并维持所建立的连接，直至两用户通话结束。当用户通话结束时，网络要拆除所建立的连接。

由于固定网的用户所在的位置是固定的，所以在固定网中建立和管理两用户间的呼叫连接是相对容易的。由于移动网的用户是移动的，所以建立一个呼叫连接是较为复杂的。通常在移动网中，为了建立一个呼叫连接需要解决 3 个问题：用户所在的位置、用户识别、用户所需要提供的业务。

下面将要介绍的接续和移动性管理过程就是以解决上述 3 个问题为出发点的。

当一个移动用户在随机接入信道上发起呼叫另一个移动用户或固定用户时，或者每个固定用户呼叫移动用户时，移动网络就开始了一系列的操作。这些操作涉及网络的各个功能单元，包括基站、移动台、移动交换中心、各种数据库，以及网络的各个接口。这些操作将建立或释放控制信道和业务信道，进行设备和用户的识别，完成无线链路、地面链路的交换和连接，最终在主叫和被叫之间建立点到点的通信链路，并提供通信服务。这个过程就是呼叫接续过程。

当移动用户从一个位置区漫游到另一个位置区时，同样会引起网络各个功能单元的一系列操作。这些操作将引起各种位置寄存器中移动台位置信息的登记、修改或删除。若移动台正在通话，则将引起越区转接过程。这些就是支持蜂窝系统的移动性管理过程。

5.3.1　位置更新

GSM 系统的位置更新包括 3 个方面的内容：第一，移动台的位置登记；第二，当移动台从一个位置区域进入一个新的位置区域时，移动系统所进行的通常意义下的位置更新；第三，在特定时间内，网络与移动台没有发生联系时，移动台自动地、周期地（以网络在广播信道发给移动台的特定时间为周期）与网络取得联系，核对数据。

移动系统中位置更新的目的是使移动台总与网络保持联系，以便移动台在网络覆盖范围内的任何一个地方都能接入到网络内；或者网络能随时知道 MS 所在的位置，以使网络可随时寻呼到移动台。在 GSM 系统中是用各类数据库来维系移动台与网络的联系的。

5.3.1.1　移动用户的登记及相关数据库

在用户侧一个最重要的数据库就是 SIM（Subscriber Identity Module）卡。SIM 卡中存有用户身份认证所需的信息，并能执行一些与安全保密有关的信息，以防止非法用户入网。另外，SIM 卡还存储与网络和用户有关的管理数据。SIM 卡是一个独立于用户移动设备的用户识别和数据存储设备，移动用户移动设备只有插入 SIM 卡后，才能进网使用。在网络侧，从网络运营商的角度看，SIM 卡就代表了用户，就好像移动用户的"身份证"，每次通话网络对用户的鉴权实际上就是对 SIM 卡的鉴权。

SIM 卡的内部是由 CPU、ROM、RAM 和 EEPROM 等部件组成的完整的单片计算机。生产 SIM 的厂商已经在每个卡内存入了生产厂商代码、生产串号、卡的资源配置数据等基本参数，并为卡的正常工作提供了适当的软、硬件环境。

网络运营部门向用户提供 SIM 卡时需要注入用户管理的有关信息，其中包括：用户的国际移动用户识别码（IMSI）、鉴权密钥（Ki）、用户接入等级控制，以及用户注册的业务种类和相关的网络信息等内容。这些内容同时也存入网络端的有关数据库中，如 HLR 和 AUC 中。尽管在通常情况下 SIM 卡中及网络端的相关必要的数据是预先注入好的，但是在业务经营部门没有与用户签署契约之前，SIM 卡是不能使用的。只有业务提供者把已注有用户数据的 SIM 卡发放给来注册的用户以后，通知网络运营部门对 HLR 中的那些用户给以初始化，这时用户拿到的 SIM 卡才开始生效。

当一个新的移动用户在网络服务区开机登记时，它的登记信息通过空中接口送到网络端的 VLR 寄存器中，并在此进行鉴权登记。通常情况下 VLR 是与移动交换中心（MSC）集成在一起的。另外，网络端的归属寄存器也要随时知道 MS 所在的位置，因此在网络内部 VLR 和 HLR 要随时交换信息，更新它们的数据。所以在 VLR 中存放的是用户的临时位置信息，而在 HLR 中要存放两类信息：一类是移动用户的基本信息，是用户的永久数据；另一类是从 VLR 得到的移动用户的当前位置信息，是临时数据。

当网络端允许一个新的用户接入网络时，网络要对新的移动用户的国际移动用户识别码（IMSI）的数据做"附着"标记，表明此用户是一个被激活的用户，可以入网通信了。移动用户关机时，移动用户要向网络发送最后一次消息，其中包括分离处理请求，MSC/VLR 收到"分离"消息后，就在该用户对应的 IMSI 上做"分离"标记，即叫作去"附着"。

5.3.1.2　移动用户位置更新

移动系统通常意义下的位置更新是指移动用户从一个网络服务区到达另外一个网络服务区时，系统所进行的位置更新操作。这种位置更新涉及两个 VLR，图 5-27 给出了位置更新所涉及的网络单元。

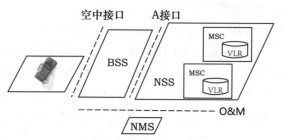

图 5-27　位置更新所涉及的网络单元

　　通常移动用户处于开机空闲状态时，它被锁定在所在小区的广播信道（BCCH）载频上，随时接收网络端发来的信息。这个信息中包括了移动用户当前所在小区的位置识别信息。为了确定自己的所在位置，移动台要将这个位置识别信息（Identification，ID）存储到它的数据单元中。当移动台再次接收到网络端发来的 ID 时，它要将接收到的 ID 与原来存储的 ID 进行比较。若两个 ID 相同，则表示移动台还在原来的位置区域内；若两个 ID 不同，则表示移动台发生了位置移动，此时移动台要向网络发出位置更新请求信息。网络端接收到请求信息后便将移动台注册到一个新的位置区域，或者新的 VLR 区域。同时用户的归属寄存器（HLR）要与新的 VLR 交换数据，得到移动用户新的位置信息，并通知移动台所属的原先的 VLR 删除用户的有关信息。这一位置更新过程如图 5-28 所示。

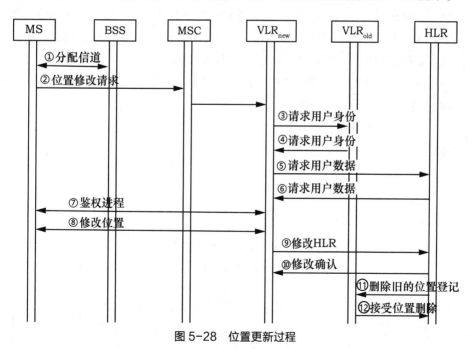

图 5-28　位置更新过程

　　上述位置更新过程只是移动位置管理的一部分，实际上移动用户的移动性管理的内容是很复杂的。另外，移动用户在通话状态时发生位置变化，在移动通信系统中称这种位置更新为切换，此问题后面再讨论。

5.3.1.3 移动用户的周期位置更新

周期位置更新发生在当网络在特定的时间内没有收到来自移动台的任何信息时。例如，在某些特定条件下由于无线链路质量很差，网络无法接收移动台的正确消息，而此时移动台还处于开机状态并接收网络发来的消息，在这种情况下网络无法知道移动台所处的状态。为了解决这一问题，系统采取了强制登记措施。如系统要求移动用户在一特定时间内（如1小时）登记一次。这种位置登记过程就叫作周期位置更新。

周期位置更新是由一个在移动台内的定时器控制的，定时器的定时值由网络在BCCH上通知移动用户。当定时值到时，移动台便向网络发送位置更新请求消息，启动周期位置更新过程。如果在这个特定时间内网络还接收不到某移动用户的周期位置更新消息，则网络认为移动台已不在服务区内或移动台电池耗尽，这时网络对该用户做去"附着"处理。周期位置更新过程只有证实消息，移动台只有接收到证实消息才会停止向网络发送周期位置更新请求消息。

5.3.2 呼叫建立过程

呼叫建立过程分为两个过程：移动台的被呼过程和移动台的始呼过程。

5.3.2.1 移动台的被呼过程

这里以固定网 PSTN 呼叫移动用户为例，来说明移动台的被呼过程。呼叫处理过程实际上是一个复杂的信令接续过程，包括交换中心间信令的操作处理、识别定位呼叫的用户、选择路由和建立业务信道的连接等。下面将详细地介绍这一处理过程。

（1）固定网的用户拨打移动用户的电话号码 MSISDN

移动用户的 MSISDN 号码相当于固定网的用户电话号码，是供用户拨打的公开号码。由于 GSM 系统中移动用户的电话号码结构是基于 ISDN 的编号方式，所以称为 MSISDN，即为移动用户的国际 ISDN 号码。按照 CCITT 的建议，MSISDN 编码方法的号码结构如图 5-29 所示。图中，CC 为国家代码，我国为 86。

图 5-29　MSISDN 的号码结构

国内有效 ISDN 号码为一个 11 位数字的等长号码，如图 5-30 所示，由以下三部分组成。

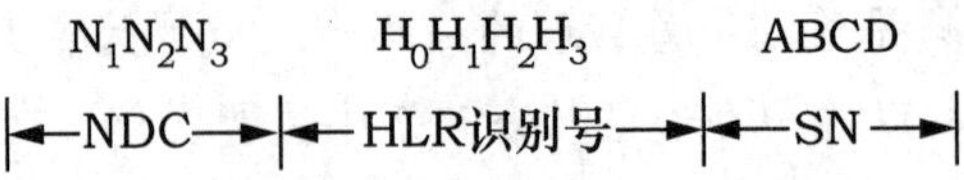

图 5-30　国内有效 ISDN 号码结构

① 数字蜂窝移动业务接入号 NDC:13S（S=9，8，7，6，5，这些为中国移动的接入网号；中国联通目前的接入网号为 130，131）。

② HLR 识别号：$H_0H_1H_2H_3$。我国的 $H_0H_1H_2H_3$ 分配分为 $H_0 = 0$ 和 $H_0 \neq 0$ 两种情况。

当 $H_0 = 0$ 时，H_1H_2 由全国统一分配，H_3 由各省自行分配，一个 HLR 可以包含一个或多个 H_3 数值。例如，网号为 139 时，H_1H_2 的分配情况如表 5-2 所示。

表5-2　H_1H_2分配情况

H_1H_2	0	1	2	3	4	5	6	7	8	9
0										
1	北京	北京	北京	北京	江苏	江苏	上海	上海	上海	上海
2	天津	天津	广东	广东	广东	广东	广东	广东	广东	广东
3	广东	河北	河北	河北	山西	山西	黑龙江	河南	河南	河南
4	辽宁	辽宁	辽宁	吉林	吉林	黑龙江	黑龙江	内蒙古	黑龙江	辽宁
5	福建	江苏	江苏	山东	山东	安徽	安徽	浙江	浙江	福建
6	福建	江苏	江苏	山东	山东	浙江	浙江	浙江	浙江	福建
7	江西	湖北	湖北	湖南	湖南	海南	海南	广西	广西	广西
8	四川	四川	四川	四川	湖南	贵州	湖北	云南	云南	西藏
9	四川	陕西	广东	甘肃	甘肃	宁夏	安徽	青海	辽宁	新疆

当 $H_0 \neq 0$ 时，$SH_0H_1H_2$ 由全国统一分配。分配方案如表 5-3 所示。一个 HLR 可包含一个或若干 $SH_0H_1H_2$ 数值。

表5-3　当$H_0 \neq 0$时，$SH_0H_1H_2$分配情况

接入网号	1	2	3	4	5	6	7	8	9
139	北京（00~49）上海（59~99）	天津（00~29）重庆（30~99）	河北（00~99）	河北（00~99）	山西（00~99）	辽宁（00~99）	辽宁（00~19）吉林（20~99）	内蒙古（00~59）预留（60~99）	黑龙江（00~99）
138	山东（00~99）	山东（00~99）	山东（00~99）河南（50~99）	河南（00~99）	河南（00~99）	四川（00~99）	四川（00~94）西藏（95~99）	贵州（00~79）预留（80~99）	云南（00~99）

续表 5-3

接入网号	1	2	3	4	5	6	7	8	9
137	江苏（00~99）	江苏（00~99）	安徽（00~99）	安徽（00~49）浙江（50~99）	浙江（00~99）	湖北（00~99）	湖北（00~49）湖南（50~99）	湖南（00~99）	江西（00~99）
136	广东（00~99）	广东（00~99）	广东（00~69）海南（70~99）	预留（00~29）福建（30~99）	福建（00~39）预留（40~89）广西（90~99）	广西（00~99）	陕西（00~79）预留（80~99）	宁夏（00~09）预留（10~49）青海（50~59）新疆（60~99）	甘肃（00~59）预留（60~99）
135									

③ SN（移动用户号）：ABCD。由各 HLR 自行分配。

（2）PSTN 交换机分析 MSISDN 号码

PSTN 接到用户的呼叫后，根据 MSISDN 号码中的 NDC 分析得出此用户要接入移动用户网，这样就将接续转接到移动网的关口移动交换中心（Gateway Mobile Servicesswitching Center，GMSC）。

（3）GMSC 分析 MSISDN 号码

GMSC 分析 MSISDN 号码，得到被呼用户所在的归属寄存器（HLR）的地址。这是因为 GMSC 不含有被呼用户的位置信息，而用户的位置信息只存放在用户登记的 HLR 和 VLR 中，所以网络应在 HLR 中取得被呼用户的位置信息。所以得到 HLR 地址的 GMSC 发送一个携带 MSISDN 的消息给 HLR，以便得到用户呼叫的路由信息。这个过程称为 HLR 查询。

（4）HLR 分析由 GMSC 发来的信息

HLR 根据 GMSC 发来的消息，在其数据库中找到用户的位置信息。如前所述，只有 HLR 知道当前被呼用户所在的位置信息，即被呼用户是在哪一个 VLR 区登记的。要说明的是，HLR 不负责建立业务信道的连接，它只起到用户信息的查询的作用；业务信道的连接是由 MSC 负责的。

现在介绍 HLR 中的内容，以示被叫用户是如何定位的。

HLR 包含如下内容：MSISDN、IMSI、VLR 的地址、用户的数据。

MSISDN 已介绍过了。这里出现了一个新的号码，即 IMSI（International Mobile Subscriber Identity），叫作国际移动用户识别，它是移动用户的唯一识别号码，为一个 15 位数字的号码。其号码结构如图 5-31 所示，由以下三部分组成。

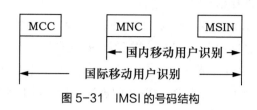

图 5-31　IMSI 的号码结构

① 移动国家号码 MCC：由 3 位数字组成，唯一地识别移动用户所属的国家。中国为 460。

② 移动网号 MNC：识别移动用户所归属的移动网。中国移动 TDMA 数字公用蜂窝移动通信网为 00，中国联通 TDMA 数字公用蜂窝移动通信网为 01。

③ 移动用户识别码：MSIN 由 10 位数字组成。

这里存在一个要说明的问题：为什么不用用户的 MSISDN 号码进行网络登记和建立呼叫，而要引出一个 IMSI 号码呢？原因是：首先，不同国家移动用户的 MSISDN 号码的长度是不相同的，这主要是因为国家码 CC 的长度不同。中国的 CC 为 86，美国的 CC 为 1，而芬兰的 CC 为 358。因此如果用 MSISDN 进行用户登记，为了防止来自不同国家的 MSISDN 号码的不同部分（CC、NDC、SN）混淆，在网络处理时需为每个部分加一个长度指示，这将使处理变得复杂。其次，为了使一个移动用户可以识别话音、数据、传真等不同的业务，一个移动用户要有不同的 MSISDN 号码与相应的业务对应。所以，移动用户的 MSISDN 号码不是唯一的，而移动用户的 IMSI 号码却是全球唯一的。

HLR 中另外一个数据字段即 VLR 地址字段是用于保存被呼用户当前登记的 VLR 地址的，这是网络建立与被呼用户的连接所需要的。

（5）HLR 查询当前为被呼移动用户服务的 MSC/VLR

HLR 查询当前为被呼移动用户服务的 MSC/VLR 的目的是，在 VLR 中得到被呼用户的状态信息，以及呼叫建立的路由信息。

（6）由正在服务于被呼用户的 MSC/VLR 得到呼叫的路由信息

正在服务于被呼用户的 MSC/VLR 是由其产生的一个移动台漫游号码（MSRN）来给出呼叫路由信息的。这里由 VLR 分配的 MSRN 是一个临时移动用户号码，该号码在接续完成后即可以释放，供其他用户使用。它的结构如下。

结构 1：13S 00 $M_0M_1M_2$ ABC。其中，$M_0M_1M_2$ 为 MSC/VLR 号码，分配方案参见我国 GSM 技术体制。S 为 9，7，6，5 或 1 和 0。

结构 2：1354 S $M_0M_1M_2$ ABC。其中，S $M_0M_1M_2$ 为 MSC/VLR 号码，分配方案参见我国 GSM 技术体制。

要注意的是，MSRN 主要是通过给出正在为被呼用户服务的 MSC/VLR 号码来应答 HLR 所请求的路由信息的。

（7）MSC/VLR 将呼叫的路由信息传送给 HLR

在此传送过程中 HLR 对路由信息不做任何处理，而是直接将其传送给 GMSC。

（8）GMSC 接收包含 MSRN 的路由信息

GMSC 接收包含 MSRN 的路由信息，并分析 MSRN，得到被叫的路由信息。最后将向正在为被呼用户服务的 MSC/VLR 发送携带有 MSRN 的呼叫，建立请求消息；正在为被呼用户服务的 MSC/VLR 接到此消息，通过检查 VLR 识别出被叫号码，找到被叫用户。

上述的过程只完成了 GMSC 和 MSC/VLR 的连接，但还没有连接到最终的被叫用户。下面的过程是 MSC/VLR 定位被叫用户。当在一个 MSC/VLR 的业务区域内搜寻被叫用户时，在这样大的区域内搜寻一个用户，会使 MSC/VLR 的工作量很大。因此，有必要将 MSC/VLR 的业务区域划分成若干较小的区域，这些小的区域称为位置区（Location Area，LA），并由 MSC/VLR 管理，如图 5-32 所示。

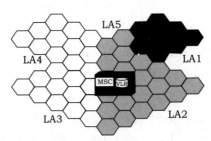

图 5-32　LA 划分示意图

每一个 MSC/VLR 包含若干位置区（LA），这样就可以将寻呼被呼用户位置区域由原来的 MSC/VLR 业务区缩小到 LA 区域，以减小 MSC/VLR 搜索被叫用户的工作量。这里要说明的是，当位置区为 LA 时，通常的位置更新就要在 LA 之间进行，具体过程与前面介绍的大同小异，这里不再论述。

现在 VLR 中所存的内容为：IMSI、LAC（位置区代码）、MSRN、用户数据。

为了标识一个位置区，我们给每个 LA 分配一个位置区识别 LAI。它由三部分组成：

$$LAI = MCC + MNC + LAC$$

其中，MCC 和 MNC 为移动国家号码和移动网号；LAC 为一个 2B 的十六进制编码，表示为 $X_1X_2X_3X_4$（范围为 0000 ~ FFFF）。全部为 0 的编码不用。

我国的 X_1X_2 的分配如表 5-4 所示，X_3X_4 的分配由各省市自行分配。

表5-4　我国 X_1X_2 的分配

X_1X_2	0	1	2	3	4	5	6	7	8	9	A	B	C	D	E	F
0																
1	北京								上海							
2		天津				广东	广东									
3		河北				山西		河南								

续表 5-4

X₁X₂	0	1	2	3	4	5	6	7	8	9	A	B	C	D	E	F
4		辽宁		吉林		黑龙江		内蒙古								
5		江苏		山东		安徽		浙江		福建						
6																
7		湖北		湖南		海南		广西		江西						
8		四川				贵州		云南		西藏						
9		陕西		甘肃		宁夏		青海		新疆						
A																
B																
C																
D																
E																
F																

另外，为了区分全球每一个 GSM 系统的小区（cell），GSM 系统还定义了一个全球小区识别码（GCI）。GCI 是在 LAI 的基础上再加小区识别（CI）构成的。其结构为 MCC+MNC+LAC+CI，其中，MCC、MNC、LAC 同上。CI 为一个 2B 的 BCD 编码，由各 MSC 自定。

GSM 系统还定义了一个基站识别码（BSIC），用于识别各个网络运营商之间的相邻基站。BSIC 为 6 比特编码，其结构为

$$BSIC = NCC（3bit）+ BCC（3bit）$$

其中，NCC（网络色码）用于识别不同国家（国内区别不同的省）及不同运营者，结构为 XY_1Y_2，这里 X 可扩展使用。我国的 Y_1Y_2 分配如表 5-5 所示。

表5-5　我国Y₁Y₂的分配

Y₁Y₂	0	1
0	吉林、甘肃、西藏、广西、福建、北京、湖北、江苏	黑龙江、辽宁、四川、宁夏、山西、山东、海南、江西、天津
1	新疆、广东、安徽、上海、贵州、陕西、河北	内蒙古、青海、云南、河南、浙江、湖南

当网络知道了被叫用户所在的位置区后，便在此位置区内启动一个寻呼过程。图5-33 给出了网络呼叫建立的简单步骤。

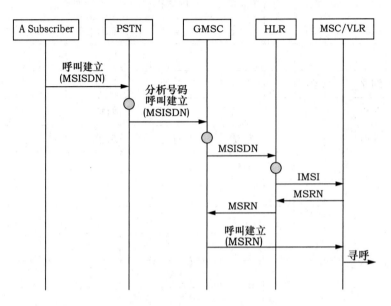

图 5-33　呼叫建立的简单步骤

当寻呼消息经基站通过寻呼信道 PCH 发送出去后，在位置区内某小区 PCH 上空闲的移动用户接到寻呼信息，识别出 IMSI 码，便发出寻呼响应消息给网络。网络接到寻呼响应后，为用户分配一个业务信道，建立始呼和被呼的连接，完成一次呼叫建立。上面介绍了固定网用户呼叫移动用户的呼叫建立过程，下面介绍移动台始呼的过程。

5.3.2.2　移动台的始呼过程

当一个移动用户要建立一个呼叫时，只需拨被呼用户的号码，再按"发送"键，移动用户则开始启动程序。首先，移动用户通过随机接入信道（RACH）向系统发送接入请求消息，MSC/VLR 便分配给它一个专用信道，查看主呼用户的类别并标记此主叫用户示忙。若系统允许该主呼用户接入网络，则 MSC/VLR 发证实接入请求消息，主叫用户发起呼叫。如果被呼叫用户是固定用户，则系统直接将被呼用户号码送入固定网（PSTN），固定网将号码路由至目的地。如果被呼号码是同一网中的另一个移动台，则 MSC 以类似于从固定网发起呼叫的处理方式进行 HLR 的请求过程，转接被呼用户的移动交换机。一旦接通被呼用户的链路准备好，网络便向主呼用户发出呼叫建立证实，并给它分配专用业务信道 TCH。主呼用户等候被呼用户响应证实信号，这时就完成了移动用户主呼。图5-34 为移动台发起呼叫的简单过程。

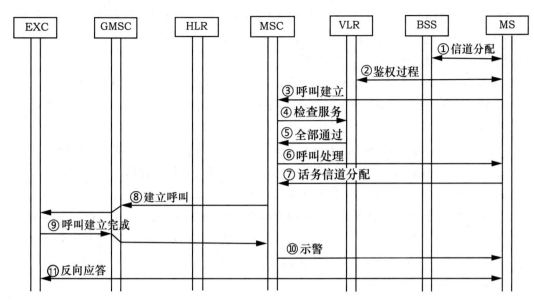

图 5-34　移动台发起呼叫过程

5.3.3　越区切换与漫游

5.3.3.1　越区切换的定义

当移动用户处于通话状态时，如果出现用户从一个小区移动到另一个小区的情况，为了保证通话的连续，系统需要将对该 MS 的连接控制也从一个小区转移到另一个小区。这种将正在处于通话状态的 MS 转移到新的业务信道（新的小区）上的过程称为"切换"（Handover）。因此，从本质上说，切换的目的是实现蜂窝移动通信的"无缝隙"覆盖，即当移动台从一个小区进入另一个小区时，保证通信的连续性。切换操作不仅包括识别新的小区，而且包括分配给移动台在新小区的话音信道和控制信道。

通常有以下两个原因引起一个切换：

① 信号的强度或质量下降到系统规定的一定参数以下，此时移动台被切换到信号强度较强的相邻小区。

② 由于某小区业务信道容量全被占用或几乎全被占用，此时移动台被切换到业务信道容量较空闲的相邻小区。

第一种原因引起的切换一般由移动台发起，第二种原因引起的切换一般由上级实体发起。下面主要讨论第一种原因引起的切换。

5.3.3.2　切换的策略

在 GSM 数字移动系统中，对切换的控制是分散的。移动台与基站均参与测量接收信号的强度（RSSI）和质量（BER）。对不同的基站，RSSI 的测量在移动台处进行，并以每秒两次的速率将测量结果报告给基站。同时，基站对移动台所占用的业务信道 TCH 也要进行测量，并报告给 BSC，最后由 BSC 决定是否需要切换。由于 GSM 系统采用的是时分多址接入（TDMA）的方式，它的切换主要是在不同时隙之间进行的，这样在切换的瞬间切换过程会使通信发生瞬间的中断，即首先断掉移动台与旧的链路的连接，然后接入新的链路。人们称这种切换为"硬切换"。

下面简单介绍一下 GSM 系统的切换指标。通常有 3 个反映信道链路的指标：

WEI（Word Error Indicator）是一个表明在 MS 侧当前的突发脉冲（burst）是否得到正确解调的指标。

RSSI（Received Signal Strength Indicator）是一个反映信道间干扰和噪声的指标。

QI（Quality Indicator）是一个对无线信号质量估计的指标，它是在一个有效窗口内用载干比（C/I）加上信噪比来估计信号质量的指标。

一般在决定是否进行切换时，主要根据两个指标：WEI 和 RSSI。可以依据这两个指标来设计切换的算法。另外，在实施切换时还要正确选择滞后门限，以克服切换时所产生的"乒乓效应"。但同时还要保证不因此滞后门限设置得过大而发生掉话现象。

5.3.3.3　越区切换的种类

通常将切换分为三大类。

（1）同一 BSC 内不同小区间的切换

在 BSC 控制范围内的切换，要求 BSC 建立与新的基站之间的链路，并在新的小区基站分配一个业务信道 TCH，而 MSC 对这种切换不做控制。图 5-35 是这种切换的示意图。

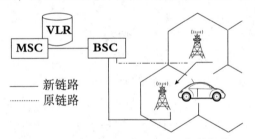

图 5-35　同一 BSC 内不同小区间的切换

（2）同一 MSC/VLR 内不同 BSC 控制的小区间的切换

在这种情况下，网络参与切换过程如图 5-36 所示。当原 BSC 决定切换时，需要向 MSC 请求切换，再建立 MSC 与新的 BSC、新的 BTS 的链路，选择并保留新小区空闲TCH 供 MS 切换后使用，然后命令 MS 切换到新频率的新的 TCH 上。切换成功后 MS 同样需要了解周围小区的信息，若位置区域发生了变化，呼叫完成后必须进行位置更新。

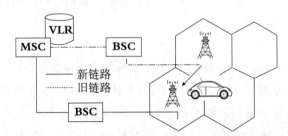

图 5-36　同一 MSC/VLR 内不同 BSC 控制的小区间的切换

（3）不同 MSC/VLR 控制的小区间的切换

这种不同 MSC 间的切换比较复杂，原因在于当 MS 从正在为其服务的原 MSC 的区域移动到另一个 MSC 管辖的区域时（称此时的 MSC 为目标 MSC），目标 MSC 要向原 MSC 提供一个路由信息，以建立两个移动交换机的连接，这个路由信息是由切换号码（Hand Over Number，HON）提供的。HON 的结构如下：

$$HON=CC+NDC+SN$$

其中，CC 为国家码；NDC 为数字蜂窝移动业务接入号；SN 为移动用户号。

不同 MSC/VLR 控制的小区间切换的具体过程见图 5-37。

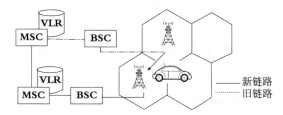

图 5-37 不同 MSC/VLR 交换机之间的切换

5.4 GPRS 系统概述

5.4.1 GPRS 的总体特征

5.4.1.1 GPRS 的概念

GPRS 是通用分组无线业务的简称，是 GSM 在 Phase2+ 阶段提供的分组数据业务，它采用基于分组传输模式的无线 IP 技术，以一种有效的方式来传送高速和低速数据及信令。GSM/GPRS 网是 GSM 网络的升级，也是 GSM 向 3G 演进的重要阶段。

GPRS 的标准化开始于 1994 年，并在 1997 年取得重要进展，发布了 GPRS Phase 1 的业务描述，它的目标是提供高达 171.2kb/s 的分组数据业务。2001 年，英国 BT Cellne 公司成为第一家向公众市场开放 GPRS 业务的移动运营商。

5.4.1.2 GPRS 的特点

GPRS 采用的分组交换模式克服了电路交换的数据传输速率低、资源利用率低的缺点，其主要特点如下。

①资源共享，频率利用率高。GPRS 的信道分配原则是"多个用户共享，按需动态分配"。它的基本思想是将一部分可用的 GSM 信道专门用来传送分组数据，由 MAC 协议管理多址接入，多用户可以协调对带宽的利用。

②数据传输速率高。系统可根据可用资源和用户需求来确定为每个用户分配 TDMA 帧 8 个时隙中的一个或多个，从而达到较高的数据传输速率。

③实行动态链路适配，具有灵活多样的编码方案。GPRS 具有适于不同信道环境的 4

种信道编码方案，可以根据接收信号质量的改变选择最优编码方案，使吞吐量达到最大。

④用户一直处于在线连接状态，接入速度快。GPRS 的 "永远在线" 意味着不会丢失任何重要的 E-mail；永久连接意味着不用建立呼叫，打开一个 PDA 或 WAP（无线应用协议）电话就可以直接使用。

⑤向用户提供 4 种 QoS 类别的服务，并且用户 QoS 的配置是可以协商的。

⑥支持 X.25 协议和 IP 协议。GPRS 标准对 GPRS 与 X.25 网和 IP 网的接口做出了规定，易于数据网之间的互联。

⑦采用数据流量计费。用户可以保持一直在线，只有在读取数据的时候占用资源和进行付费，改变以往按连接时间计费的方式，这将节约用户资费，从而吸引更多用户。

5.4.1.3 GPRS 的业务

GPRS 能够向用户提供丰富的业务类型，从更大程度上满足用户的各种需求。其具体业务类型包括承载业务、用户终端业务、补充业务，此外还支持短消息、匿名接入等其他业务。其中，承载业务包括点对点和点对多点两类业务；用户终端业务有信息点播业务、E-mail 业务、会话业务、远程操作业务、单向广播业务和双向小数据量事务处理业务等；其短消息业务可通过 GPRS 信道传送来进行，从而使效率大大提高。

5.4.1.4 GPRS 的网络结构

GPRS 的分组数据网络重叠在 GSM 网络上，若将现有 GSM 网络改造为能提供 GPRS 业务的网络，需要增加 3 个主要单元，即 SGSN（GPRS 服务支持节点）、GGSN（GPRS 网关支持节点）和 PCU（分组控制单元）。SGSN 的工作是对移动终端进行定位和跟踪，并发送和接收移动终端的分组；GGSN 将 SGSN 发送和接收的 GSM 分组按照其他分组协议（如 IP）发送到其他网络；PCU 负责许多 GPRS 相关功能，比如接入控制、分组安排、分组组合及解组合。GPRS 的网络结构如图 5-38 所示。

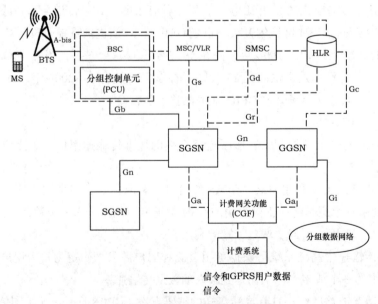

图 5-38 GPRS 的网络结构

　　SGSN 是 GPRS 网的主要成分，它负责分组的路由选择和传输，在其服务区负责将分组递送给移动台，它是为 GPRS 移动台构建的 GPRS 网的服务访问点。当高层的协议数据单元（PDU）要在不同的 GPRS 网络间传递时，源 SGSN 负责将 PDU 进行封装，目的 SGSN 负责解封装和还原 PDU。在 SGSN 之间采用 IP 协议作为骨干传输协议，整个分组的传输过程采用隧道协议。GGSN 也维护相关的路由信息，以便将 PDU 通过隧道传送到正在为移动台服务的 SGSN，SGSN 完成路由和数据传输所需的与 GPRS 用户相关的信息均存储在 HLR 中。

　　SGSN 还有很多功能，例如处理移动管理和进行鉴权操作，并且具有注册功能。SGSN 连接到 BSC，处理从主网使用的 IP 协议到 SGSN 和 MS 之间使用的 SNDCP（依赖子网的汇聚协议）和 LLC（逻辑链路控制）的协议转换，包括处理压缩和编码的功能。

　　GGSN 像互联网和 X.25 一样，用于和外部网络的连接，从外部网络的角度看，GGSN 是到子网的路由器，因为 GGSN 对外部网络"隐藏"了 GPRS 的结构。

　　GPRS 共用 GSM 的基站，增加的 PCU 通常和 BSC 配置在一起，处理 GPRS 分组业务。

　　由于新增了网络单元，GPRS 系统在 GSM 系统的基础上增加了 Ga、Gb、Gc、Gd、Gn、Gr 和 Gs 共 7 类接口。

5.4.2　GPRS 协议模型

　　GPRS 的协议体系如图 5-39 所示，它是一种分层的协议结构形式。

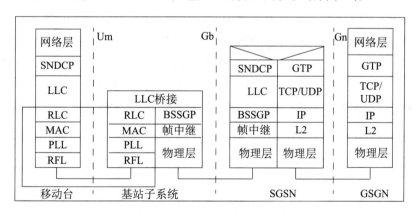

图 5-39　GPRS 的分层协议模型

注：图中将无线接口的物理层分为了物理链路子层（PLL）和物理射频子层（RFL）

　　GPRS 隧道协议（GTP）用来在 GPRS 支持节点（GSN）之间传送数据和信令，它在 GPRS 的骨干网中通过隧道的方式来传输 PDU。所谓隧道，是在 GSN 之间建立的一条路由，使得所有由源 GSN 和目的 GSN 服务的分组都通过该路由进行传输。为了实现这种传输，需要将源分组重新封装成以目的 GSN 为目的地址的分组在 GPRS 骨干网中传输。

　　GTP 的下层是基于 TCP/IP 协议簇的标准 IP 骨干网。

在 SGSN 和 MS 之间，SNDCP 将网络层的协议映射到下面的 LLC 层，提供网络层业务的复接、加密、分段、压缩等功能。

LLC 层在移动台和 SGSN 之间向上层提供可靠、保密的逻辑链路，它独立于下层而存在。LLC 层有两种转发模式，确认模式和非确认模式。LLC 协议的功能是基于 LAPD（链路接入步骤 D）协议的。

RLC/MAC 层通过 GPRS 无线接口物理层提供信息传输服务，它定义了多个用户共享信道的步骤。RLC 负责数据块的传输，采用选择式 ARQ 协议来纠正传输错误；MAC 层基于时隙 ALOHA 协议，控制移动台的接入请求，进行冲突分解，仲裁来自不同移动台的业务请求和进行信道资源分配。

物理链路子层（PLL）负责前向纠错、交织、帧的定界和检测物理层的拥塞等；物理射频子层（RFL）完成调制解调、物理信道结构和传输速率的确定、收发信机的工作频率和特性确定等。

LLC 在 BSS 处分为两段，BSS 的功能称为 LLC 桥接。在 BSS 和 SGSN 之间，BSS GPRS 协议（BSSGP）负责传输路由和与 QoS 相关的信息，BSSGP 工作在帧中继（Frame Relay）的协议之上。

5.4.3 GPRS 系统的接续性管理

5.4.3.1 GPRS 的空中接口模型

在 GPRS 系统中，移动台与网络之间的接口为 Um 接口，即空中接口，它在 GPRS 网络的传输面和 MS-SGSN 信令面为 MS 的网络接入、数据传输、移动性管理等传输与控制提供底层的功能支持。GPRS 空中接口的协议模型如图 5-40 所示，通信协议层自下而上为物理射频层、物理链路层、RLC 层、MAC 层、LLC 层和 SNDCP 层，各层的主要功能在 GPRS 总体协议模型中已介绍。下面主要介绍各层中数据流的形成。

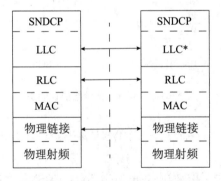

图 5-40 GPRS 空中接口协议模型

注：* 表示在网络侧，LLC 在 BSS 和 SGSN 之间分开

（1）物理层

物理链路层负责提供空中接口的各种逻辑信道，GSM 空中接口的载频带宽为

200kHz，一个载频分为 8 个物理信道，如果 8 个物理信道都分配为传送 GPRS 数据，则原始数据速率可达 200kb/s。考虑前向纠错码开销，则最终数据速率可达 171.2kb/s 左右。

GPRS 采用了新型的信道编码方式，可以支持 CS-1、CS-2、CS-3、CS-4 四种方式，如表 5-6 所示。对应的速率不同，它们对无线环境也有不同的要求。无线环境宽松的情况下，可采用 CS-1、CS-2 编码，但是速率较低；而 CS-3、CS-4 用于无线环境要求较高的情况下，速率较高。理论上，在无干扰的理想环境下，采用无保护码元的 CS-4 编码方式。

表5-6　GPRS信道编码方式列表

编码方式	编码率	单时隙速率 /（kb·s⁻¹）	8 时隙速率 /（kb·s⁻¹）
CS-1	1：2	9.05	72.4
CS-2	2：3	13.4	107.2
CS-3	3：4	15.6	124.8
CS-4	1：1	21.4	171.2

（2）MAC 层

GPRS 的 MAC 协议称为主从动态速率接入（MSDRA）协议，它采用复帧结构，每 1 个复帧由 51 帧或 52 帧组成，这与 GSM 每 1 个复帧由 26 帧组成不同。利用复帧组成的物理信道结构如图 5-41 所示（51 帧结构），图中水平方向为 1 个复帧中不同时隙的编号，垂直方向为每个 TDMA 帧中的时隙编号（图中仅给出了 4 个时隙的情况，其他时隙的情况类似）。在该结构中，4 个时隙传输 1 个基本的无线数据块，用作分组数据信道（PDCH）。每个无线数据块中的 4 个时隙是由相邻帧的时隙组成的，而不是由同一帧中的时隙组成的。例如，一个无线数据块由如下 4 个时隙组成：第 n 帧中的第 k 时隙 + 第 $(n+1)$ 帧中的第 k 时隙 + 第 $(n+2)$ 帧中的第 k 时隙 + 第 $(n+3)$ 帧中的第 k 时隙，$k=0,1,\cdots,7$；$n=4,8,\cdots,48$。

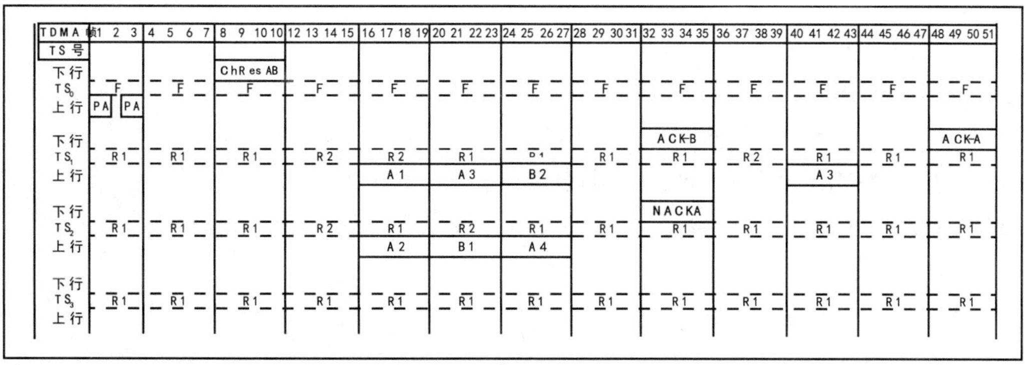

图 5-41　GPRS 的多时隙多帧结构（51 帧结构）

在 GPRS 中，逻辑信道都可以映射到 PDCH 上。除 PTCCH（分组定时提前量控制信道）外，其他信道都占用 4 个突发（时隙）。采用 52 帧的 PDCH 结构如图 5-42 所示。PDCH 的复帧结构包括 52 个 TDMA 帧，划分为 12 个数据块（每个数据块包含 4 帧）、2 个空闲帧和为 PTCCH 保留的 2 帧。

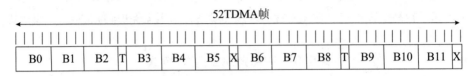

注：X= 空闲帧；T= 用于 PTCCH 的帧；$B_1 \sim B_{11}$= 无线块

图 5-42　PDCH 的复帧结构

（3）无线数据块的结构

无线数据块的结构如图 5-43 所示，分为用户数据块和控制块。在 RLC 数据块中包括 RLC 头和 RLC 数据，MAC 头包括上行状态标志域（USF）、块类型指示域（T）和功率控制域（PC）。

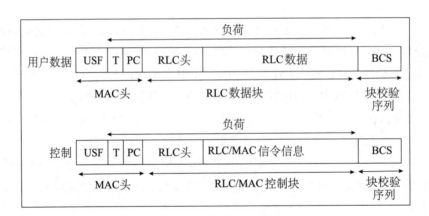

图 5-43　无线数据块的结构

（4）数据流形成

在 GPRS 的空中接口中传输的完整数据流如图 5-44 所示。网络层的协议数据单元（N-PDU）在 SNDCP 层进行分段后传给 LLC；LLC 添加帧头和帧校验序列后形成 LLC 帧；LLC 帧在 RLC/MAC 再进行分段后，封装成 RLC 块；RLC 块经过卷积编码和打孔后形成 456bit 的无线数据块；无线数据块再分解为 4 个突发后，在 4 个时隙中传输。

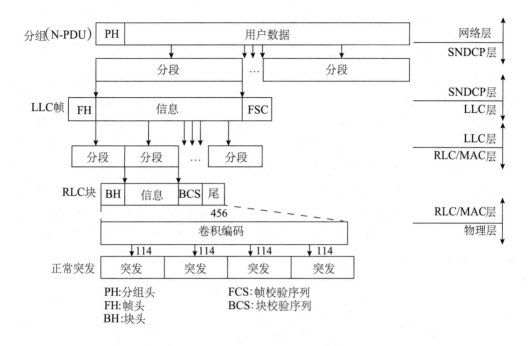

图 5-44　GPRS 的空中接口中的数据流

5.4.3.2　GPRS 空中接口的逻辑信道

与 GSM 相似，GPRS 中定义的分组逻辑信道分为分组业务信道和分组控制信道。将这些逻辑信道功能描述如下。

①分组公共控制信道（PCCCH）。

· 分组随机接入信道（PRACH），用于 MS 在上行链路上发起分组信令或数据的传送。

· 分组寻呼信道（PPCH），用于网络在下行链路分组传送之前寻呼 MS。

· 分组接入允许信道（PAGCH），用于网络在下行链路分组传送之前分配资源。

· 分组通知信道（PNCH），用于将点对多点的多播通知发送给 MS 组。

②分组专用控制信道（PDCCH）。

· 分组随路控制信道（PACCH），这是一个双向信道，在分组传送期间，负责在 MS 和网络间传递信令和其他信息。

· 分组定时提前量控制信道（PTCCH），用于给多个 MS 传送定时提前量控制信息。

③分组广播控制信道（PBCCH），是一个下行单向信道，用于广播与分组数据相关的系统参数，以便于移动台接入 GPRS 网络，进行分组传输。

④分组数据业务信道（PDTCH），用于在上行链路或下行链路上经空中接口传送实际的用户数据。

5.4.4 GPRS 的移动性与会话管理

5.4.4.1 GPRS 的移动性管理

GPRS 移动性管理（GMM）的功能是实现对移动终端的位置管理，将 MS 的当前位置报告给网络。其管理流程主要有附着（attach）、分离（detach）、位置管理等处理流程，每个处理流程中通常会加入登记、鉴权、IMSI 校验、加密等接入控制与安全管理功能。

GPRS 移动台有 3 种移动性管理状态：Idle（空闲）、Standby（待命）、Ready（就绪）。某个时刻的 MS 总是处在其中某一状态下。由图 5-45 可以看出 MS 的 3 种 GMM（移动性管理）状态之间相互转换的关系和条件。同传统的 GSM 业务相比，GPRS 移动台能保持永远在线（alwayson-line）状态，当收到来自上层应用程序的数据时，将立即启动分组传送过程。每个 GMM 状态都牵涉到一系列的功能和信息分配，移动性管理场景是描述 MS 和 SGSN 中存储信息集合的总称。

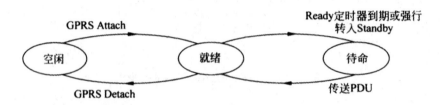

图 5-45 GPRS 移动台的 MM 状态模型

在空闲状态，MS 未附着 GPRS，MS 对网络来说不可达，但 MS 可接收 PTM-M（点对多点多播）信息；在待命状态，MS 和 SGSN 已为用户的 IMSI 建立了 GMM 场景，MS 能接收 PTM-M、PTM-G（点对多点群呼）数据以及 PTP（点对点）寻呼消息，但不能接收 PTP 类型的数据；在就绪状态，MS 可发送接收分组数据单元。

（1）移动性管理过程

① GPRS 附着过程。当 GPRS 用户开机时，GPRS 手机将监听无线信道，接收系统信息，然后在系统信息指出的控制信道上发送接入请求。系统将分配无线信道给 GPRS 手机，之后，GPRS 手机将在系统分配的无线信道上向 SGSN 发送注册连接请求。移动台注册成功后，要想访问外部数据网，还需发起 PDP（分组数据协议）场景激活过程。

② PDP 场景激活过程。当用户想接入 Internet 上的某个网站时（如新浪），在 GPRS 终端上输入接入点名（APN）"www.sina.com"，则可触发 PDP 场景激活过程，该过程如图 5-46 所示。

第一步，移动终端向 SGSN 发送激活 PDP 场景请求消息，消息中带有如下信息：访问点名 =www.sina.com.cn；PDP 地址为空，表示请求动态地址分配；服务质量和其他选项。

第二步，SGSN 请求 DNS 对 APN 进行解析，得到该 APN 对应的 GGSN 的 IP 地址。

第三步，SGSN 向 GGSN 发送建立 PDP 场景的请求消息，消息中带有如下信息：访问点名 =www.sina.com.cn；PDP 地址为空，表示请求动态地址分配；服务质量和其他选项。

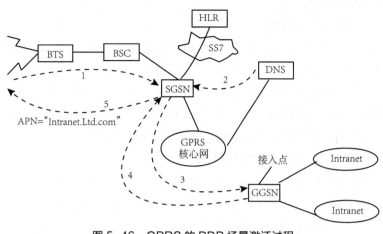

图 5-46　GPRS 的 PDP 场景激活过程

第四步，GGSN 对该用户进行认证，认证通过以后使用 RADIUSC（远程用户拨号认证服务器）服务器、DHCP（动态主机配置协议）服务器，或直接由 GGSN 为该用户分配动态 IP 地址。GGSN 向 SGSN 返回建立 PDP 场景响应消息。

第五步，SGSN 向移动终端发送激活 PDP 场景接受消息。

到此，移动终端和外部数据网之间的数据通路就建立起来了，移动终端可以和该数据网开始通信。

③ GPRS 分离过程。分离过程允许移动台通知网络，它需要 GPRS 和 / 或 IMSI 分离；同时也允许网络通知移动台，网络已经分离 GPRS 或 IMSI。这就是说，分离过程可以由移动台发起，也可以由网络发起。共有 3 种类型的分离：IMSI 分离、GPRS 分离、GPRS/IMSI 联合分离（只能由移动台发起）。

当移动台超时以后，或者不可恢复的无线错误引起逻辑链路被拆除时，此时发生隐式分离，网络分离移动台而不用通知移动台。

（2）SGSN 和 MSC/VLR 间的交互

如果网络安装了可选的 Gs 接口，那么在 SGSN 和 MSC/VLR 之间就可以建立关联，以便在 SGSN 和 MSC/VLR 之间提供交互作用。当 VLR 存储 SGSN 号码，SGSN 存储 VLR 号码时，它们之间的关联就建立起来了。该关联用于协调既连接 GPRS 又连接 IMSI 的 MS。

这种关联支持以下活动：

① 通过 SGSN 的 IMSI 连接和分离，允许组合 GPRS/IMSI 连接以及组合 GPRS/IMSI 分离，这样节省无线资源；

② 统一协调位置区和路由区（RA）更新，包括周期更新，节省无线资源，从移动台至 SGSN，发送一次组合路由区 / 位置区更新，SGSN 将位置区更新往前送给 VLR；

③ 通过 SGSN 寻呼，建立 CS 连接；

④ 非 GPRS 业务告警过程；

⑤ 识别过程；

⑥ 移动性管理信息过程。

5.4.4.2　GPRS 的会话管理

GPRS 的会话管理（SM），即是对 PDP 移动场景激活、解除和修改的过程，这些过程仅仅是对 NSS 和移动台而言的，与 BSS 无直接关系。处于待命或就绪状态的移动台，能够在任意时刻启动 PDP 移动场景的激活过程，网络也可以请求与移动台之间激活一个 PDP 移动场景；移动台和网络都可以发起 PDP 移动场景的解除过程；而只有网络可以发起修改过程。移动台在会话管理过程中会经历以下 4 种状态：

①非活动 PDP：不存在 PDP 移动场景。

②等待活动的 PDP：移动台请求激活 PDP 移动场景时，进入此状态。

③等待非活动的 PDP：移动台请求解除移动场景时，进入此状态。

④活动 PDP：PDP 移动场景是活动的。

移动台侧会话管理过程及其状态转换如图 5-47 所示。

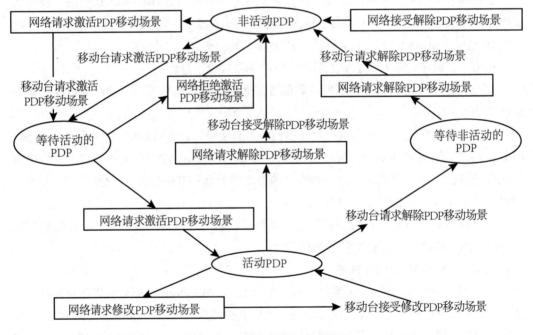

图 5-47　移动台侧会话管理状态

网络侧在会话管理过程中会经历 5 种状态：

①非活动 PDP：PDP 移动场景处于非活动状态。

②等待活动的 PDP：网络请求激活 PDP 移动场景时，进入此状态。

③等待非活动的 PDP：网络请求解除 PDP 移动场景时，进入此状态。

④活动 PDP：PDP 移动场景处于活动状态。

⑤等待修改 PDP：网络请求修改 PDP 移动场景时，进入此状态。

网络侧会话管理过程及其状态转换如图 5-48 所示。

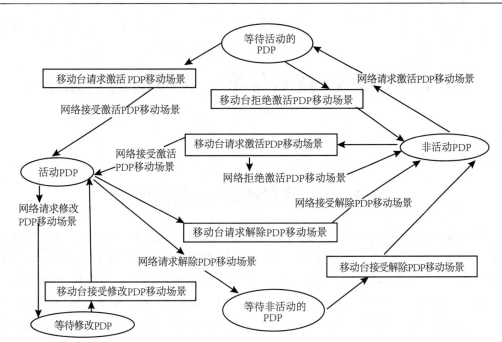

图 5-48 网络侧会话管理状态

思考题与习题

5.1 移动台国际身份号码和国际移动用户识别码之间有什么区别？它们各自有什么用途？试画出它们的格式结构。

5.2 GSM 系统中，常规突发序列中的训练序列的作用是什么？为什么要将其放在突发序列的中间？如果放在两端，会出现什么效果？

5.3 GSM 系统的逻辑信道有哪些？说明其逻辑信道映射到物理信道的一般规律。

5.4 GSM 系统采用了哪些抗衰落技术？简要说明这些技术的原理。

5.5 GSM 系统在通信安全性方面采取了哪些措施？

5.6 说明 CDMA 蜂窝系统比 TDMA 蜂窝系统获得更大容量的原因。

5.7 为什么说 CDMA 系统具有软切换和软容量的特点？它们各自有什么好处？

5.8 GPRS 网络和 GSM 网络相比，主要增加了哪些网络设备？新增的网络设备完成哪些功能？

5.9 GPRS 的附着过程和分离过程可以由谁发起？是否需要移动台和网络双方接受？如果移动台脱离 GPRS 网络服务区，会发生什么类型的分离？

5.10 GPRS 的位置区和路由区的区别是什么？如果两者同时更新，SGSN 和 MSC/VLR 之间如何互动？

5.11 EDGE 的关键技术有哪些？这些技术如何提高系统性能？

5.12 在 GSM/GPRS 网络中引入 EDGE 技术时要注意哪些问题？

5.13 CDMA2000lx 和 IS-95 的信道结构有何异同？

第6章　CDMA技术与第三代移动通信系统

6.1　第三代移动通信系统概述

为了统一移动通信系统的标准和制式，以实现真正意义上的全球覆盖和全球漫游，并提供更宽带宽、更为灵活的业务，国际电信联盟（International Telecommunication Union，ITU）提出了IMT-2000的概念，意指工作在2000MHz频段并在2000年左右投入商用的国际移动通信系统（International Mobile Telecom System），它既包括地面通信系统，也包括卫星通信系统。基于IMT-2000的宽带移动通信系统称为第三代移动通信系统，简称3G，它将支持速率高达2Mb/s的业务，而且业务种类将涉及话音、数据、图像及多媒体等。

国际电信联盟最初的设想是，IMT-2000不但要满足多速率、多环境、多业务的要求，而且能通过一个统一的系统来实现。IMT-2000的目标主要有以下几个方面：

① 全球漫游。用户不再局限于一个地区和一个网络，而能在整个系统和全球漫游。这意味着真正实现随时随地的个人通信。在设计上要具有高度的通用性，拥有足够的系统容量和强大的多种用户管理能力，能提供全球漫游。它是一个覆盖全球的、具有高度智能和个人服务特色的移动通信系统。

② 适应多种环境。采用多层小区结构，即微微蜂窝、微蜂窝、宏蜂窝，将地面移动通信系统和卫星移动通信系统结合在一起，与不同网络互通，提供无缝漫游和一致性的业务。

③ 能提供高质量的多媒体业务，包括高质量的话音、可变速率的数据、高分辨率的图像等多种业务，实现多种信息一体化。

④ 足够的系统容量和强大的用户管理能力。

为了达到以上目标，IMT-2000对无线传输技术（RTT）提出了以下几项基本要求：

① 全球性标准。全球范围内使用公共频带，能够提供全球性使用的小型终端，以提供全球漫游能力。

② 在多种环境下支持高速分组数据传输速率。

③ 便于系统的升级、演进，易于向下一代系统灵活发展。由于第三代移动通信引入时，第二代网络已具有相当规模，所以第三代网络一定要能在第二代网络的基础上逐渐灵活演进而成，并应与固定网兼容。

④ 传输速率能够按需分配。

⑤ 上下行链路能适应不对称业务的需求。

⑥ 具有简单的小区结构和易于管理的信道结构。

⑦ 无线资源的管理、系统配置和服务设施要灵活方便。

⑧ 业务与其他固定网络业务兼容。

⑨ 频率利用率局。

⑩ 高保密性。

第三代移动通信系统有着更好的抗干扰能力。这是由于其宽带特性，可分辨更多多径信号，因此信号较窄带系统更稳定，起伏衰落小，使系统对信号功率的动态范围和最大功率要求降低。

第三代移动通信系统提供多速率的业务，这意味着在高灵活性和高频谱效率的情况下可提供不同服务质量的连接。3G 系统支持频间无缝切换，从而支持层次小区结构。同时，3G 系统保持对新技术的开放性，使系统得到许多改进。

也就是说，第二代移动通信系统以全球通用、系统综合为基本出发点，试图建立一个全球的移动综合业务数字网，提供与固定电信网业务兼容、质量相当的话音和数据业务，从而实现"任何人，在任何地点、任何时间与任何其他人"进行通信的梦想。

1992 年世界无线电行政大会（World Administrative Radio Conference，WARC）根据 ITU-R 对于 IMT-2000 的业务量和所需频谱的估计，划分出了 230MHz 带宽给 IMT-2000，1885 ~ 2025MHz（上行链路）以及 2110 ~ 2200MHz（下行链路）频带为全球基础上可用于 IMT-2000 的业务。1980 ~ 2010MHz 和 2170 ~ 2200MHz 为卫星移动业务频段（共 60MHz），其余 170MHz 为陆地移动业务频段，其中对称频段是 2×60MHz，不对称频段是 50MHz。上下行频带不对称主要是考虑到可以使用双频 FDD 方式和单频 TDD 方式。IMT-2000 的频段划分如图 6-1 所示。

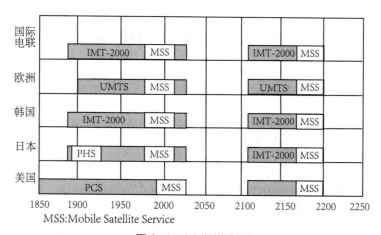

图 6-1　3G 频谱分配

除了上述频谱划分外，ITU 在 2000 年的 WRC2000 大会上，在 WRC-92 基础上又批准了新的附加频段：806 ~ 960MHz，1710 ~ 1885MHz，2500 ~ 2690MHz。

2002 年 10 月，信息产业部颁布了关于我国第三代移动通信的频率规划，如表 6-1 所示。

表6-1 我国第三代移动通信系统的频率规划

频率范围 /MHz	工作模式	业务类型	备注
1920 ~ 1980/2110 ~ 2170	FDD（频分双工）	陆地移动业务	主要工作频段
1755 ~ 1785/1850 ~ 1880	FDD	陆地移动业务	补充工作频段
1880 ~ 1920/2010 ~ 2025	TDD（时分双工）	陆地移动业务	主要工作频段
2300 ~ 2400	TDD	陆地移动业务	补充工作频段，无线电定位业务公用
825 ~ 835/870 ~ 880 885 ~ 915/930 ~ 960 1710 ~ 1755/1805 ~ 1850	FDD	陆地移动业务	之前规划给中国移动和中国联通的频段，上下行频率不变
1980 ~ 2010/2170 ~ 2200	卫星移动业务		

2000 年 5 月，国际电信联盟无线标准部（1TU-R）最终通过 IMT-2000 无线接口规范（M.1457），包括：美国电信工业协会（T1A）提交的 CDMA2000，欧洲电信标准化协会（ETSI）提交的 WCDMA，中国信息产业部电信科学技术研究院（CATT）提交的 TD-SCDMA。

M.1457 的通过标志着第三代移动通信系统标准的基本定型。这 3 个规范也就成了 IMT-2000 中的 3 种主流技术标准，都采用 CDMA 方式。

6.2 CDMA2000 1X 标准介绍

6.2.1 CDMA2000 1X 标准特色

在蜂窝移动通信的各种标准体制中，CDMA 技术占有非常重要的地位。基于 CDMA 的 IS-95 标准是第二代移动通信系统中的两大技术标准体制之一，而在第三代移动通信系统的主流标准中，则全部基于 CDMA 技术。

CDMA 蜂窝系统最早由美国的 Qualcomm（高通）公司成功开发，并且很快由美国电信工业协会于 1993 年形成标准，即为 IS-95 标准，这也是最早的 CDMA 系统的空中接口标准。它采用 1.25MHz 的系统带宽，提供话音业务和简单的数据业务。随着技术的不断发展，在随后几年中，该标准经过不断的修改，又逐渐形成了 IS-95A、IS-95B 等一系列标准。

CDMA2000 是在 IS-95 基础上进一步发展的，它对 IS-95 系统具有后向兼容性，即

CDMA2000 系统能够支持 IS-95 的移动台，同时 CDMA2000 的移动台也能够在 IS-95 系统中工作。当然，这种情况下，用户无法使用 CDMA2000 系统提供的新的分组数据业务。CDMA2000 系统与 IS-95 系统具有无缝的互操作性和切换能力，可以从 IS-95 系统平滑演进升级。

CDMA2000 的空中接口保持了许多 IS-95 空中接口设计的特征。当然，为了支持高速数据业务，它又采用了很多新技术和性能更优异的信号处理方式。

CDMA2000 系统中，仅支持信道带宽为 1.25MHz 和 3.75MHz 这两种情况，分别称为 CDMA2000 1X 和 CDMA2000 3X，其中 CDMA2000 1X 是研究和开发的重点。本章主要介绍 CDMA2000 1X 系统。

为了支持高速数据业务，CDMA2000 1X 物理层引入了许多新的技术，主要特点如下：

① 支持新的无线配置。CDMA2000 1X 下行链路中支持新的无线配置 RC3 ~ RC5，上行链路中支持新的无线配置 RC3 和 RC4。RC1 和 RC2 用于兼容 IS-95 系统。

② 下行链路引入辅助导频。在下行链路上，CDMA2000 1X 允许采用辅助导频来支持波束赋形应用，以增加系统容量。

③ 采用变长的 Walsh 码。在 IS-95A 和 IS-95B 系统中，采用的 Walsh 码的周期长度为 64 个码片，其长度是固定的；而 CDMA2000 1X 中，不同的数据速率要求业务信道采用周期长度不同的 Walsh 码，因此所采用的 Walsh 码的长度是可变的，其周期长度为 4 ~ 128 个码片。这样数据速率高的用户占用较短的 Walsh 码，也就是较多的码信道资源；而数据速率低的用户占用较长的 Walsh 码，即较少的码信道资源。这使得无线资源的利用可以比 IS-95 系统更为灵活，尽管它要求有较为复杂的控制机制，但带来的最大好处就是无线资源的利用效率比较高。

④ 引入准正交函数。当 Walsh 码的使用受到限制时（数量不够时），可以通过掩码函数生成准正交码，用于下行链路的正交扩频。

⑤ 支持 Turbo 编码。CDMA2000 1X 中所有卷积码的约束长度都为 9。高速数据业务信道还可以采用 Turbo 编码，以利用其优异的纠错性能，而卷积码一般用在公用信道和较低速率的信道中。相比较而言，采用 Turbo 码能够使解码时所需的容量降低约 1 ~ 2 个 dB，其纠错能力更强，解码质量更好，但是译码时延大。因此一般用于对时延要求比较宽松的数据业务。

⑥ 下行链路的发射分集。CDMA2000 1X 的下行链路还可以采用传输发射分集，包括正交发射分集 OTD 和空时扩展 STS，以降低下行信道的发射功率，提高信道的抗衰落能力，改善下行信道的信号质量，增加系统容量。对于 OTD 方式，可以通过分离数据流、采用正交序列扩展两个数据流来完成。对于 STS 方式，则是通过对数据流进行空时编码，采用两个不同的 Walsh 码进行扩展，并发送到两个天线来实现的。

⑦ 下行链路采用快速功率控制。由于上行引入了功率控制子信道，它复用在上行导频信道上，从而可以实现下行链路快速闭环功率控制，功控频率为 800Hz。这样就大大降低了下行链路的干扰，提高了下行信道的容量。

⑧ 增加了上行导频信道（R-PICH）。为了提高上行链路的性能，CDMA2000 1X 中在上行链路增加了导频信道 R-PICH，它是未经调制的扩频信号，使得上行信道可以进行相干解调。它比 IS-95 系统上行链路所采用的非相干解调技术提高约 3dB 增益。上行导频信道上还复用了上行功率控制子信道，用于支持下行链路的开环和闭环功率控制。

⑨ 上行链路连续的波形。CDMA2000 1X 上行链路采用连续的波形，进行连续传输。这样可以降低对其他设备的电磁干扰，也有利于保证上行信道闭环功率控制的性能。

⑩ 引入下行快速寻呼信道（F-QPCH）。在 CDMA2000 1X 中引入了快速寻呼信道，使得移动台不必长时间连续监听下行寻呼信道，可减少移动台激活时间。采用快速寻呼信道极大地减小了移动台的电源消耗，提高了移动台的待机时间，提高了寻呼的成功率。

⑪ 增加了上行增强接入信道（R-EACH）。CDMA2000 1X 兼容 IS-95 的接入方式，同时引入了新的接入方式，增加了增强接入信道 R-EACH，用于提高系统的接入性能，支持高速数据业务的接入。

⑫ 采用新的扩频调制方式。CDMA2000 1X 下行链路采用 QPSK 调制。扩频方式为复扩频，可以有效降低峰均比，提高功率放大器的效率。CDMA2000 1X 上行链路采用混合相移键控（HPSK）。通过限制信号的相位跳变，可以有效降低信号功率的峰均比，并限制信号频谱的旁瓣。这就降低了对功率放大器动态范围的需求，提高了功率放大器的效率。

⑬ 支持可变的帧长。CDMA2000 支持长度为 5，20，40，80ms 的帧，用于信令、用户信息及控制信息。较短的帧长可以减少端到端的时延；而对较长的帧而言，帧头的开销所占的比重小，信道编码的时间分集作用更明显，解调时所需的 E_b/N_t 也将减小。

6.2.2　CDMA 软切换

前面已经说明了软切换的基本原理，这里主要说明软切换的过程。由于 CDMA2000 和 WCDMA 系统所采用的软切换技术都是以 IS-95 系统为基础的，所以这里以 IS-95 为例来进行说明。

CDMA 的切换是移动台辅助切换，它以移动台向基站报告的导频强度测量消息作为切换的依据，基站分析导频强度测量消息并按一定的算法决定是否进行切换。

通常切换的过程可以分为以下 3 个阶段：

① 链路监视和测量。监测的参数通常是接收到的信号强度，也可以是信噪比、误比特率等参数。在监测阶段，由移动台完成对前向链路的测量，包括信号质量、本小区和相邻小区的信号强度；而反向链路的信号质量则由基站测量，测量结果发送给相邻的网络单元、移动台、BSC 及 MSC。

② 目标小区的确定和切换触发。这一阶段也称为切换决策，是指将测量结果与预先定义的门限值进行比较，确定切换的目标小区，决定是否启动切换过程。

切换策略必须指定合适的门限值，以保证切换的顺利完成，并减少不必要的越区切换，降低切换时延。

在决定是否启动切换时，很重要的一点是要保证检测到的信号强度下降不是因为瞬时的衰减，而是由于移动台正在离开当前服务的基站。为了保证这一点，通常的做法是在准备切换之前，先对信号监视一段时间。

③ 切换执行。在执行阶段，移动台增加一条新的无线链路或者释放一条旧的无线链路，完成切换过程。

6.2.2.1　导频集合

在 CDMA 系统中，当基站的导频信道使用同一个频率时，则它们只能由 PN 序列的不同相位来区分，相位偏移是 64 个码片的整数倍。移动台将系统中的导频分为 4 个导频集合，在每个导频集合中，所有的导频都有相同的频率，但是其 PN 码的相位不同。这 4 个导频集合是：

① 激活集。它包括与分配给移动台的前向业务信道相对应的导频，激活集中的基站与移动台之间已经建立了通信链路。激活集也称为有效集。

② 候选集。候选集中包含的导频目前不在激活集中。但是，这些导频已经有足够的强度，表明与该导频相对应的前向业务信道可以被成功解调。

③ 相邻集。当前不在激活集和候选集中，但是有可能进入候选集的导频集合。

④ 剩余集。除了包含在激活集、候选集和相邻集中的所有导频之外，在当前系统中、当前的频率配置下，所有可能的导频组成的集合。

6.2.2.2　导频的搜索与测量

切换的前提是能够识别新的基站，并了解各基站发射信号到达移动台处的强度。因此，移动台需要对各个基站的导频信道不断地进行搜索和测量，并将结果报告给基站，另外，还要及时发现基站信号强度的变化。

由于移动台和基站之间的传播时延未知，移动台接收到的信号的 PN 码相位会有未知的偏差。同时，由于存在多径传播，信号的多径部分比直接到达部分要晚几个码片。为了克服这些因素的影响，基站对以上各种导频集合分别规定了相应的搜索窗口（PN 码相位偏移范围）、移动台在搜索窗口范围内搜索导频所有的可用多径分量（可用多径分量是指信号具有足够强的分量，可以被追踪，并且解调时不会引起太高的误帧率）。搜索窗口的尺寸应该足够大，使得移动台能够捕获基站所有的可用多径分量；同时又应该尽可能地小，以提高搜索速度，使搜索器的性能最佳。

搜索窗口有以下 3 种，用以跟踪导频信号：

① SRCH_WIN_A。该窗口用于跟踪激活集和候选集中的导频。对于激活集和候选集，移动台的搜索过程是一样的。移动台将这两个导频集中每个导频的搜索窗口的中心设在接收到的第一个多径分量的附近。其具体的尺寸应该根据预测的传播环境来设置。

② SRCH_WIN_N。该窗口是用来监测相邻集导频的搜索窗口。移动台将该窗口的中心设在导频 PN 序列的相位偏移处。其尺寸通常要比 SRCH_WIN_A 大。该窗口的大小要根据服务基站与相邻基站之间的距离来设置。

③ SRCH_WIN_R。该窗口是用于跟踪剩余集导频的搜索窗口。移动台将该窗口的中心设在导频 PN 序列的相位偏移处。此外，在剩余集中，移动台仅仅搜索那些 PN 序列偏

置为 PILOTJNC 整数倍的导频。其尺寸至少应该与 SRCH_WIN_N 一样大。

以上这 3 个参数都在寻呼信道的系统参数消息中发送。这几个窗口大小的设置是网络优化的重要内容。

移动台在给定的搜索窗口内，合并计算导频所有可用多径分量的 E_c / I_o，并以此值作为该导频的信号强度。E_c 指一个码片（chip）的能量，I_o 指接收信号总的功率谱密度（包括有用信号、噪声及干扰）。对于每一个导频信号，移动台测量它的到达时间 T 并把结果报告给基站。导频的到达时间是指该导频最早可用多径分量到达移动台天线连接器的时间，其单位为 chip，并与移动台的时间参考有关。

对于不同的导频集，其所需要的测量频率是不同的。激活集中的基站与移动台正在通信之中，因此所需的测量最为频繁，而剩余集最不频繁。图 6-2 示出了导频搜索的顺序。

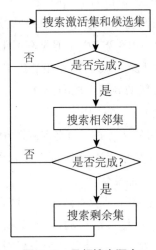

图 6-2　导频搜索顺序

6.2.2.3　切换参数与消息

（1）软切换的控制参数

软切换过程中主要用到以下控制参数。

① T_ADD：导频检测门限。该参数是向候选集和激活集中加入导频的门限。T_ADD 的值不能设置得太低，否则会使软切换的比例过高，从而造成资源的浪费；T_ADD 的值也不能设置得太高，以避免建立切换之前话音质量太差。

② T_DROP：导频去掉门限。该参数是从候选集和激活集中删除导频的门限。设置 T_DROP 时要考虑既要及时去掉不可用的导频，又不能很快地删除有用的导频。此外，还需要注意的是，如果 T_ADD 和 T_DROP 值相差太近，而且 T_TDROP 的值太小会造成信令的频繁发送。

③ T_COMP: 候选集导频与激活集导频的比较门限。当候选集导频与激活集导频相比超过该门限时，会触发导频强度测量消息。设置 T_COMP 时要注意，如果该值设置得太

小，激活集和候选集导频一系列的强度变化会引发移动台不断地发送导频强度测量消息；如果该值设置得太大，切换时会引入很大的时延。

④ T_TDROP: 切换去掉计时器。移动台的激活集和候选导频集中的每一个导频都有一个对应的切换去掉计时器。当该导频的强度降至 T_DROP 以下时，对应的计时器启动；如果导频强度回至 T_DROP 以上，则计时器复位。T_TDROP 的下限值是建立软切换所需要的时间，以防止由信号的抖动所产生的频繁切换（乒乓效应）。

在实际系统中，T_ADD、T_DROP、T_COMP 这 3 个参数的取值均为正整数，其单位分别是 −0.5dB、−0.5dB 和 0.5dB。举例来说，如果 T_ADD=24，则表示导频检测门限为 −12dB。在本节中 T_ADD 和 T_DROP 代表的是实际的门限值。

（2）切换消息

在软切换过程中，移动台和网络之间会有频繁的信令交互。这主要涉及以下切换消息：

① 导频强度测量消息（Pilot Strength Measurement Message，PSMM）。移动台通过导频强度测量消息向正在服务的基站报告它现在所检测到的导频。当移动台发现某一个导频足够强，但却并未解调与该导频相对应的前向业务信道，或者当移动台正在解调的某一个前向业务信道所对应的导频信号强度已经低于某一个门限的时候，移动台将向基站发送导频强度测量消息。该消息中包含以下信息：导频信号的到达时间、切换去掉计时器信息等。

② 切换指示消息（Handoff Direction Message，HDM）。当基站收到移动台的导频强度测量消息后，基站为移动台分配一个与该导频信道对应的前向业务信道，并且向移动台发送切换指示消息，指示移动台进行切换，让移动台解调指定的一组前向业务信道。对于软切换来说，在切换指示消息中列出多个前向业务信道，有一些是正在被移动台所解调的。对于硬切换，切换指示消息中所列出的一个或多个前向业务信道，没有一个是正在被移动台所解调的。

该消息中包含以下信息：激活集信息（旧的导频和新导频的 PN 偏置）、与激活集中每一个导频对应的 WALSH 码信息、发送导频强度测量消息的参数（T_ADD、T_DROP、T_TDROP、T_COMP），以及有关 CDMA 到 CDMA 硬切换的参数等。IS−95B 中，增加了扩展切换指示消息（EHDM），其功能与 HDM 基本相同。

③ 切换完成消息（Handoff Completion Message，HCM）。在执行完切换指示消息之后，移动台在新的反向业务信道上发送切换完成消息给基站。这个消息实际上是确认消息，告诉基站移动台已经成功地获得了新的前向业务信道。该消息中包含激活集中每个导频的 PN 偏置信息。

6.2.2.4　IS−95 系统中的软切换流程

在进行软切换时，移动台首先搜索所有导频并测量它们的强度。当某个导频的强度超过导频检测门限 T_DROP 时，移动台认为此导频的强度已经足够大，能够对其进行正确解调。此时如果移动台与该导频对应的基站之间没有业务信道连接，它就向原基站发送一条导频强度测量消息，报告这种情况；原基站再将移动台的报告送往移动交换中心（MSC），MSC则让新的基站安排一个前向业务信道给移动台，并且原基站向移动台发送切换指示消息，指示移动台开始切换。

收到来自基站的软切换指示消息后，移动台将新基站的导频转入激活集，开始对新基站和原基站的前向业务信道同时进行解调。之后，移动台会向基站发送一条切换完成消息，通知基站自己已经根据命令开始对两个基站同时解调了。

接下来，随着移动台的移动，当该导频的强度低于导频去掉门限 T_DROP 时，移动台启动切换去掉计时器 T_TDROP。当计时器期满时（在此期间，该导频的强度应该始终低于 T_DROP），移动台发送导频强度测量信息。两个基站接收到导频强度测量信息后，将此信息送至 MSC，MSC 再返回相应的切换指示消息。然后基站将切换指示消息发送给移动台，移动台将切换去掉计时器到期相对应的导频从激活集中去掉，转移至相邻集。此时移动台只与目前激活集中导频所代表的基站保持通信，同时会发一条切换完成消息给基站，表示切换已经完成。如果在切换去掉计时器尚未期满时，该导频的强度又超过了 T_DROP，则移动台要对计时器进行复位操作并关掉计时器。整个软切换的过程如图6-3 所示。

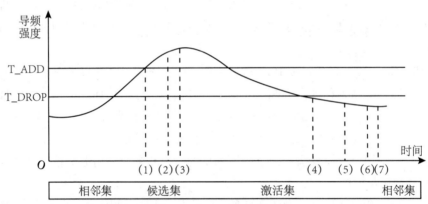

图 6-3 IS-95 软切换过程

图 6-3 中各个时刻所对应的消息交互如下：

相邻集中某个导频强度超过 T_ADD，移动台向基站发送导频强度测量消息 PSMM，并将该导频转入候选集。

基站向移动台发送切换指示消息 HDM，指示移动台将该导频加入激活集。

移动台接收到 HDM，将该导频加入激活集，建立新的业务信道，并向基站发送切换完成消息 HCM。

导频强度低于 TJDROP 时，移动台启动相对应的切换去掉计时器 T_TDROP。

切换去掉计时器到时，移动台向基站发送导频强度测量消息。

基站向移动台发送切换指示消息 HDM。

移动台将该导频从激活集移至相邻集，并且向基站发送切换完成消息 HCM。

除了上面所提及的控制参数 T_ADD、T_DROP 及 T_TDROP 之外，在切换过程中，还要用到比较门限参数 T_COMP，用以控制导频强度测量消息的发送。只有当候选集中某个导频的强度超过激活集中导频 T_COMP×0.5dB 时，移动台才会向基站发送导频强度测量消息。这样可以防止当激活集和候选集中导频强度的顺序发生小的变化时，移动台频繁发送导频强度测量消息。该参数触发导频强度测量消息的过程如图 6-4 所示。

图 6-4 中，导频 1 和导频 2 为激活集中的导频，导频 3 为候选集中的导频，导频 1、导频 2、导频 3 的强度分别用 P_1、P_2、P_3（单位为 dB）来表示。各个时刻发送的消息如下：

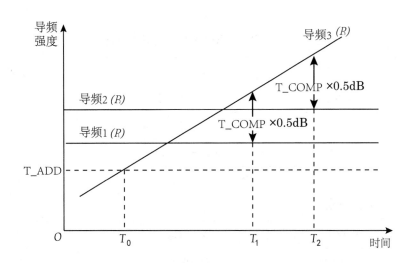

图 6-4　T_COMP 触发的导频强度测量消息（IS-95）

T_0：P_3>T_ADD，移动台发送 PSMM。

T_1：P_3>P_1+T_COMP×0.5（dB），移动台发送 PSMM。

T_2：P_3>P_2+T_COMP×0.5（dB），移动台发送 PSMM。

6.2.3　CDMA2000　1X 下行链路

6.2.3.1　CDMA2000 1X 下行链路信道组成

CDMA2000 1X 下行链路（FL）所包括的物理信道如图 6-5 所示。CDMA2000 1X 下行链路使用的无线配置为 RC1 ~ RC5。下行链路物理信道由适当的 Walsh 函数或准正交函数（Quasi-Orthogonal Function，QOF）进行扩频。Walsh 函数用于 RC1 或 RC2，Walsh 函数或 QOF 用于 RC3 ~ RC5。

各个物理信道的名称如表 6-2 所示，该表还给出了下行链路上基站能够发送的每种信道的最大数量。

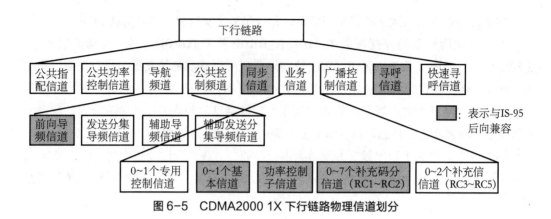

图6-5　CDMA2000 1X 下行链路物理信道划分

表6-2　CDMA2000 1X下行链路物理信道

	信道名称	物理信道类型	最大数目
下行链路公共物理信道（F-CPHCH）	F-PICH	下行导频信道	1
	F-TDPICH	发送分集导频信道	1
	F-APICH	辅助导频信道	未指定
	F-ATDPICH	辅助发送分集分频信道	未指定
	F-SYNC	同步信道	1
	F-PCH	寻呼信道	7
	F-CCCH	下行公共控制信道	7
	F-BCCH	广播控制信道	8
	F-QPCH	快速寻呼信道	3
	F-CPCCH	公共功率控制信道	15
	F-CACH	公共指配信道	7
下行链路专用物理信道（F-DPHCH）	F-APICH	下行专用辅助导频信道	未指定
	F-DCCH	下行专用控制信道	1/每个下行业务信道
	F-FCH	下行基本信道	1/每个下行业务信道
	F-SCCH	下行补充码分信道（仅RC1和RC2）	7/每个下行业务信道
	F-SCH	下行补充信道（仅RC3-5）	2/每个下行业务信道

下行链路的物理信道可以划分为两大类：下行链路公共物理信道和下行链路专用物理信道。

（1）下行链路公共物理信道

下行链路公共物理信道包括导频信道、同步信道、寻呼信道、广播控制信道、快速寻呼信道、公共功率控制信道、公共指配信道和公共控制信道。其中，前 3 种与 IS-95 系统相兼容，后面的信道则是 CDMA2000 新定义的信道。

下行链路中的导频信道有多种，包括：F-PICH、F-TDPICH、F-APICH 和 F-ATDPICH。它们都是未经调制的扩频信号。BS 发射它们的目的是使在其覆盖范围内的 MS 能够获得基本的同步信息，也就是各 BS 的 PN 短码相位的信息，MS 可据此进行信道估计和相干解调。如果 BS 在 FL 上使用了发送分集方式，则它必须发送相应的 F-TDPICH。如果 BS 在 FL 上应用了智能天线或波束赋形，则可以在一个 CDMA 信道上产生一个或多个（专用）辅助导频（F-APICH），用来提高容量或满足覆盖上的特殊要求（如定向发射）。当使用了 F-AWCH 的 CDMA 信道采用了分集发送方式时，BS 应发送相应的 F-ATDPICH。

同步信道 F-SYNCH 用于传送同步信息，在基站覆盖的范围内，各移动台可利用这种信息进行同步捕获。在基站的覆盖区中开机状态的移动台利用它来获得初始的时间同步。由于 F-SYNCH 上使用的导频 PN 序列偏置与同一下行信道的 F-PICH 上使用的相同，一旦移动台通过捕获 F-PICH 获得同步时，F-SYNCH 也就同步上了，这时就可以对 F-SYNCH 进行解调了。

当 MS 解调 F-SYNCH 之后，便可以根据需要解调寻呼信道（F-PCH）了，MS 可以通过它获得系统参数、接入参数、邻区列表等系统配置参数，这些属于公共开销信息。当业务信道尚未建立时，MS 还可以通过 F-PCH 收到诸如寻呼消息等针对特定 MS 的专用消息。F-PCH 是和 IS-95 兼容的信道，在 CDMA2000 中，它的功能可以被 F-BCCH、F-QPCH 和 F-CCCH 取代并得到增强。一般来说，F-BCCH 发送公共系统开销消息；F-QPCH 和 F-CCCH 联合起来发送针对 MS 的专用消息，提高了寻呼的成功率，同时降低了 MS 的功耗。

FL 公共功率控制信道 F-CPCCH 的目的是对多个 R-CCCH 和 R-EACH 进行功控。BS 可以支持一个或多个 F-CPCCH，每个 F-CPCCH 又分为多个功控子信道（每个子信道一个比特，相互间时分复用），每个功控子信道控制一个 R-CCCH 或 R-EACH。公共功控子信道用于控制 R-CCCH 还是 R-EACH 取决于工作模式。当工作在功率受控接入模式（Power Controlled Access Mode）时，MS 可以利用指定的 F-CPCCH 上的子信道控制 R-EACH 的发射功率。当工作在预留接入模式（Reservation Access Mode）时，MS 利用指定的 F-CPCCH 上的子信道控制 R-CCCH 的发射功率。

公共指配信道 F-CACH 专门用来发送对 RL 信道快速响应的指配信息，提供对 RL 上随机接入分组传输的支持。F-CACH 在预留接入模式中控制分配 R-CCCH 和相关的 F-CPCCH 子信道，并且在功率受控接入模式下提供快速的确认响应，此外还有拥塞控制的功能。BS 也可以不用 F-CACH，而是选择 F-BCCH 来通知 MS。F-CACH 可以在 BS 的控制下工作在非连续方式。

FL 公共控制信道 F-CCCH 用来发送消息给指定的 MS，例如寻呼消息。它的功能虽然和 IS-95 中寻呼信道的功能有些重叠，但它的数据速率更高，也更可靠。

（2）下行链路专用物理信道

专用物理信道从功能上来说，等效于 IS-95 中的业务信道。由于 3G 要求支持多媒体业务，不同的业务类型（话音、分组数据和电路数据等）带来了不同的需求，这就需要业务信道可以灵活地适应这些不同的要求，甚至同时支持多个并发的业务。CDMA2000 中新定义的专用信道就是为了满足这样的要求。

FL 专用物理信道主要包括专用控制信道、基本信道、补充信道和补充码分信道，它们用来在 BS 和某一特定的 MS 之间建立业务连接。其中，基本信道的 RC1 和 RC2 以及补充码分信道是和 IS-95 系统中的业务信道兼容的，其他的信道则是 CDMA2000 新定义的 FL 专用信道。

FL 专用控制信道（F-DCCH）和 FL 基本信道（F-FCH）用来在通话过程中向特定的 MS 传送用户信息和信令信息。F-FCH 是默认的业务信道，可以单独构成业务信道，用来传送默认的话音业务；一般只有在 F-FCH 的容量不够时，才会增加其他专用信道。

F-DCCH 基本上不会单独构成业务信道，与 F-FCH 相比，它虽然也可传送用户信息，但它主要的用途是传送信令信息：因为数据业务的引入使得信令流量增加（如动态分配信道的信令），为了使信令在 F-FCH 繁忙时仍能可靠地传送，就采用了 F-DCCH。在不影响信令传送的前提下，F-DCCH 上也可以传送突发的数据业务。

每个 FL 业务信道中，可以包括最多 1 个 F-DCCH 和最多 1 个 F-FCH。F-DCCH 必须支持非连续的发送方式。在 F-DCCH 上，允许附带一个 FL 功控子信道。在 F-FCH 上，允许附带一个 FL 功控子信道。

FL 补充信道（F-SCH）和补充码分信道（F-SCCH）都是用来在通话（可包括数据业务）过程中向特定的 MS 传送用户信息，进一步讲，主要是支持（突发/电路）数据业务。F-SCH 只适用于 RC3 ~ RC5，F-SCCH 只适用于 RC1 ~ RC2。每个 FL 业务信道可以包括最多 2 个 F-SCH，或包括最多 7 个 F-SCCH；F-SCH 和 F-SCCH 都可以动态地灵活分配，并支持信道的捆绑以提供很高的数据速率。

CDMA2000 1X 系统中，对下行链路各个物理信道的数据速率都有具体的规定，如表 6-3 所示。

表6-3　CDMA2000 1X下行链路物理信道数据速率

信道类型	数据速率/ (b·s⁻¹)
下行同步信道	1200
下行寻呼信道	9600 或 4800
下行广播控制信道	19200（40ms 时隙长）,9600（80ms 时隙长）或 4800（160ms 时隙长）
下行快速寻呼信道	4800 或 2400

续表 6-3

信道类型		数据速率 / (b · s⁻¹)
下行公共功率控制信道		19200（9600/ 每 I 和 Q 支路）
下行公共指配信道		9600
下行公共控制信道		38400（5,10 或 20ms 帧长），19200（10 或 20ms 帧长）或 9600（20ms 帧长）
下行专用控制信道	RC3 或 RC4	9600
	RC5	14400（20ms 帧长）或 9600（5ms 帧长）
下行基本信道	RC1	9600，4800，2400 或 1200
	RC2	14400，7200，3600 或 1800
	RC3 或 RC4	9600，4800，2700 或 1500（20ms 帧长）；或 9600（5ms 帧长）
	RC5	14400，7200，3600 或 1800（20ms 帧长）；或 9600（5ms 帧长）
下行补充码分信道	RC1	9600
	RC2	14400
下行补充信道	RC3	153600，76800，38400，19200，9600，4800，2700，1500（20ms 帧长）；76800，38400，19200，9600，4800，2400，1350（40ms 帧长）；38400，19200，9600，4800，2400，1200（80ms 帧长）
	RC4	307200，153600，76800，38400，19200，9600，4800，2700，1500（20ms 帧长）；153600，76800，38400，19200，9600，4800，2400，1350（40ms 帧长）；76800，38400，19200，9600，4800，2400，1200（80ms 帧长）
	RC5	230400，115200，57600，28800，14400，7200，3600，1800（20ms 帧长）；115200，57600，28800，14400，7200，3600，1800（40ms 帧长）；57600，28800，14400，7200，3600，1800（80ms 帧长）

6.2.3.2　CDMA2000 1X 下行链路的差错控制技术

为了保证信息数据的可靠传输，CDMA2000 系统针对不同的数据速率的业务需求，采用了多种差错控制技术，主要包括循环冗余校验编码（Cyclic Redundancy Code，CRC）、下行纠错编码（Forward Error Correction，FEC）及交织编码。其中，FEC 包括卷积编码和 Turbo 编码。

循环冗余校验编码主要用于生成数据帧的帧质量指示符。帧质量指示符对于接收端来说，有两个作用：首先，通过检测帧质量指示符可以判决当前帧是否错误；其次，帧质量指示符可以辅助确定当前的数据速率。帧质量指示符由一帧的所有比特（除 CRC 自身、保留位和编码器尾比特外）计算得到。不同的信道及不同的数据速率一般采用不同的比特数目的帧质量指示符。CDMA2000 1X 中，下行纠错编码采用卷积编码和 Turbo 编码。卷积编码用于低速率业务，当数据速率大于或等于 19.2kb/s 时，一般采用 Turbo 编码。CDMA2000 1X 下行链路各个信道对下行纠错编码的要求如表 6-4 所示。

表6-4　CDMA2000 1X下行链路对下行纠错编码的要求

信道类型	FEC	编码速率
同步信道	卷积码	1/2
寻呼信道	卷积码	1/2
广播信道	卷积码	1/4 或 1/2
快速寻呼信道	无	—
公共功率控制信道	无	—
公共指配信道	卷积码	1/4 或 1/2
下行公共控制信道	卷积码	1/4 或 1/2
下行专用控制信道	卷积码	1/4（RC3 或 RC5），1/2（RC4）
下行基本信道	卷积码	1/2（RC1，RC2 或 RC4），1/4（RC3 或 RC5）
下行补充码分信道	卷积码	1/2（RC1 或 RC2）
下行补充信道	卷积码 或 Turbo 码（$N \geq 360$，N 为每帧的信息比特数）	1/2（RC4），1/4（RC3 或 RC5）

CDMA2000 1X 中采用的码字有 PN 短码、PN 长码、Walsh 码及准正交函数。其中 PN 短码、PN 长码的结构与 1S-95 相同，这里不再重复。下面着重介绍用来区分信道的 Walsh 码和准正交函数。

（1）Walsh 码

CDMA2000 1X 系统中，使用的 Walsh 码的最大长度为 128。为了提供高速数据业务，同时保持下行链路中恒定的码片速率，需要使用变长的 Walsh 码，即对较高数据速率的信道使用长度较短的 Walsh 码。但是，占用了某个长度较短的 Walsh 码后，就不能使用由这个 Walsh 码生成的任何长度的 Walsh 码了。因此，高速率业务信道减少了可用的业务信道的数量。此外，系统一些公共的控制信道还要占用一定数量的 Walsh 码。在对 Walsh 码进行分配时，必须要保证与其他码分信道之间的正交关系。CDMA2000 1X 系统中：

F-PICH 占用 Walsh 函数对应的码分信道 $W64_K^N$（$N > 64$，k 满足 $0 \leq 64k \leq N$，且 k 为整数）不能再被使用。

如果使用 F-TDPICH，它将占用码分信道 W_{16}^{128}，并且发射功率小于或等于相应的 F-PICH。如果使用了 F-APICH，它将占用码分信道 $W64_K^N$，其中 $N \leqslant 512$，且 $1 \leqslant n \leqslant N-1$，$N$ 和 n 的值由 BS 指定。如果 F-APICH 和 F-ATDPICH 联合使用，则 F-APICH 占用码分信道 W_n^N，F-ATDPICH 占用码分信道 $W_{n+N/2}^N$，其中 $N \leqslant 512$，且 $1 \leqslant n \leqslant N-1$，$N$ 和 n 的值由 BS 指定。

对于 F-SYNCH，占用码分信道 W_{32}^{64}，对于 F-PCH，使用 W_1^{64} 到 W_7^{64} 的码分信道。

如果在编码速率 $R=1/2$ 的条件下使用 F-BCCH，它将占用码分信道 W_n^{64}，其中 $1 \leqslant n \leqslant 63$，$n$ 的值由 BS 指定。如果在编码速率 $R=1/4$ 的条件下使用 F-BCCH，它将占用码分信道 W_n^{32}，其中 $1 \leqslant n \leqslant 31$，$n$ 的值由 BS 指定。

如果使用 F-QPCH，它将依次占用码分信道 W_{80}^{128}、W_{48}^{128} 和 W_{112}^{128}。

如果在非发送分集的条件下使用 F-CPCCH，它将占用码分信道 W_n^{128}，其中 $1 \leqslant n \leqslant 127$，$n$ 的值由 BS 指定。如果在 OTD 或 STS 的方式下使用 F-CPCCH，它将占用码分信道 W_n^{64}，其中 $1 \leqslant n \leqslant 63$，$n$ 的值由 BS 指定。

如果在编码速率 $R=1/2$ 的条件下使用 F-CACH，它将占用码分信道 W_n^{128}，其中 $1 \leqslant n \leqslant 127$，$n$ 的值由 BS 指定。如果在编码速率 $R=1/4$ 的条件下使用 F-CACH，它将占用码分信道 W_n^{64}，其中 $1 \leqslant n \leqslant 63$，$n$ 的值由 BS 指定。

如果在编码速率 $R=1/2$ 的条件下使用 F-CCCH，它将占用码分信道 W_n^N，其中 $N=32$，64 和 128（分别对应 38 400，19 200 和 9600b/s 的数据速率），$1 \leqslant n \leqslant N-1$，$n$ 的值由 BS 指定。如果在编码速率 $R=1/4$ 的条件下使用 F-CCCH，它将占用码分信道 W_n^N，其中 $N=16$，32 和 64（分别对应 38 400，19 200 和 9600b/s 的数据速率），$1 \leqslant n \leqslant N-1$，$n$ 的值由 BS 指定。

对于配置为 RC3 或 RC5 的 F-DCCH，应占用码分信道 W_n^{64}，其中 $1 \leqslant n \leqslant 63$；配置为 RC4 的 F-DCCH，应占用码分信道 W_n^{128}，其 $1 \leqslant n \leqslant 127$，$n$ 的值均由 BS 指定。

对于配置为 RC1 或 RC2 的 F-FCH，应占用码分信道 W_n^{64}，其中 $1 \leqslant n \leqslant 63$；配置为 RC3 或 RC5 的 F-FCH，应占用码分信道 W_n^{64}，其中 $1 \leqslant n \leqslant 63$；配置为 RC4 的 F-FCH，应占用码分信道 W_n^{128}，其中 $1 \leqslant n \leqslant 127$。以上 n 的值均由 BS 指定。

对于配置为 RC3、RC4 或 RC5 的 F-SCH，应占用码分信道 W_n^N，其中 $N=4$、8、16、32、64、128、128 和 128（分别对应于最大的所分配 QPSK 符号速率：307 200，153 600，76 800，38 400，19 200，9600，4800 和 2400sps），$1 \leqslant n \leqslant N-1$，$n$ 的值由 BS 指定。对于 4800sps 和 2400sps 的 QPSK 符号速率，在每个 QPSK 符号 Walsh 函数分别发送 2 次和 4 次，Walsh 函数的有效长度分别为 256 和 512。

对于配置为 RC1 或 RC2 的 F-SCCH，应占用码分信道 W_n^{64}，其中 $1 \leqslant n \leqslant 63$，$n$ 的值由 BS 指定。

（2）准正交函数

CDMA2000 系统中，除利用 Walsh 码作为正交码外，还采用了准正交函数（QOF），以弥补 Walsh 码数量不足的情况。应用准正交函数进行正交扩频原理框图如图 6-6 所示。

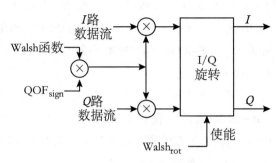

图6-6 QOF进行正交扩频原理框图

QOF 由一个非零 QOF 掩码（QOF_{sign}）和一个非零旋转使能 Walsh 函数（$Walsh_{rot}$）相乘而得。

用 QOF 进行正交扩频的过程是：首先，由适当的 Walsh 函数与双极性符号的掩码相乘（该掩码由 QOF_{sign} 经 0—+1、1—−1 的符号映射后得到），之后所得的序列分别与 I、Q 支路的数据流相乘；然后，两条支路的数据流再与 $Walsh_{rot}$ 经复映射后得到的序列相乘。复映射将 0 映射为 1，而把 1 映射为 j（j 是表示 90° 相移的一个复数）。

图 6-6 中，Walsh 函数是经过 0—+1、1—−1 符号映射的函数，而 $Walsh_{rot}$ 是 90° 旋转使能函数，$Walsh_{rot}$ =0 时不旋转，$Walsh_{rot}$ =1 时旋转 90° 。

由以上可知，准正交函数的掩码有两个：一个是 QOF_{sign}，一个是与之相应的 $Walsh_{rot}$。CDMA2000 1X 中使用的这两个掩码函数如表 6-5 所示，生成的 QOF 长度为 256。

表6-5 CDMA2000 1X中QOF的掩码函数

函数	掩码函数	
	QOF_{sign} 的十六进制数表示形式	$Walsh_{rot}$
0	0000000000000000000000000000000000000000000000000000000000000000	W_0^{256}
1	7d72141bd7d8beb1727de4eb2728b1be8d7de414d828b1417d8deb1bd72741b1	W_{10}^{256}
2	7d27e4be82d8e4bed87dbe1bd87d41e44eebd7724eeb288d144e7228ebb17228	W_{213}^{256}
3	7822dd8777d2d2774beeee4bbbe11e441e44bbe111b4b411d27777d2227887dd	W_{111}^{256}

6.2.3.3 CDMA2000 1X 下行链路发射分集

为了克服信道衰落，提高系统容量，CDMA2000 允许采用多种分集发送方式，包括：多载波发射分集、正交发射分集（Orthogonal Transmission Diversity，OTD）和空时扩展分集（Space Time Spreading，STS）3 种。对于 CDMA2000 1X，其下行链路上支持正交发送分集模式或空时扩展分集模式。

（1）正交发送分集

正交发送分集的结构如图 6-7 所示，这是一种开环分集方式。采用 OTD 的发送分集方式，其中一个导频采用公共导频，另一个天线需要应用发送分集导频，并且两个天线的间距一般要大于 10 个波长的距离，以得到空间的不相关性。

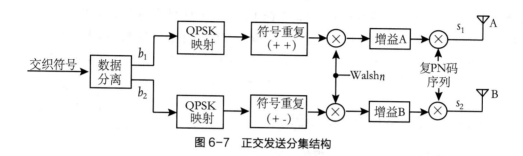

图 6-7　正交发送分集结构

OTD 方式中，经过编码、交织后的数据符号经过数据分离，按照奇偶顺序分离为两路，经过映射后，一路符号直接重复一次，另外一路符号先发送原符号再发送取反后的值；之后两路数据乘上 Walsh 码，再由 PN 码序列进行复扩频；然后经过增益放大，每一路用一根天线发送出去。这种发送方式与普通方式基本上是相同的，只是码重复不同。码重复的过程可以看作两路数据分别经过了一个构造高一阶的 Walsh 码的过程，这种重复方式保证了两路 Walsh 扩展的正交性。

原始数据经数据分离，再经符号重复和 Walsh 扩频后的输出为 $s_1=x_e W_1$，$s_2=x_e W_2$，式中：W_1 和 W_2 分别表示两个 Walsh 码。

由于发送分集中，信号在时间域和频率域内没有冗余，这样发送分集不会降低频谱利用率，因而有利于高速数据传输。但是由于采用了多天线，在空间域引入了冗余，并且两个天线发送的信号到达移动台不相关，这样使得传输的性能得到了提高。

（2）空时扩展分集（STS）

空时扩展发送分集是另外一种开环发送分集方式，其结构如图 6-8 所示。这种方式下，编码、交织符号采用多个 Walsh 码进行扩频，STS 方式是空时码中空时块码的一种实现方式。

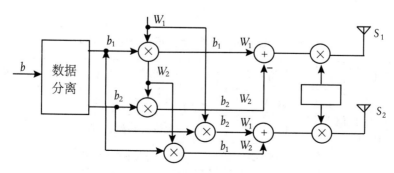

图 6-8　空时扩展分集结构

图 6-8 中，发送的符号可以表示为

$$s_1 = \frac{W_1 b_1 - W_2 b_2}{\sqrt{2}}, \quad s_2 = \frac{W_1 b_2 - W_2 b_1}{\sqrt{2}}$$

式中，W_1，W_2 为两个正交的 Walsh 码。

STS 发送分集方式在移动台接收端的解扩基于 Walsh 码的积分，空时块码的构造和译码比较简单，而且当一根天线失效时仍能工作。与 OTD 发送分集方式相比，由于 STS 扩展扩频比的加倍，每个符号的能量在总能量不变的条件下与普通的模式是相同的，而且每个符号经历的独立衰落信道数目是 OTD 方式的 2 倍，因此 STS 分集性能要高于 OTD 方式。

6.2.4　CDMA2000 1X 上行链路

6.2.4.1　CDMA2000 1X 上行链路信道组成

CDMA2000 1X 上行链路（RL）所包括的物理信道如图 6-9 所示。CDMA2000 1X 上行链路中采用的无线配置为 RC1 ~ RC4。在上行链路上，不同的用户仍然用 PN 长码来区分，一个用户的不同信道则用 Walsh 码来区分。

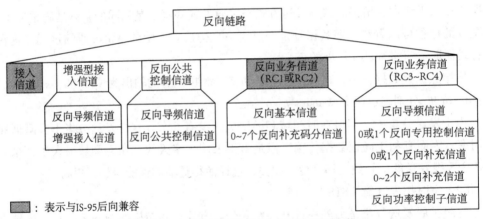

图 6-9　CDMA2000 1X 上行链路物理信道

上行链路上各个物理信道的名称如表 6-6 所示，该表还给出了移动台能够发送的每种信道的最大数量。

表6-6　CDMA2000 1X上行链路物理信道

项目	信道名称	物理信道类型	最大数目
上行链路公共物理信道（R-CPHCH）	R-ACH	上行接入信道	1
	R-CCCH	上行公共控制信道	1
	R-EACH	上行增强接入信道	1

续表 6-6

项目	信道名称	物理信道类型	最大数目
上行链路专用物理信道 （R-DPHCH）	R-PICH	上行导频信道	1
	R-FCH	上行基本信道	1
	R-DCCH	上行专用控制信道	1
	R-SCH	上行补充信道	2
	R-SCCH	上行补充码分信道	7

上行链路的物理信道也可以划分为公共物理信道和专用物理信道两大类。

（1）公共物理信道

公共物理信道包括：接入信道、增强接入信道和上行公共控制信道，这些信道是多个移动台共享使用的。CDMA2000 提供了相应的随机接入机制，以进行冲突控制。与下行不同，上行的导频信道在同一移动台的信道中是公用的，而各个移动台的导频信道之间是不同的，即在局部上可以说上行导频信道是公共信道。

CDMA2000 采用了 RL 导频信道 R-PICH，以提高 RL 的性能，它是未经调制的扩频信号。基站利用它来实现上行链路的相干解调，其功能和 FL 导频的功能类似。当使用 R-EACH、R-CCCH 或 RC3、RC4 的 RL 业务信道时，应该发送 R-PICH。当发送 R-EACH 前缀（preamble）、R-CCCH 前缀或 RL 业务信道前缀时，也应该发送 R-PICH。另外，当移动台的 RL 业务信道工作在 RC3、RC4 时，在 R-PICH 中还插入一个上行功率控制子信道，移动台用该功控子信道支持对 FL 业务信道的开环和闭环功率控制。和 F-PICH 不同，R-PICH 在某些情况下可以非连续发送，例如，当 F/R-FCH 和 F/R-SCH 等没有工作时，R-PICH 可以对特定的 PCG 进行门控（Gating）发送，即在特定的 PCG 上停止发送，以减小干扰并节约功耗，延长移动台的电池寿命。

R-ACH、R-EACH 和 R-CCCH 都是在尚未与基站建立起业务连接时，移动台向基站发送信息的信道，总的来说，它们的功能比较相似。但 R-ACH 和 R-EACH 用来发起最初的呼叫试探，其消息内容较短，消息传递的可靠性也较低。而移动台要使用 R-CCCH 则必须经过基站的许可，要么通过接入信道申请，要么是基站直接指配的，当然 R-CCCH 上发送的消息内容长度也较大，传递的可靠性也相当高，更适用于数据业务。

R-ACH 属于 CDMA2000 中的后向兼容信道，与 IS-95 兼容。它用来发起同基站的通信或响应寻呼信道消息。R-ACH 采用了随机接入协议，每个接入试探（probe）包括接入前缀和后面的接入信道数据帧。上行 CDMA 信道最多可包含 32 个 R-ACH，编号为 0～31。对于下行 CDMA 信道中的每个 F-PCH，在相应的上行 CDMA 信道上至少有 1 个 R-ACH。

R-EACH 用于移动台发起同基站的通信或响应专门发给移动台的消息。R-EACH 采用了随机接入协议。R-EACH 可用于 2 种接入模式中：基本接入模式和预留接入模式。

由于通常接入时没有 FL 业务信道发送，因此与 R-EACH 相关联的 R-PICH 不包含上行功控子信道。

R-CCCH 用于在没有使用上行业务信道时向基站发送用户和信令信息。R-CCCH 可用于 2 种接入模式中：预留接入模式和指定接入模式，它们的发射功率受控于基站，并且可以进行软切换。

（2）专用物理信道

上行专用物理信道和下行专用物理信道种类基本相同，并相互对应，包括上行专用控制信道、基本信道、补充信道和补充码分信道，它们用来在某一特定的 MS 和 BS 之间建立业务连接。其中，R-FCH 中的 RC1 和 RC2 分别与 IS-95A 及 IS-95B 系统中的上行业务信道兼容，其他的信道则是新定义的上行专用信道。

R-DCCH 和 F-DCCH 的功能相似，用于在通话中向 BS 发送用户和信令信息。上行业务信道中可包括最多 1 个 R-DCCH，可非连续发送。

R-FCH 和 F-FCH 的功能相似，用于在通话中向 BS 发送用户和信令信息。上行业务信道中可包括最多 1 个 R-FCH。

R-SCH 的功能与 F-SCH 相似，用于在通话中向 BS 发送用户信息，它只适用于上行 RC3 和 RC4。上行业务信道中可包括最多 2 个 R-SCH。

R-SCCH 的功能与 F-SCCH 相似，用于在通话中向 BS 发送用户信息，它只适用于 RC1 和 RC2。上行业务信道中可包括最多 7 个 R-SCCH。

CDMA2000 1X 系统中，上行链路各个物理信道的数据速率如表 6-7 所示。

表6-7　CDMA2000 1X上行链路物理信道数据速率

信道类别		数据速率 / ($b \cdot s^{-1}$)
上行接入信道		4800
上行增强型接入信道	报头	9600
	数据	38400（5、10 或 20ms 帧长），19200（10 或 20ms 帧长），9600（20ms 帧长）
上行公共控制信道		38400（5、10 或 20ms 帧长），19200（10 或 20ms 帧长），9600（20ms 帧长）
上行专用控制信道	RC3	9600
	RC4	14400（20ms 帧长），9600（5ms 帧长）
上行基本信道	RC1	9600，4800，2400 或 1200
	RC2	14400，7200，3600 或 1800
	RC3	9600，4800，2700，1500（20ms 帧长），9600（5ms 帧长）
	RC4	14400，7200，3600，1800（20ms 帧长），9600（5ms 帧长）

续表 6-7

信道类别		数据速率 / (b · s⁻¹)
上行补充码分信道	RC1	9600
	RC2	14400
上行补充信道	RC3	307200，153600，76800，38400，19200，9600，4800，2700，1500（200ms 帧长） 153600，76800，38400，19200，9600，4800，1350（40ms 帧长） 76800，38400，19200，9600，4800，2400，或 1200（80ms 帧长）
	RC4	230400，115200，57600，28800，14400，7200，3600，1800（200ms 帧长） 115200，57600，28800，14400，7200，3600，1800（40ms 帧长） 57600，28800，14400，7200，3600，1800（80ms 帧长）

6.2.4.2　CDMA2000 1X 上行链路中的差错控制

上行链路中，所采用的循环冗余校验编码与下行链路相同。上行链路各个信道对纠错编码的要求如表 6-8 所示。

表6-8　CDMA2000 1X上行链路对纠错编码的要求

信道类别	FEC	编码速率 R
接入信道	卷积码	1/3
增强型接入信道	卷积码	1/4
上行公共控制信道	卷积码	1/4
上行专用控制信道	卷积码	1/4
上行基本信道	卷积码	1/3（RC1） 1/2（RC2） 1/4（RC3 和 RC4）
上行补充码分信道	卷积码	1/3（RC1） 1/2（RC2）
上行补充信道	卷积码或 Turbo 码（$N \geqslant 360$）	1/4（RC3，AT<6120） 1/2（RC3，N=6120） 1/4（RC4）

注：N 是每帧的信息比特数。

6.2.4.3　CDMA2000 1X 上行链路中的扩频码

CDMA2000 1X 系统的上行链路中，在 RC1 和 RC2，接入信道和业务信道要使用 Walsh 码进行 64 阶正交调制。对于 RC3 和 RC4，移动台在上行导频信道、增强接入信道、上行公共控制信道及上行业务信道上，使用 Walsh 码进行正交扩频，以区分同一个移动台的不同信道。上行链路上 Walsh 码的使用如表 6-9 所示。

表6-9 上行链路Walsh码的使用（RC3和RC4）

信道类型	Walsh 函数
R-PICH	W_0^{32}
R-EACH	W_2^8
R-CCCH	W_2^8
R-DCCH	W_8^{16}
R-FCH	W_4^{16}
R-SCH1	W_1^2 或 W_2^4
R-SCH2	W_2^4 或 W_6^8

6.3 WCDMA 标准介绍

6.3.1 WCDMA 标准特色

WCDMA 可以分为 UTRA（Universal Terrestrial Radio Access，通用陆地无线接入）、FDD（Frequency Division Duplex，频分双工）和 URTA TDD（Time Division Duplex，时分双工），WCDMA 涵盖了 FDD 和 TDD 两种操作模式。

WCDMA 是一个宽带直扩码分多址（DS-CDMA）系统，即通过用户数据与由 CDMA 扩频码得来的伪随机比特（称为码片）相乘，从而把用户信息比特扩展到宽的带宽上去。为支持高的比特速率（最高可达 2Mb/s），采用了可变的扩频因子和多码连接。

使用 3.84Mchip/s 的码片速率需要大约 5MHz 的载波带宽。带宽约为 1MHz 的 DS-CDMA 系统，如 IS-95，通常称为窄带 CDMA 系统。WCDMA 所固有的较宽的载波带宽使其能支持高的用户数据速率，而且也具有某些方面的性能优势，例如，增加了多径分集。网络运营商可以遵照其运营执照，以分等级的小区分层形式，使用多个这样的 5MHz 的载波来增加容量。实际的载波间距要根据载波间的干扰情况，以 200kHz 为一个基本单位在约 4.4MHz 和 5MHz 之间选择。

WCDMA 支持各种可变的用户数据速率，换句话说，就是它可以很好地支持带宽需求（BoD）的概念。给每个用户都分配一些 10ms 的帧，在每个 10ms 期间，用户数据速率是恒定的。然而，在这些用户之间的数据容量从帧到帧是可变的，这种快速的无线容量分配一般由网络来控制，以达到分组数据业务的最佳吞吐量。

WCDMA 支持两种基本的工作方式：频分双工（FDD）和时分双工（TDD）。在 FDD 模式下，上行链路和下行链路分别使用两个独立的 5MHz 的载波；在 TDD 模式下，只用一个 5MHz 的载波，在上下链路之间分时共享。上行链路是移动台到基站的连接，下行链路是基站到移动台的连接。TDD 模式在很大程度上是基于 FDD 模式的概念和思想，加入它是为了弥补基本 WCDMA 系统的不足，也是为了能使用 ITU 为 IMT-2000 分配的那些不成对频谱。

6.3.2　WCDMA 下行链路

6.3.2.1　WCDMA 下行链路信道组成

WCDMA 物理信道分为公用物理信道（CPCH）和专用物理信道（DPCH）两大类。WCDMA 系统下行物理信道的发送框图如图 6-10 所示。

由图 6-10 可以看出，下行链路中，除同步信道（SCH）外，其他信道均采取 QPSK 调制方式，即每一个物理信道都要先进行串并变换，把一路信号映射为 I、Q 两路。经过 I、Q 映射的两路数据，首先和同一个信道化码（此处使用的是 OVSF 码）相乘，进行扩频处理。扩频之后，两路数据以 I + jQ 的形式合并成一个复值序列，与复扰码相乘加扰。加扰之后的信道数据再乘以此物理信道的加权因子 G，和其他信道进行信道合并（复数合并）。SCH 是不经过扩频和加扰的，SCH 乘以加权因子 G 后，直接与其他信道合并。所有物理信道合并后，实部、虚部相分离，通过脉冲成型滤波器后，采用正交调制通过天线发送出去。

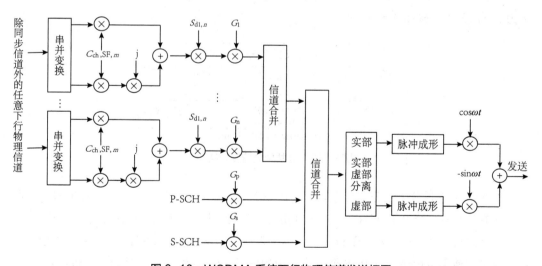

图 6-10　WCDMA 系统下行物理信道发送框图

下行公用物理信道用于移动台的初始小区搜索、越区搜索和切换、向移动台传送广播消息或对某个移动台寻呼消息。主要包括如下信道。

（1）同步信道（SCH）

同步信道用于小区搜索，它包括主同步信道（P-SCH）和辅同步信道（S-SCH），其帧结构如图 6-11 所示。一个 10ms 的同步信道帧分为 15 个时隙，每个时隙只在头 256 个码片中传输数据，其余不传。主同步信道在每个时隙的头 256 个码片中重复发送主同步码，主同步码在整个系统中是唯一的，用于移动台的时隙同步。辅同步信道传输辅同步码，辅同步码共有 16 种，每个时隙传输其中一种。辅同步码用来指示无线帧定时和小区使用的主扰码组号。总体而言，同步信道主要用来实现与小区同步。

主同步码和辅同步码都采用分级式的码构成。

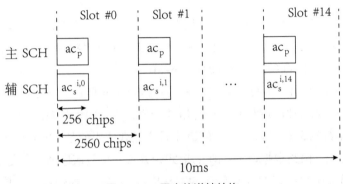

图 6-11　同步信道帧结构

（2）公共导频信道（CPICH）

公用导频信道上发送预先定义的比特 / 符号序列，固定传输速率为 30kb/s，扩频因子为 256，其帧结构如图 6-12 所示。

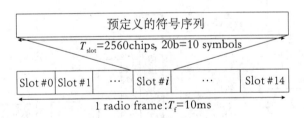

图 6-12　公共导频信道帧结构

公共导频信道分为主公共导频信道（P-CPICH）和辅公共导频信道（S-CPICH）。每个小区有且只有一个 P-CPICH，它由小区主扰码加扰，扩频码固定使用 $C_{ch,256,0}$，此信道在整个小区进行广播，作为其他下行物理信道的默认相位参考。S-CPICH 可以使用主扰码加扰，也可以使用主扰码对应的 15 个辅扰码中的任意一个加扰，扩频码取 SF=256 的任意一个。一个小区内 S-CPICH 的配置数目由基站决定。此信道可以对整个小区进行广播，也可以只对小区的一部分进行广播。S-CPICH 可以作为特定的下行专用信道的相位参考。

当系统在下行链路使用发送分集时，CPICH 在两个天线上使用相同的信道化码和扰码，预定义序列按图 6-13 发送，否则按第一种预定义序列发送。

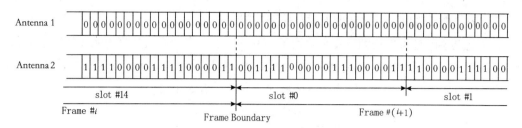

图 6-13　公共导频信道的调制模式

主公共导频信道除了为下行信道提供相位参考外，还在小区搜索过程中完成主扰码的确认。

（3）主公共控制物理信道（P-CCPCH）

主公共控制物理信道用来承载广播信道（BCH）的内容，固定传输速率为 30kb/s，扩频因子为 256。主公共控制物理信道每个时隙的前 256 个码片是不传信息的，它和同步信道复用传输。它的帧结构如图 6-14 所示。

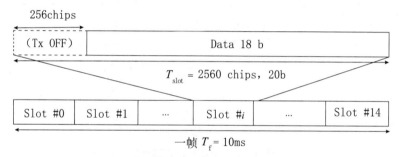

图 6-14　主公共控制物理信道帧结构

（4）辅公共控制物理信道（S-CCPCH）

辅公共控制物理信道用来承载下行接入信道 FACH 和寻呼信道 PCH 的内容。此信道的速率与对应的下行专用物理信道 DPCH 相同。它的帧结构如图 6-15 所示。

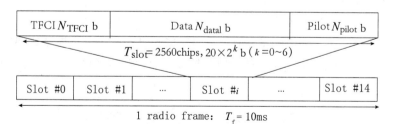

图 6-15　辅公共控制物理信道帧结构

（5）物理下行共享信道（PDSCH）

下行链路专用信道的扩频因子不能按帧变化，其速率的变化是通过速率匹配操作或者关闭某些时隙的信息位，通过不连续传输而实现的。如果下行物理信道承载峰值速率高、出现频率低的分组数据，那么很容易使基站单一扰码序列的码树资源枯竭。下行共享信道的出现就可以在一定程度上避免这个问题的发生。

下行共享信道可以按帧改变扩频因子，并且可以让多个手机共享 DSCH 的容量资源，它可以使用的扩频因子是 4 ~ 256，帧结构如图 6-16 所示。下行共享信道需要和下行专用信道配合使用，以提供物理连接所必需的功率控制指令和信令。

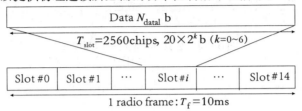

图 6-16　PDSCH 帧结构

（6）捕获指示信道（AICH）

AICH 用于手机的随机接入进程，作用是向终端指示，基站已经接收到随机接入信道签名序列。它的前缀部分和随机接入信道（RACH）的前缀部分相同，长度为 4096 个码片，采用的扩频因子为 256。AICH 的信道结构如图 6-17 所示。

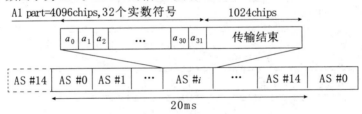

图 6-17　AICH 的信道格式

一个接入时隙（AS）由两个 10ms 的时隙组成，头 4096 个码片传输捕获指示消息，后 1024 个码片不传信息。AICH 对高层是透明的，直接由物理层产生和控制，以便缩短相应随机接入的时间。为了使小区内每个终端都可以收到此信号，AICH 在基站侧以高功率发射，无功率控制。

（7）寻呼指示信道（PICH）

PICH 用于指示特定终端，基站有下发给它的消息。终端一旦检测到 PICH 上有自己的寻呼标志，就自动从 S-CCPCH 的相应位置读取寻呼消息的内容。PICH 的帧格式如图 6-18 所示。

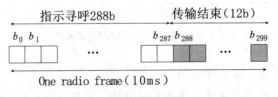

图 6-18　PICH 的帧格式

PICH 以 10ms 为一帧，按一定的重复率发送寻呼指示消息（PI）。每帧由 300 个比特组成，前 288 个用来发送 PI，后 12 个保留，用于以后扩展。PICH 采用 SF=256 的信道化序列。终端必须具备检测 PICH 的能力。与 AICH 类似，PICH 在基站以高功率发射，无功率控制。

（8）其他物理信道

除了以上介绍的下行物理信道之外，还有一些下行物理信道，如公用分组信道（CPCH）的状态指示信道（CSICH）、冲突检测和信道分配指示信道（CD\CA-ICH）、接入前导捕获指示信道（AP-AICH）。它们都是用于 CPCH 接入进程的物理信道，不承载任何传输信道，只用来承载 CPCH 进程所必需的物理层标志符。只有当系统配置了 CPCH 信道时，才会使用到这些信道。CSICH 采用 AICH 未定义的 1024 个码片传输数据，用来指示每个物理 CPCH 信道是否有效。CD\CA-ICH、AP-AICH 信道格式与 AICH 信道相同，也只在前 4096 个码片传输数据。

下行专用物理信道（DPCH）分为下行专用物理数据信道（DPDCH）和专用物理控制信道（DPCCH），前者承载第二层及更高层产生的专用数据，后者传送第一层产生的控制信息（包括 Pilot、TPC 及可选的 TFI），这两部分是时分复用在一个传输时隙内的。

每个下行 DPCH 帧长为 10ms，对应一个功率控制周期。下行 DPCH 的帧结构如图 6-19 所示。图中参数 k 决定了下行链路 DPCH 的一个时隙的比特数，它与扩频因子 SF 的关系是：$SF=512/2^k$。下行 DPCH 扩频因子的范围为 4 ~ 512。

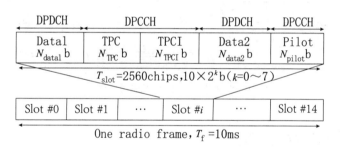

图 6-19　下行专用物理信道的帧结构

6.3.2.2　WCDMA 下行链路中的扩频码

WCDMA 下行链路采用了正交可变扩频因子（OVSF）码和 Gold 码。OVSF 码作为信道化码，两个 Gold 码构成一个复扰码。信道化码用于区分来自同一信源的传输，即一个扇区内的下行链路连接。OVSF 码保证不同长度的不同扩频码之间的正交性。码字可以从图 6-20 所示的码树中选取。如果连接中使用了可变扩频因子，可以根据最小扩频因子正确地利用码树来解扩，方法是从最小扩频因子码指示的码树分支中选取信道化码。

同一信息源使用的信道化编码有一定的限制。物理信道要采用某个信道化编码必须满足：某码树中的下层分支的所有码都没有被使用，也就是说，此码之后的所有高阶扩频因子码都不能被使用。同样，从该分支到树根之间的低阶扩频因子码也不能被使用。网络中通过无线网络控制器（RNC）来对每个基站内的下行链路正交码进行管理。

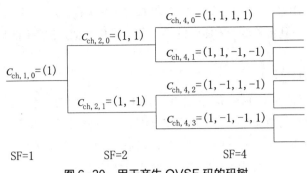

图 6-20　用于产生 OVSF 码的码树

　　下行扰码的目的是为了将不同的基站区分开来。下行物理信道扰码产生方法如图 6-21 所示，通过将两个实数序列合并成一个复数序列来构成一个扰码序列。两个 18 阶的生成多项式，产生两个二进制数据的 m 序列，m 序列的 38 400 个码片模 2 加构成两个实数序列。两个实数序列构成了一个 Gold 序列，扰码每 10ms 重复一次。

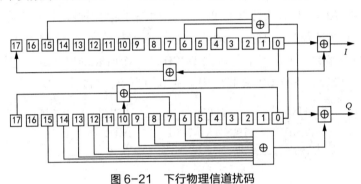

图 6-21　下行物理信道扰码

6.3.3　WCDMA 上行链路

6.3.3.1　WCDMA 上行链路信道组成

WCDMA 物理信道分为公用物理信道（CPCH）和专用物理信道（DPCH）两大类。

　　上行专用物理信道分为上行专用物理数据信道（上行 DPDCH）和上行专用物理控制信道（上行 DPCCH），DPDCH 和 DPCCH 在每个无线帧内是 I/Q 码复用的。上行 DPDCH 用于传输专用传输信道（DCH），在每个无线链路中可以有 0 个、1 个或几个上行 DPDCH。上行 DPCCH 用于传输控制信息，包括支持信道估计以进行相干检测的已知导频比特、发射功率控制指令（TPC）、反馈信息（FBI），以及一个可选的传输格式组合指示（TFCI）。TFCI 将复用在上行 DPDCH 上的不同传输信道的瞬时参数通知给接收机，并与同一帧中要发射的数据相对应。

　　图 6-22 为上行专用物理信道的帧结构。每个帧长为 10ms，分成 15 个时隙，每个时隙的长度为 T_{slot}=2560chips，对应于一个功率控制周期，一个功率控制周期为 10ms 或 15ms。

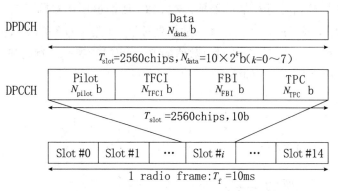

图 6-22　DPDCH/DPCCH 上行的帧结构

上行公共物理信道有物理随机接入信道（PRACH）和上行公共分组信道。随机接入信道的传输基于带有快速捕获指示的时隙 ALOHA 方式。用户可以在一个预先定义的时间偏置开始传输，表示为接入时隙。每两帧有 15 个接入时隙，间隔为 5120 码片，当前小区中哪个接入时隙的信息可用，是由高层信息给出的。PRACH 分为前缀部分和消息部分。

6.3.3.2　WCDMA 上行链路中的扩频码

WCDMA 上行链路采用了正交可变扩频因子（OVSF）码和 Gold 码。OVSF 码作为信道化码，两个 Gold 码构成一个复扰码。信道化码用于区分信道。上行扰码的目的是为了将不同的终端区分开来。上行物理信道扰码产生方法如图 6-23 所示，通过将两个实数序列合并成一个复数序列来构成一个扰码序列。两个 25 阶的生成多项式，产生两个二进制数据的 m 序列，m 序列的 38 400 个码片模 2 加构成两个实数序列。两个实数序列构成了一个 Gold 序列，扰码每 10ms 重复一次。

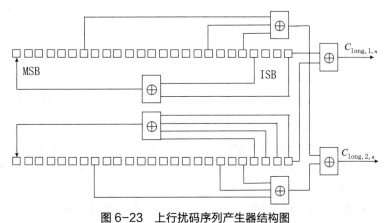

图 6-23　上行扰码序列产生器结构图

上行 DPDCH/DPCCH 的扩频原理如图 6-24 所示，用于扩频的二进制 DPCCH 和 DPDCH 信道用实数序列表示，也就是说，二进制数的"0"映射为实数"+1"，二进制数的"1"映射为实数"-1"。DPCCH 信道通过信道编码到指定的码片速率，信道化之后，对实数值的扩频信号进行加权处理，对 DPCCH 信道用增益因子进行加权处理，对 DPDCH 信道用增益因子进行加权处理。加权处理后，I 路和 Q 路的实数值码流相加成为复数值的码流，复数值的信号再通过复数值的 S_{dpehn} 码进行扰码。扰码和无线帧对应，也就是说，第一个扰码对应无线帧的开始。

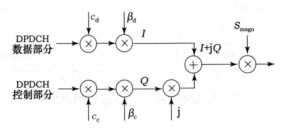

图 6-24　上行 DPDCH/DPCCH 的扩频原理

PRACH 消息部分和 PCPCH 消息部分扩频及扰码原理与专用信道相同，包括数据和控制部分，对应专用信道的 DPDCH 和 DPCCH。对于专用信道，1 个 DPCCH 信道可以和 6 个并行的 DPDCH 信道同时发射，此时 I 路为 3 个 DPDCH 信道，Q 路为 1 个 DPCCH 加 3 个 DPDCH 信道。

6.3.4　HSDPA/HSUPA 概述

6.3.4.1　HSDPA

为了满足上下行数据业务的不对称的需求，3GPP 在 Release 5 版本的协议中提出了一种基于 WCDMA 的增强型技术，即高速下行分组接入（HSDPA）技术，以实现最高速率可达 10Mb/s 的下行数据传输。

HSDPA 新增加了用于承载下行链路的用户数据的物理信道：高速下行共享信道（HS-DSCH），以及相应的控制信道。HSDPA 中没有采用 Release 99 版本中物理信道使用的可变扩频因子和快速功率控制，而是采用以下几项关键技术。

（1）自适应调制和编码（AMC）

无线信道的一个重要特点就是有很强的时变性，对这种时变特性进行自适应跟踪能够给系统性能的改善带来很大好处。链路自适应技术有很多种，AMC 就是其中之一。HSDPA 在原有系统固定的调制和编码方案的基础之上，引入了更多的编码速率和 16QAM 调制，使系统能够通过改变调制编码方式对链路的变化进行自适应跟踪，以提高数据传输速率和频谱利用率。

采用 AMC 技术，可以使处于有利位置的用户得到更高的传输速率，提高小区的平均吞吐量。同时，它通过改变调制编码方案，取代了对发射功率的调整，以减小冲突。

AMC 技术对信道测量误差和时延十分敏感，这就对终端的性能提出了更高的要求。

（2）混合自动请求重传（HARQ）

ARQ 技术即为自动请求重传，用于对出错的帧进行重传控制，但是本身并没有纠错的功能。于是人们将 ARQ 与 FEC 相结合，实现了检错纠错的功能，这就是通常所说的 HARQ 技术。

HARQ 有 3 种方式：HARQ Type Ⅰ、HARQ Type Ⅱ和 HARQ Type Ⅲ。

HARQ Type Ⅰ就是单纯地将 ARQ 与 FEC 相结合，将收到的数据帧先进行解码、纠错，若能纠正其中的错误，并正确解码，则接受该数据帧；若无法正确恢复该数据帧，则抛弃这个收到的数据帧，并要求发端进行重传。重传的数据帧与第一次传输的帧采用完全相同的调制编码方式。

HARQ Type Ⅱ也称增量冗余方案，对收到的数据帧采用了合并的方法。对于无法正确译码的数据帧，收端并不是像原来那样简单地抛弃，而是先保留下来，待重传的数据帧收到后，和刚刚保留的那个错误译码的数据帧合并在一起，然后进行译码。为了纠错，重传时携带了附加的冗余信息，每一次重传的冗余量是不同的，而且通常是与先前传输的帧合并后才能被解码。

HARQ Type Ⅲ也是一种增量冗余编码方案，与 Type Ⅱ不同的是，Type Ⅲ每次重传的信息都具有自解码的能力。

HSDPA 中使用的是 Type Ⅱ与 Type Ⅲ方式，用于数据的检错与重传。HSDPA 中，在物理层也引入了 HARQ 技术，改变了以往仅在物理层以上采用 ARQ 的处理办法，这就使需要进行重传的数据量减少，时延减小，数据接入效率提高，对信道衰落明显、信噪比低的情况，改善尤其突出。

（3）快速小区选择（FCS）

在 FCS 过程中，移动台根据不同小区的下行链路导频信道信号强度，以帧为单位快速选择能为它提供最佳服务质量的小区，从而达到降低干扰和提高系统容量的目的。对 HSDPA 高速数据传输系统来说，对通信系统小区快速选择的优点是，更有效地利用基站的发射功率，减小下行链路干扰，以及提高整个系统的吞吐量。

（4）多输入多输出天线技术（MIMO）

较之传统的单输入单输出（SISO）系统而言，多输入多输出（MIMO）系统通过引入多个发射天线或多个接收天线，来提高传输速率，以及获得分集增益。

采用 MIMO 系统后，通过改进的天线发射和接收分集可以提高信道质量，而且不同天线可以对扩频序列进行再利用，从而提高数据传输速率。但是同时，MIMO 系统也会增加射频部分的复杂度。

由于在发射端采用了多个发射天线，则存在一个如何将要传输的数据流合理地映射到各个发射天线的问题。MIMO 系统的空时二维信道特性将对最终的映射准则起着决定性的作用，正如信噪比对选择自适应调制、编码系统最终的模式一样，合理的映射准则不应该是固定的，而应该根据信道的特性自适应地调整。将自适应技术和 MIMO 技术结合在一起可以突破传统 SISO 系统的信道容量的限制，获得更高的传输速率，在下一代高速无线传输系统中将有着广阔的应用前景。

6.3.4.2 HSUPA

HSUPA（high speed uplink packet access，高速上行链路分组接入）通过采用多码传输、HARQ、基于 Node B 的快速调度等关键技术，使得单小区最大上行数据吞吐率达到 6.76Mb/s，大大增强了 WCDMA 上行链路的数据业务承载能力和频谱利用率。

与 HSDPA 类似，HSUPA 引入了 5 条新的物理信道（E-DPDCH、E-DPCCH、E-AGCH、E-RGCH、E-HICH）和两个新的 MAC 实体（MAC-e 和 MAC-es），并把分组调度功能从 RNC 下移到 Node B，实现了基于 Node B 的快速分组调度，并通过混合自动重传（HARQ）、2ms 无线短帧及多码传输等关键技术，使得上行链路的数据吞吐率最高可达到 6.76Mb/s，大大提高了上行链路数据业务的承载能力。

WCDMA Rel5 中的 HSDPA 是 WCDMA 下行链路方向（从无线接入网络到移动终端的方向）针对分组业务的优化和演进。与 HSDPA 类似，HSUPA 是上行链路方向（从移动终端到无线接入网络的方向）针对分组业务的优化和演进。HSUPA 是继 HSDPA 后，WCDMA 标准的又一次重要演进。利用 HSUPA 技术，上行用户的峰值传输速率可以提高 2 ~ 5 倍，HSUPA 还可以使小区上行的吞吐量比 R99 的 WCDMA 多 20% ~ 50%。

HSUPA 采用了 3 种主要的技术：物理层自动混合重传、基于 Node B 的快速调度、2ms TTI 短帧传输。其中物理层自动混合重传与前述 HARQ 技术基本一致。下面将介绍后两种技术。

在 WCDMA R99 中，移动终端传输速率的调度由 RNC 控制，移动终端可用的最高传输速率在 DCH 建立时由 RNC 确定，RNC 能够根据小区负载和移动终端的信道状况变化灵活控制移动终端的传输速率。基于 Node B 的快速调度的核心思想是，由基站来控制移动终端的数据传输速率和传输时间。基站根据小区的负载情况、用户的信道质量和所需传输的数据状况来决定移动终端当前可用的最高传输速率。当移动终端希望用更高的速率发送数据时，移动终端向基站发送请求信号，基站根据小区的负载情况和调度策略决定是否同意移动终端的请求。如果基站同意移动终端的请求，基站将发送信令以指示提高移动终端的最高可用传输速率。当移动终端在一段时间内没有数据发送时，基站将自动降低移动终端的最高可用传输速率。由于这些调度信令是在基站和移动终端间直接传输的，所以基于 Node B 的快速调度机制可以使基站灵活快速地控制小区内各移动终端的传输速率，使无线网络资源更有效地服务于访问突发性数据的用户，从而达到增加小区吞吐量的效果。

WCDMA R99 上行 DCH 的传输时间间隔（TTI）为 10ms、20ms、40ms、80ms。在 HSUPA 中，采用了 10ms TTI 以降低传输延迟。虽然 HSUPA 也引入了 2ms TTI 的传输方式，来进一步降低传输延迟，但是基于 2ms TTI 的短帧传输不适合工作于小区的边缘。

HSUPA 和 HSDPA 都是 WCDMA 系统针对分组业务的优化，HSUPA 采用了一些与 HSDPA 类似的技术，但是 HSUPA 并不是 HSDPA 简单的上行翻版，HSUPA 中使用的技术考虑到了上行链路自身的特点，如上行软切换、功率控制和 UE 的 PAR(峰均比) 问题，HSDPA 中采用的 AMC 技术和高阶调制并没有被 HSUPA 采用。

6.4　TD-SCDMA 标准介绍

6.4.1　TD-SCDMA 标准特色

TD-SCDMA 系统全面满足 IMT-2000 的基本要求。它采用不需配对频率的 TDD（时分双工）工作方式，以及 FDMA/TDMA/CDMA 相结合的多址接入方式，同时使用 1.28Mcps 的低码片速率，扩频带宽为 1.6MHz。TD-SCDMA 的基本物理信道特性由频率、码和时隙决定。其帧结构将 10ms 的无线帧分成 2 个 5ms 子帧，每个子帧中有 7 个常规时隙和 3 个特殊时隙。信道的信息速率与符号速率有关，符号速率由 1.28Mcps 的码速率和扩频因子所决定，到上下行的扩频因子在 1 ～ 16 之间，因此各自调制符号速率的变化范围为 80.0 千符号 / 秒 ~ 1.28 兆符号 / 秒。TD-SCDMA 系统还采用了智能天线、联合检测、同步 CDMA、接力切换及自适应功率控制等诸多先进技术，与其他 3G 系统相比具有较为明显的优势，主要体现在：

①频谱灵活性和支持蜂窝网的能力。TD-SCDMA 采用 TDD 方式，仅需要 1.6MHz（单载波）的最小带宽。因此频率安排灵活，不需要成对的频率，可以使用任何零碎的频段，能较好地解决当前频率资源紧张的矛盾；若带宽为 5MHz 则支持 3 个载波，在一个地区可组成蜂窝网，支持移动业务。

②高频谱利用率。TD-SCDMA 频谱利用率高，抗干扰能力强，系统容量大，适用于在人口密集的大中城市传输对称与非对称业务，尤其适合于移动 Internet 业务（它将是第三代移动通信的主要业务）。

③适用于多种使用环境。TD-CDMA 系统全面满足 ITU 的要求，适用于多种环境。

④设备成本低，系统性能价格比高。具有我国自主的知识产权，在网络规划、系统设计、工程建设，以及为国内运营商提供长期技术支持和技术服务等方面带来了方便，可大大节省系统建设投资和运营成本。

6.4.2　TD-SCDMA 物理信道

6.4.2.1　TD-SCDMA 物理信道的结构

TD-SCDMA 的物理信道采用四层结构：系统帧号、无线帧、子帧、时隙和信道码。时隙用于在时域上区分不同用户信号，具有 TDMA 的特性。图 6-25 给出了物理信道的信号格式。

TDD 模式下一个突发在所分配的无线帧的特定时隙发射。一个突发由数据部分、midamble 部分和保护间隔组成。几个突发同时发射，各个突发的数据部分必须使用不同 OVSF 的信道码和相同的扰码，而且 midamble 码部分必须使用同一个基本 midamble 码。突发的数据部分由信道码和扰码共同扩频。信道码是一个 OVSF 码，扩频因子可以取 1，2，4，8 或 16，物理信道的数据速率取决于 OVSF 码所采用的扩频因子。小区使用的扰码和基本 midamble 是广播的。

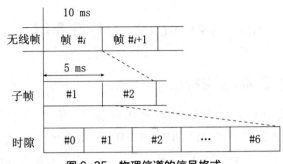

图 6-25　物理信道的信号格式

6.4.2.2　TD-SCDMA 系统的帧结构

TD-SCDMA 系统帧长为 10ms，分成两个 5ms 子帧，这两个子帧的结构完全相同。如图 6-26 所示，每一子帧又分成长度为 675μs 的 7 个常规时隙和 3 个特殊时隙。这 3 个特殊时隙分别为 DwPTS（下行导频时隙）、GP（保护时隙）和 UpPTS（上行导频时隙）。在 7 个常规时隙中，Ts0 总是分配给下行链路，而 Ts1 总是分配给上行链路。上行时隙和下行时隙之间由转换点分开。在 TD-SCDMA 系统中，每个 5ms 的子帧有两个转换点（UL 到 DL 和 DL 到 UL）。通过灵活地配置上下行时隙的个数，使 TD-SCDMA 适用于上下行对称及非对称的业务模式，如图 6-27 所示。

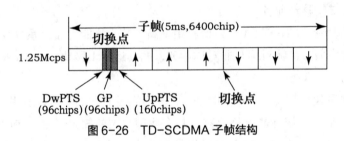

图 6-26　TD-SCDMA 子帧结构

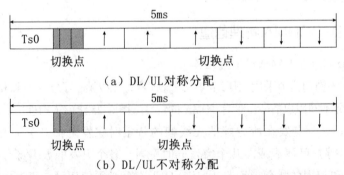

（a）DL/UL对称分配

（b）DL/UL不对称分配

图 6-27　TD-SCDMA 中的 DL/UL 对称与非对称子帧结构

每个子帧中的 DwPTS 是作为下行导频和同步而设计的。该时隙由长为 64chips 的 SYNC_DL 序列和 32chips 的保护间隔组成，其结构如图 6-28 所示。

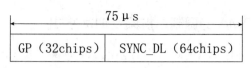

图 6-28　DwPCH（DwPTS）的突发结构

SYNC_DL 是一组 PN 码，用于区分相邻小区，系统中定义了 32 个码组，每组对应 1 个 SYNC-DL 序列，SYNC_ DL PN 码集在蜂窝网络中可以复用。有关码组的内容将在后面介绍。DwPTS 的发射，要满足覆盖整个区域的要求，因此不采用智能天线赋形。将 DwPTS 放在单独的时隙，便于下行同步的迅速获取，也可以减小对其他下行信号的干扰。

每个子帧中的 UpPTS 是为建立上行同步而设计的。当 UE 处于空中登记和随机接入状态时，它将首先发射 UpPTS，当得到网络的应答后，发送 RACH。这个时隙由长为 128chips 的 SYNC_UL 序列和 32chips 的保护间隔组成，其结构如图 6-29 所示。

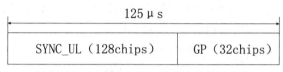

图 6-29　UpPCH（UpPTS）的突发结构

SYNC-UL 是一组 PN 码，用于在接入过程中区分不同的 UE。保护时隙（GP）指在 Node B 侧由发射向接收转换的保护间隔，时长为 75ns（96chips）。

6.4.2.3　TD-SCDMA 系统的突发（burst）结构

TD-SCDMA 采用的突发结构如图 6-30 所示。突发由 2 个长度分别为 352chips 的数据块、1 个长为 144chips 的 midamble 和 1 个长为 16chips 的保护时隙组成。数据块的总长度为 704chips，所包含的符号数与扩频因子有关。突发的数据部分由信道码和扰码共同扩频。即将每一个数据符号转换成一些码片，因而增加了信号带宽。一个符号包含的码片数称为扩频因子（SF）。扩频因子可取 1，2，4，8，16。

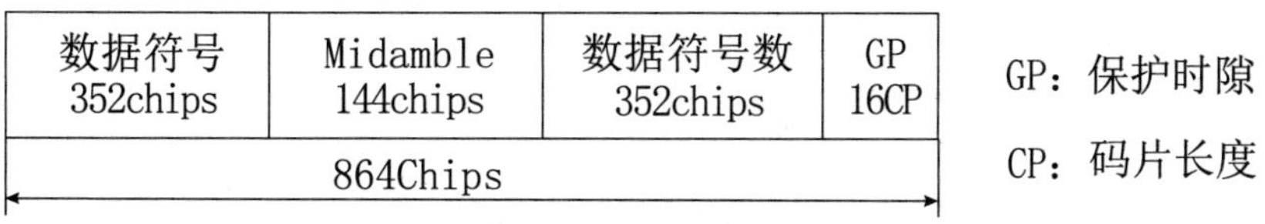

数据符号 352chips	Midamble 144chips	数据符号数 352chips	GP 16CP	GP：保护时隙
864Chips				CP：码片长度

图 6-30　突发结构

6.4.2.4　训练序列（midamble 码）

突发结构中的训练序列（midamble 码）用于信道估计、测量，如上行同步的保持，以及功率测量等。在同一小区内，同一时隙内的不同用户所采用的 midamble 码由一个基本的 midamble 码经循环移位后产生。TD-SCDMA 系统中，基本 midamble 码长度为 128chips，个数为 128 个，分成 32 组，每 5 组 4 个。

6.4.3 TD-SCDMA 的调制、扩频及加扰方式

TD-SCDMA 采用 QPSK 和 8PSK，对于 2Mb/s 的业务，使用 8PSK 调制方式。TD-SCDMA 与其他 3G 一样，均采用 CDMA 的多址接入技术，所以扩频是其物理层很重要的一个步骤。扩频操作位于调制之后和脉冲成型之前。首先用扩频码对数据信号扩频，其扩频系数在 1 ~ 16 之间；再将扰码加到扩频后的信号中。TD-SCDMA 所采用的扩频码是一种正交可变扩频因子（OVSF）码，这可以保证在同一个时隙上不同扩频因子的扩频码是正交的。扩频码用来区分同一时隙中的不同用户，而长度为 16 的扰码用来区分不同的小区。

思考题与习题

6.1　在不同的环境下，IMT-2000 对数据传输速率有什么样的要求？

6.2　第三代移动通信系统的主流标准有哪几种？

6.3　第三代移动通信系统中应用了哪些新技术？

6.4　与 IS-95 相比，CDMA2000 1X 有哪些改进？

6.5　与 CDMA2000 1X 相比，CDMA2000 1XEV-DO 主要有哪些不同？

6.6　什么是 HSDPA？它与以往的 WCDMA 系统有什么不同？

6.7　简述 TD-SCDMA 系统中采用的关键技术。

6.8　CDMA2000 1X 下行链路的发射分集有哪几种形式？

6.9　CDMA2000 1X 下行链路采用了什么样的扩频调制方式？

6.10　画出 CDMA2000 1X 上行链路物理信道的组成框图。其中哪些是新增的？

6.11　CDMA2000 1X 中上行导频信道的作用是什么？

6.12　CDMA2000 1X 上行链路中，Walsh 码的使用与 IS-95 有什么不同？

6.13　CDMA2000 1X 上行链路采用了什么样的扩频调制方式？

6.14　简述 WCDMA 系统中所使用的信道化码和扰码的特点。

6.15　简述 TD-SCDMA 系统中 midamble 的作用。

第7章　LTE移动通信系统

7.1　LTE 移动通信系统

7.1.1　LTE 的产生与标准化

随着 3G 标准的成功制定和 3G 网络商业化大潮的开始，移动宽带业务逐步进入人们的生活。为改善无线接入性能和提高移动网络服务质量，作为 3G 标准 WCDMA 和 TD-SCDMA 的制定者 3GPP 开始按部就班地进行一个又一个小版本的升级。

从 2004 年底到 2005 年初，3GPP 正在进行 R6 的标准化工作，其主要特性是 HSUPA 和 MBMSC 多媒体广播组播业务。此时，在 IEEE-SA 组织中进行标准化的 802.16e 宽带无线接入标准化进展迅速，在 Intel 等 IT 巨头的推动下，产业化势头迅猛，对以传统电信运营商、设备制造商和其他电信产业环节为主组成的 3GPP 构成了实质性的竞争威胁。

简而言之，802.16e 和以此为基础的移动 WiMAX 技术（全球互通微波存取技术）是"宽带接入移动化"思想的体现。WiMAX 主要的空中接口技术是 OFDMA（正交频分多址）和 MIMO（多入多出），支持 10MHz 以上的带宽，可以提供数十 Mb/s 的高速数据业务，并能够支持车载移动速度。相比之下，WCDMA 单载波 HSDPA 的峰值速率仅为 14.4Mb/s，在市场宣传上处于非常不利的地位。更进一步，OFDMA 本身具有大量正交窄带子载波构成的特点，允许系统灵活扩展到更大带宽；而 5MHz 以上的宽带 CDMA 系统会面临频率选择性衰落环境下接收机复杂等一系列技术问题。因此，3GPP 迫切需要一种新的标准来对抗 WiMAX。在这种形势下，LTE（长期演进项目）就应运而生了。

从 2004 年底开始的 LTE 标准化工作分为研究项目（SI）和工作项目（WI）两个阶段。其中，SI 阶段于 2006 年 9 月结束，主要完成目标需求的定义，明确 LTE 的概念等，然后征集候选技术提案，并对技术提案进行评估，确定其是否符合目标需求。3GPP 在 2005 年 6 月完成了 LTE 需求的研究，形成了需求报告 TR25.913，具体需求项见表 7-1。

2006 年 9 月 3GPP 正式批准了 LTE 工作计划，LTE 标准的起草正式开始。3GPP 已于 2007 年 3 月完成第二阶段（Stage2）的协议，形成了 Stage2 规范 TS36.300。按照工作计划，3GPP 在 2007 年 9 月完成第三阶段（Stage3）协议，测试规范在 2008 年 3 月完成。2008 年 12 月，3GPP 工作组完成了所有的性能规格和协议，并且公布了 3GPPR8 版本作为 LTE 的主要技术标准。3GPP 最终在提交的 6 个候选方案中选择 1 号和 6 号两个方案进行结合，即多址方式下行采用 OFDMA，上行采用 SC-FDMA（单载波频分多址），舍弃了 3G 核心技术 CDMA。LTE 系统具有 TDD 和 FDD 两种模式，分别称为 LTE-TDD（在中国，习惯叫 TD-LTE）和 LTE-FDD。与 3G 时代不同，LTE 的 TDD 和 FDD 具有相同的基础技术和参数，也是用统一的规范描述的。LTE 核心网层面同样进行了革命性变革，引入了 SAE（系统架构演进），核心网仅含分组域，且控制面与用户面分离。LTE 网络中的网元进行了精简，取消了 RNC，整个网络向扁平化方向发展。

表7-1　LTE的需求项列表

LTE 需求项	（1）支持 1.25MHz（包括 1.6MHz）~ 20MHz 带宽
	（2）峰值数据率：上行 50Mb/s，下行 100Mb/s
	（3）频谱效率达到 3GPP R6 的 2 ~ 4 倍
	（4）提高小区边缘的比特率
	（5）用户平面延迟（单向）小于 5ms，控制平面延迟小于 100ms
	（6）支持与现有 3GPP 和非 3GPP 系统的互操作
	（7）支持增强型的广播多播业务。在单独的下行载波部署移动电视（MobileTV）系统
	（8）降低建网成本，实现从 R6 的低成本演进
	（9）实现合理的终端复杂度、成本和耗电
	（10）支持增强的 IMS 和核心网
	（11）追求后向兼容，但应该仔细考虑性能改进和后向兼容之间的平衡
	（12）取消 CS 域，CS 域业务在 PS 域实现，如采用 VoIP
	（13）对低速移动优化系统，同时支持高速移动
	（14）以尽可能相似的技术同时支持成对轴非成对频段
	（15）尽可能支持简单的临频共存

R8 之后的 R9 对 LTE 标准进行了修订与增强，主要内容有：WiMAX-LTE 之间的移动性、WiMAX-UMTS 之间的移动性、Home Node B（家用基站）/eNode B（增强型基站）、各种一致性测试等。作为应对措施，3GPP2 阵营也提出了空中接口演进（AIE），在 2007年 4 月发布了第一版的接近于 4G 的系统标准 UMB（超移动宽带），只是后来在运营商中接受度不高，没有继续演进到 4G。

7.1.1.1　移动 WiMAX 的产生与标准化

IEEE-SA 在广泛的产业范围内负责全球产业标准的制定，它负责的其中一部分就是关于电信产业的。其制定的 IEEE 802.16 系列标准，又称为 IEEE WMAN 标准，它对工作于不同频带的无线接入系统空中接口的一致性和共存问题进行了规范。由于它所规定的无线系统覆盖范围在千米量级，因而符合 802.16 标准的系统主要应用于城域网。

成立于 2001 年的 WiMAX 论坛的主要目标是促进 802.16d 和 802.16e 设备之间的兼容性和互操作性能，它对设备性能要求和选项进行了明确的规范和选择，对不同的选项按照技术发展和市场要求定义为必选或可选。论坛制定相关的测试标准，并基于此对设备进行认证。运营商和用户可以自由选择、放心使用通过认证的产品，免除了运营商系统测试和试商用的时间成本和风险，用户也不受限制地选择终端。WiMAX 论坛虽然不是标准化组织，但它主要交流和促进的是 802.16 标准的技术，因此一般定义基于 802.16d 标准的宽带无线接入技术为 WiMAX 技术，符合 802.16e 标准的称为移动 WiMAX 技术。

802.16e 在 2005 年发布，它是为了支持移动性而制定的标准，其物理层技术特征如表 7-2 所示。它增加了对于小于 6GHz 许可频段移动无线接入的支持，支持用户以 120km/h 的车辆速度移动。与 802.16d 技术相比，802.16e 对物理层的 OFDMA 方式进行了扩展，并支持基站或扇区间的高层切换功能。由于采用了 MIMO/OFDM 等 4G 的核心技术，802.16e 在某些方面已经具有了 4G 的特征。

表7-2　固定WiMAX和移动WiMAX的物理层技术特征

技术参数	802.16d	802.16e
子载波数	256（OFDM） 2048（OFDMA）	256（OFDM） 128、512、1024、2048（OFDMA）
带宽 /MHz	1.75 ~ 20	1.25 ~ 20
频段 /GHz	2 ~ 11	<6
移动性	固定或便携	中低车速（<120km/h）
传输技术	单载波、OFDM	
多址方式	OFDMA 结合 TDMA（上行）、TDM（下行）	
频谱分配单位	子信道	
双工方式	FDD 或 TDD	
峰值速率 /（Mb·s^{-1}）	75（20MHz）	15（5MHz）
实际吞吐量 /（Mb·s^{-1}）	38（10MHz）	6 ~ 9（车速下）
调制方式	QPSK、16QAM、64QAM	
信道编码	卷积码、块 Turbo 码、卷积 Turbo 码、LDPC 码	
链路自适应	AMC、功率控制、HARQ	
小区间切换	不支持	支持

续表 7-2

技术参数	802.16d	802.16e
增强型技术	智能天线、空时码、空分多址、宏分集（16e）、Mesh 网络拓扑	
接入控制	主动带宽分配、轮询、竞争接入相结合	
QoS	支持 UGS、RtPS、NrtPS 和 BE4 种 QoS 等级	
省电模式	不支持	支持空闲（Idle）、睡眠模式

为了融入主流通信阵营，802.16e 主动申请加入 ITU 的通信标准，2007 年 12 月被 ITU 正式接纳为 3G 标准之一。为了进一步向前演进，IEEE 802.16 委员会设立了 802.16m 项目，并于 2006 年 12 月批准了 802.16m 的立项申请，正式启动 802.16m 标准的制定工作。802.16m 项目的主要目标有两个：一是满足 ITU 的 4G 技术要求；二是保证与 802.16e 兼容。为了满足 4G 所提出的技术要求，802.16m 下行峰值速率应该实现低速移动、热点覆盖场景下传输速率达到 1Gb/s 以上，高速移动、广域覆盖场景下传输速率达到 100Mb/s。为了兼容 802.16e 标准，802.16m 考虑在 802.16WMANOFDMA 的基础上进行修改来实现。通过对 802.16WMANOFDMA 进行增补，进一步提高系统吞吐量和传输速率。

7.1.1.2　IMT-Advanced 标准发展

早在 2000 年 10 月，ITU 就在加拿大蒙特利尔市成立了"IMT2000 and Beyond"工作组，其任务之一就是探索 3G 之后下一代移动通信系统的概念和方案。直到 2005 年 10 月 18 日结束的 ITU-RWP8F 第 17 次会议上，ITU 才将 System Beyond IMT-200CK（即 B3G）正式定名为 IMT-Advanced。

ITU-R 在 2003 年底完成了 M.1645 文件，即 vision（愿景）建议，并在 2004 年征询了各成员意见后，对其进行了增补。在这个建议中，ITU 首次明确了 B3G 技术的关键性能指标、主要技术特征以及实施的时间表等关键性的内容。通过这个文件，业界对 B3G 的内涵和外延有了一个比较共同的认识，从而为 B3G 的发展奠定了基础。

ITU-R 详细地定义了 IMT-Advanced 特征，主要包括：① 高移动性时支持 100Mb/s 峰值数据速率，低移动性时支持 1Gb/s 峰值数据速率；② 与其他技术的互通；③ 支持高质量的移动服务、与其他无线技术的互通和支持全球范围内使用的设备。

综合各成员的研究成果，ITU 给出了 IMT-Advanced 系统的基本构想，IMT-Advanced 将采用单一的全球范围的蜂窝核心网来取代 3G 中各类蜂窝核心网，满足这个特征的只有基于 IPv6 技术的网络。各类接入系统（包括蜂窝系统、短距离无线接入系统、宽带本地接入网、卫星系统、广播系统和有线系统等）通过媒体接入系统（MAS）连接基于 IP 的核心网中，形成一个公共的、灵活的、可扩展的平台。ITU 也给出了 IMT-Advanced 系统的主要技术参数，如表 7-3 所示。

表7-3　IMT-2000与IMT-Advanced系统主要技术参数

技术参数	IMT-2000	IMT-Advanced
业务特性	优先考虑语音、数据业务	融合数据和 VoIP
网络结构	蜂窝小区	混合结构
频率范围	1.6 ~ 2.5GHz	2 ~ 8GHz，800MHz 低频
带宽	5 ~ 20MHz	100MHz 以上
速率	384kb/s ~ 2Mb/s	20 ~ 100Mb/s
接入方式	WCDMA/CDMA2000/TD-SCDMA	MC-CDMA 或 OFDM
交换方式	电路交换 / 包交换	包交换
移动性能	200km/h	250km/h
IP 性能	多版本	全 IP（IPv6）

2007 年 11 月，世界无线电大会（WRC-07）为 IMT-Advanced 分配了频谱，进一步加快了 IMT-Advanced 技术的研究进程。

2008 年 3 月，ITU-R 发出通函，向各成员征集 IMT-Advanced 候选技术提案，算是正式启动了 4G 标准化工作。

2009 年，在其 ITU-RWP5D 工作组第 6 次会议上收到了 6 项 4G 技术提案，分别由 IEEE、3GPP、日本（2 项）、韩国和中国提交。

2010 年 10 月 21 日，ITU 完成 f6 个 4G 技术提案的评估；最后将 3 个基于 3GPP LTE-Advance 的方案融合为 LTE-Advanced，它是 LTE 的增强型技术，对应于 3GPPR10 版本；将另外 3 个基于 IEEE 802.16m 的方案融合为 WirelessMAN-Advanced（也称为 WiMAX-2），它是 802.16e 的增强型技术；完成了 IMT-Advanced 标准建议 IMT.GCS。

2012 年，ITU-RWP5D 会议正式审议通过了 IMT.GCS，确定了官方的 IMT-Advanced 技术。至此，业界一致认为这是正式的 4G 标准，而之前的 LTE 和 802.16e 未达到 IMT-Advanced 的性能要求，但关键技术具有 4G 特征，并能平滑演进到 4G，所以将它们称为准 4G 或 3.9G，属于 4G 阵营。

7.1.2　4G 特征与频谱

7.1.2.1　4G 业务特征

随着生活水平的提高、社会经济的高度发展，人们对移动通信业务的需求越来越大，要求越来越高。需求驱动了产业链的发展，使得业务模型、业务架构成为 4G 系统中最为重要的特性之一。通过调查，人们对 4G 业务的要求主要集中在以下方面。

①丰富多彩：就内容而言，用户追求清晰度更高的画面、更加逼真的音效等；就业

务范围而言，购物消费、居家生活、娱乐休闲、医疗保健、紧急处理等日常生活的各个方面都应该纳入业务框架之中。

②方便简单：新业务将提供质量越来越高、范围越来越广、内容越来越丰富的服务，这对技术复杂度、系统架构的要求也必然越来越高，但对于用户而言应该是透明的，人机界面的设计至关重要。

③安全可靠：目前安全性成为用户关注的焦点，除了与金融相关的安全性问题，隐私保护是用户关心的另一个重点。用户应被授予控制隐私级别的权利，在不同场所应用不同业务的过程中如果隐私可能受到侵犯，系统应有能力及时告知用户。

④个性化：追求个性化是用户的必然趋势，从个性化外观的手持终端到可配置的信息预订，终端制造商到内容提供商等产业链中的各个部分都需要协同合作来满足用户对业务最大化智能控制的要求。

⑤无缝覆盖：4G 系统应提供无缝覆盖，不仅在网络层面上实现互联互通，而且在业务和应用层面上实现用户体验的无缝融合。

⑥开放性：开放分层的业务架构和平台将为 IMT-Advanced 提供丰富的业务资源，这主要体现在通过标准接口开放网络的能力，从而允许第三方利用开放的接口和资源灵活快速地开发和部署新业务。

7.1.2.2 4G 技术特征

4G 标准的两大方案 LTE-Advanced 和 802.16m 经自评和测试，都达到或超过了 IMT-Advanced 的性能指标。虽然两者的核心技术是一致的，但具体实施方案不一样，均延续了"家族特色"；演进路线也不一样，LTE-Advanced 沿"移动网络宽带化"方向演进，而 802.16m 沿"宽带网络移动化"方向演进。两个方案体现出的技术特征如表 7-4 所示。

表7-4　LTE-Advanced和802.16m的主要技术特征

LTE-Advanced 的主要特征	802.16m
下行：OFDMA，上行：基于 DFT-spreadOFDM 的 SC-FDMA	下行/上行：OFDMA
同时支持 FDD 和 TDD 模式	同时支持 FDD 和 TDD 模式
弹性适应不同的载波带宽	弹性适应不同的载波带宽
低的接入和切换延迟	低的接入和切换延迟
下行多种跟踪信道变化的参考信号	高级 MAP（A-MAP）控制信道
上行多种跟踪信道变化的参考信号	上行多种反馈和信道质量指示信道
简单的 RTT 协议栈	简单的 RTT 协议栈

续表 7-4

LTE-Advanced 的主要特征	802.16m
有效支持 IP 的扁平网络结构	有效支持 IP 的扁平网络结构
多种 MIMO 方案（SU-MIMO：基于 SFBC 和 FSTD 的传输分集、空分复用、波束成型；MU-MIMO:SDMA；分布式天线技术）	多种 MIMO 方案（SU-MIMO: 基于 SFBC 的传输分集、没有预编码的空分复用、基于码书的预编码、基于信道估计的预编码、秩和模式自适应的预编码；MU-MIMO:SDMA、协作空分复用；多基站 MIMO）
多种干扰抵消技术（包括软频谱再用、基站协作调度、协作多点传输等）	多种干扰抵消技术（包括：干扰随机化、干扰感知的基站协作和调度、软频谱再用、传输波束成型等）
和 3GPP 早期系统兼容	和 WiMAX 早期系统兼容
与 CDMA2000 等其他蜂窝系统的互联互通	多种无线电系统共存功能
专用家庭基站（Femto）	专用家庭基站（Femto）
有效的多播 / 广播方案	有效的多播 / 广播方案
支持自优化网络（SON）操作	支持自组织和自优化功能
支持更大带宽的载波聚合技术	支持更大带宽的多载波技术
改进小区边沿频谱效率的协作多点传输（CoMP）	
增强覆盖和低成本部署的中继技术	多跳中继技术
	基于位置的业务
	基站间同步

7.1.2.3　4G 频谱

2007 年 11 月世界无线电大会上，对有关频谱使用的国际协议进行了修订和更新，会议明确决定，国际移动通信标准 IMT-2000 和 IMT-Advanced 频段可以通用。除原来已有的 1G、2G 和 3G 频段外，ITU-R 为 IMT 划分了新的频段，具体包括如下 4 个频段。

① 450 ~ 470MHz（20MHz 带宽）；

② 698 ~ 806MHz（108MHz 带宽）；

③ 2300 ~ 2400MHz（100MHz 带宽）；

④ 3400 ~ 3600MHz（200MHz 带宽）。

从全球来看，700MHz/1.8GHz/2.6GHz 共 3 个频段为海外运营商选择的 4G 频段的主流，其中，700MHz 频谱一直被运营商视为 4G 布网的黄金频段；但在中国，700MHz 频谱被广播电视系统使用，因此，有关部门暂时未将 700MHz 频谱列在划分范围内。2013

年，随着 TD-LTE 牌照的发放，工信部对 TD-LTE 的频谱进行了分配，中国移动共获得 130MHz 频谱资源，频段分别为 1880 ～ 1900MHz、2320 ～ 2370MHz、2575 ～ 2635MHz；中国联通共获得 40MHz 频谱资源，频段分别为 2300 ～ 2320MHz、2555 ～ 2575MHz；中国电信共获得 40MHz 频谱资源，频段分别为 2370 ～ 2390MHz、2635 ～ 2655MHz。

7.1.3 4G 网络架构

7.1.3.1 LTE/LTE-Advanced 网络

LTE/LTE-Advanced 网络由 E-UTRAN（增强型无线接入网）和 EPC（增强型分组核心网）组成，又称为 EPS（增强型分组系统）。其中，E-UTRAN 由多个 eNodeB（增强型 Node B，简称 eNB）组成，LTE-Advanced 还支持 HeNB（家庭 eNB）和 RN（中继节点），当以规模方式部署大量的 HeNB 时，就需要部署家用基站网关（HeNBGW）；EPC 由 MME（移动性管理实体）、SGW（服务网关）和 PGW（PDN 网关）组成。

对比 UMTS 网络，EPC 类似于 UMTS 的核心网，它的 MME 和 SGW 一起实现了 SGSN 功能，PGW 实现了 GGSN 功能。LTE/LTE-Advanced 核心网 EPC 实现了控制面和用户面分离，MME 实现控制面功能，SGW 实现用户面功能。在 E-UTRAN 中，不再具有 3G 中的 RNC 网元，而是采用扁平化的无线访问网络架构，它趋近于典型的 IP 宽带网络结构，RNC 的功能分别由 eNB、核心网 MME 及 SGW 等实体实现。与空中接口相关的功能都被集中在 eNB，RLC 和 MAC 都处于同一个网络节点，从而可以进行联合优化和设计。增加 RN 和 HeNB 的作用是扩大覆盖、提高系统容量，使无线建网更灵活方便。

S1 是 eNB 和 MME/UPE（用户平面实体）之间的接口，包括 S1-C 和 S1-U 两类子接口。X2 是 eNB 之间的接口，采用 Mesh 工作方式，X2 的主要作用是尽可能减少由于用户移动导致的分组丢失，包括 X2-C 和 X2-U 两类子接口。UE 和 eNB 之间通过空中接口 LTE-Uu 接口相连。

LTE/LTE-Advanced 核心网不再具有电路域 CS 部分，只具有分组域 EPC，只提供分组业务。对于语音业务的实现，LTE 可以通过 IMS 系统实现 VoIP 业务。在建网初期，由于 IMS 可能尚未部署，LTE 网络只能提供分组数据类业务。当用户需要语音业务及其他的 CS 业务（如短消息、位置服务等）时，可以使用电路域回落（CSFB）过渡性技术，用户终端回落到 2G/3G 的 CS 域完成这些业务，此时需要采用多代移动网络混合组网。图 7-1 是 4G 和 3G 融合组网的网络架构，HSS 可以作为一个共有的中心数据库设备，服务于 LTE 核心网、UMTS 核心网和 IMS 应用网络。HSS 与 EPC 的接口为 S6a，使用 Diameter 协议；HSS 与 3G-CS 核心网的接口是 C/D，使用 MAP 协议；HSS 与 3GPS 核心网的接口是 Gc/Gr，使用 MAP 协议；HSS 与 IMS 的 CSCF 的接口是 Cx，使用 Diameter 协议。

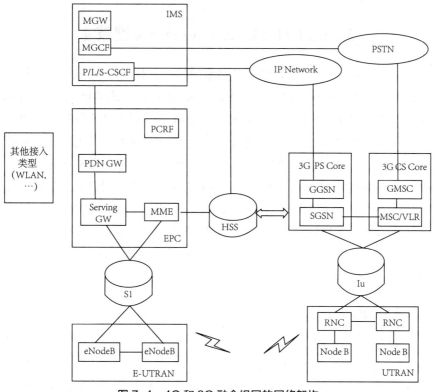

图 7-1　4G 和 3G 融合组网的网络架构

7.1.3.2　802.16m 网络

图 7-2 给出了 802.16m 中的网络架构模型，包含移动台（MS）、接入服务网络（ASN）和连接服务网络（CSN）等功能实体。其中，ASN 为 IEEE 802.16e/m 的签约用户提供无线接入的功能，CSN 提供到签约用户的 IP 连接服务（例如点到点连接、鉴权和到 IP 多媒体连接的服务等）。如果有需要，可以配置中继站（RSs）来提供更好的覆盖范围。

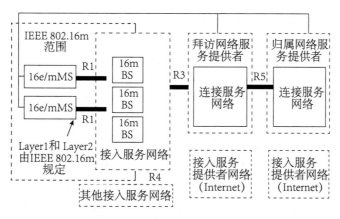

图 7-2　802.16m 全网络架构示意图

7.2 LTE/LTE-Advanced 关键技术

LTE/LTE-Advanced 作为 3GPP 移动通信系统的新一代无线接入技术标准，同时支持 FDD 和 TDD 两种双工方式。LTE/LTE-Advanced 的 TDD 模式继承 TD-SCDMA 的特殊时隙设计和智能天线技术，TD-LTE 与 LTE-FDD 的差别主要体现在帧结构、同步信号位置、HARQ 和上行调度等方面。这些系统差异，一方面导致了两系统在峰值速率和时延性能上有所差别，另一方面给其他技术（例如 MIMO）在使用时带来不同影响。总体来说，TD-LTE 与 LTE-FDD 都采用了 OFDM 和 MIMO 技术，在多址接入、信道编码、调制方式、导频设计等大部分物理层设计上保持一致，两者在 3GPP 标准上共用的技术规范则超过 90%，在基本的物理层参数和技术方面都保持了相互兼容。

基于以上原因，本书有关 LTE/LTE-Advanced 网络和技术介绍不区分 FDD 和 TDD 模式，有差异的地方会特别说明。

7.2.1 LTE 的关键技术

7.2.1.1 OFDMA 多址技术

因为 OFDM 技术可以很高效地解决宽带移动通信系统中的频率选择性衰落和符号间干扰问题，所以 LTE 选用该技术为其核心技术。以 OFDM 技术为基础，通过为用户分配不同的子载波来区分用户的多址方式，就称为 OFDMA。

虽然 3GPP 支持 WCDMA 和 TD-SCDMA 各自独立演进到 LTE，但出于简化芯片设计和降低网络建设成本的考虑，3GPP 要求它们采用相同的多址技术，所以在讨论多址方案时要综合这两种体制的情况。大多数厂商支持下行采用 OFDMA；对于上行，FDD 出于对 OFDM 技术的高峰均比（PAR）的顾虑，建议采用 SC-FDMA，TDD 因为上行采用了同步技术，OFDM 的 PAR 影响较少，也适合采用 OFDMA。综合 FDD 和 TDD 的情况，LTE 最终采用了统一的多址技术——上行使用 SC-FDMA，下行使用 OFDMA。由于采用了新的多址技术，而不再是 CDMA，因此 LTE 没有好的后向兼容性。

下行 OFDMA 多址方式如图 7-3 所示。OFDMA 技术与 CDMA 技术相比，优点是可取得更高的频谱效率。

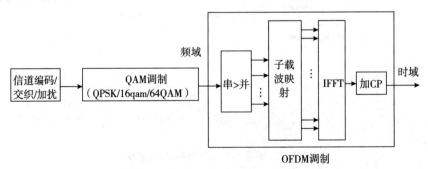

图 7-3 LTE 的下行 OFDMA 多址方式

　　上行 SC-FDMA 信号有时域和频域两种生成方法，最终采用频域的 DFT-S-FDMA 方案，多址方式如图 7.3 所示，采用的子载波间隔为 15kHz。产生的方法是在 OFDM 的 IFFT 调制之前对信号进行 DFT 扩展，这样系统发射的是时域信号（发送信号的频域特性类似于单载波），从而可以避免 OFDM 系统发送频域信号带来的 PAR 问题。SC-FDMA 的特点是 PAR 较低，上行采用该技术，可以降低移动终端功耗，减小移动终端的体积和成本。

　　在 OFDM 系统中，时间扩散效应、频率同步误差和无线信道频率扩散效应是影响系统性能的主要因素。为了克服这些因素带来的不利影响，需要结合应用场景对 OFDM 系统的关键参数，例如循环前缀（CP）、子载波间隔等进行优化。经过对各类常见移动通信信道时延扩展的分析，对于通常用途，LTE 系统选择了 15kHz 的子载波间隔，每个 OFDM 符号周期为 66.7μs；与之相应的 CP 有两种：普通 CP 为 4.7μs，扩展 CP 为 16.7μs，分别用于城区和远郊 / 山区环境。基于上述参数，LTE 系统可容忍的子载波频率误差不得大于 150Hz。对于 7.5kHz 子载波间隔，只定义了扩展 CP，长度为 33.3μs。

7.2.1.2　MIMO 技术

　　和以往的通信技术相比，LTE 大幅提高了对传输速率和频谱效率的要求，为满足这一要求，MIMO 作为提升吞吐量和频谱效率的最佳技术被引入 3GPP R8。

　　（1）MIMO 技术原理

　　MIMO 技术是指发送机和接收机同时采用多个天线。其目的是在发送天线与接收天线之间建立多路通道，在不增加带宽的情况下，成倍改善 UE 的通信质量或提高通信效率。MIMO 技术的实质是为系统提供空间复用增益和空间分集增益，空间复用技术可以提高信道容量；而空间分集则可以增强信道的可靠性，降低信道误码率。

　　假设一个具有 N 个发送天线和 M 个接收天线的 MIMO 系统，空间传输信道特征为瑞利平坦衰落。其系统模型如图 7-4 所示。

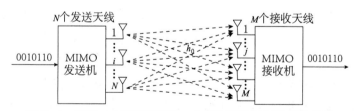

图 7-4　具有 N 个发送天线和 M 个接收天线 MIMO 系统模型

　　系统利用各发送接收天线间的通道响应的独立性，通过空时编码创造出多个并行的传输空间。系统信道容量为

$$C = \max_{f(s)} I(s; y) = \max_{T_r(\boldsymbol{R}_{ss})=N} \text{lb} \det\left(\boldsymbol{I}_M + \frac{\rho}{M} \boldsymbol{H} \boldsymbol{R}_{ss} \boldsymbol{H}^{\text{H}}\right) \tag{7-1}$$

式中，$f(s)$ 为矢量 s 的概率分布；$I(s; y)$ 为矢量 s 和 y 的信息量；$\boldsymbol{R}_{ss}$ 为发送信号协方差矩阵；$\boldsymbol{I}_M$ 为 $M \times N$ 的单位矩阵；ρ 为接收端信噪比；$\boldsymbol{H}$ 为 $M \times N$ 的信道矩阵；$\boldsymbol{H}^{\text{H}}$ 为 $\boldsymbol{H}$ 的共轭转置矩阵。

由上式可以看出，当 $M=1$，$N=1$ 的极限情况时，是单入单出（SISO）模型，该信道容量公式即简化为香农公式：

$$C = \mathrm{lb}\det(1+\rho) \tag{7-2}$$

当发送端天线数量固定为 N 时，大数定律表明：

$$\lim_{M\to\infty}\frac{1}{M}\boldsymbol{HR}_{\mathrm{SS}}\boldsymbol{H}^{\mathrm{H}} = \boldsymbol{I}_M \tag{7-3}$$

当 M 趋向于无穷大时，信道容量变为常数

$$C = M_{\mathrm{min}}\,\mathrm{lb}\det(1+\rho) \tag{7-4}$$

其中 $M_{\mathrm{min}}=\min\{M, N\}$。该式表明，信道容量随 M_{min} 的增大线性增大。同样，当信噪比很大时，对于任意的 M 和 N，信道容量也随 M_{min} 线性增长。因此，只要接收端能够正确估计信道信息，即使信道的状态信息（CSI）不确定，信道的容量也与发送端和接收端中最小的天线数目成线性增长关系。

MIMO 的最优化分析过程本质就是解方程过程，最大方程的个数由接收端天线个数 M 决定，最大未知数的个数由发射端天线个数 N 决定。$M>N$，即方程数大于未知数，从数学角度可能无解；从通信角度，就是分集合并，得到一定准则下的解。JVT$<N$，即方程数小于未知数，从数学角度可能存在无穷多个解；从通信角度，为了得到唯一解，就需要增加方程数，即增加接收端天线个数，或者减少未知数个数。$M=N$，即方程数等于未知数，从数学角度可以得到最佳解，也可能存在无穷多个解。

MIMO 的检测算法有很多，常用的包括 ZF（迫零）算法、MMSE（最小均方误差）算法、SIC（串行干扰消除）算法、PIC（并行干扰消除）算法、球形译码算法、Log-Map（对数最大后验概率）算法，其中，Log-Map 算法性能最优，但复杂度也最高。

（2）MIMO 技术分类与 LTE 的应用模式

根据实现目的和方式的不同，MIMO 技术可以分为空间复用（SM）、发送分集（TD）、波束赋形（BF）等类型。SM 是将发射的高速率数据分成多个低速率数据流，从多个天线发射出去，由多个天线接收，接收端根据各天线的接收信号，还原出原始数据流，因此，SM 可以成倍提高数据传输效率。TD 是在信号发射端使用多路天线发送相同的信号，因此，TD 可以获得比单天线更高的信噪比。BF 是利用空间的相关性和波的干涉原理产生强方向性的辐射覆盖，将辐射覆盖的主瓣指向 UE，可以提高信噪比，提高覆盖范围。BF 主要应用于下行链路。

LTE 系统中，MIMO 关键过程与技术包括 SM、空分多址（SDMA）、预编码、秩自适应（RA）和空时发送分集（STTD）等。如果所有空分复用（SDM）数据流都用于一个 UE，则称为 SU-MIMO（单用户多入多出）；如果将多个 SDM 数据流用于多个 UE，则称为 MU-MIMO（多用户多入多出）。

LTE 的基本 MIMO 模型是下行采用双发双收的 2×2 配置，上行采用单发双收的 1×2 配置，但可考虑更多的天线配置（最多 4×4）；LTE 在上行还采用了虚拟 MIMO 以增大容量。R8 版本中，下行支持 MIMO 发射的信道有 PDSCH（物理下行共享信道）和

PMCH（物理多播信道），其余的下行物理信道均不支持，只能采用单天线发射或发射分集。

LTE 系统支持多种下行 MIMO 模式，R8 版本中共定义了 7 种传输模式，包含发送分集、开环和闭环空间复用、MU-MIMO、波束赋形等 MIMO 应用方式。开环空间复用无须反馈信道状态信息，稳定性高；闭环空间复用需要反馈状态信息，具有较高的容量增益。R9 版本中增加了双流波束赋形模式，并且增加了导频设计支持多 UE 波束赋形。传输模式的选择不同，对容量和覆盖的改善作用不同，所适用的应用场景也不同，系统可根据无线信道和业务需求在各种模式间自适应切换。LTE 下行链路可用的 MIMO 模式如表 7-5 所示。

表7-5　LTE下行MIMO模式特征

发送模式	传输方案	多天线增益	给系统带来好处
模式一	单天线发送，端口 0		
模式二	开环发送分集	分集增益	提高系统覆盖
模式三	开环空间复用	复用增益	提高系统容量
模式四	闭环空间复用	阵列增益、复用增益	提高系统容量
模式五	多 UE 空间复用	复用增益	提高系统容量
模式六	闭环发送分集	阵列增益	提高系统覆盖
模式七	单流波束赋形	阵列增益	提高覆盖
模式八	双流波束赋形	阵列增益、复用增益	提高系统容量

模式一可以提高信号传输的可靠性，在 2 天线条件下采用空频分组码（SFBC），在 4 天线条件下采用 SFBC 结合频率切换发射分集（FSTD）；模式二主要用于小区边缘的 UE；模式三和模式四可以提高峰值速率，主要用于小区中央的 UE；模式五的 MU-MIMO 可以提高吞吐量，用于小区中的业务密集区；模式六和模式七可以增强小区覆盖，也适用于小区边缘的 UE，其中模式六是针对 FDD 的，而模式七是针对 TDD 的。

为保障可靠性，LTE 中提供了传输方案回退的设计，每种传输模式可以指定一种传输回退模式，当在某个传输模式下由于信道环境变化等原因不能正常工作时，网络侧将 UE 切换到更可靠的传输方案下。

7.2.1.3　HARQ 技术

HSDPA 系统已经证明 AMC（自适应调制编码）和 HARQ 技术能够有效提升下行链路容量，由于在 3G 系统中的成功应用，HARQ 技术在 LTE 系统中也受到了同样的重视。LTE 系统采用的是 IR（增量冗余）算法的 HARQ 技术，即在重传时重传系统位，并在接收机对系统位进行最大比合并。

LTE 系统上下行链路采用的 HARQ 方案并不完全相同，其中上行链路采用了非自适应的同步 HARQ 方案，下行链路采用了自适应的异步 HARQ 方案。自适应和非自适应 HARQ 的区别是：每次重传时的调制编码格式是否相同，重传所用的无线资源是否相同。自适应 HARQ 其实就是 HARQ 与 AMC 和自适应调度的结合，该方案虽然会提升链路的性能，但流程复杂，信令开销大。非自适应 HARQ 就是各次重传采用预先定义好的调制编码格式，因此信令开销小。LTE 采用的 HARQ 是基于 JV 个进程并行的停等式 ARQ。若每个 HARQ 进程的时域位置被限制在预先定义好的位置，就是同步 HARQ；反之，则是异步 HARQ。同步 HARQ 的每个进程不需要额外的进程编号，通过子帧编号就可识别该 HARQ 进程；异步 HARQ 的每个进程需要额外的信令开销，以指示其对应的进程编号。

在 LTE 系统中，TDD 与 FDD 的 HARQ 反馈设计有所不同，FDD 由于上下行链路对称，每个上行子帧都对应唯一一个下行子帧，因此 ACK/NAK 反馈可以与下行子帧一一对应。但是，在 TDD 系统中，上下行时隙数目不对称，下行子帧数量通常多于上行子帧数量。为了解决以上问题，引入了 Multiple ACK/NAK 的概念，即使用一个 ACK/NAK 完成对前续若干个下行数据的反馈，如图 7-5 所示，这样就解决了上下行时隙不对称带来的反馈问题，另一方面也减小了数据的传输时延，数据无须再等待到下一个上行时隙就可以进行反馈了。

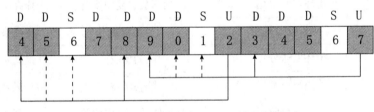

图 7-5　TDD 系统 HARQ 过程示例

7.2.2　LTE-Advanced 的关键技术

LTE-Advanced 简称 LTE-A，对应于 3GPP 的 R10 版本，是 LTE R8/R9 的进一步演进和增强，也是 3GPP 提交 ITU 的 4G 正式候选方案（其技术性能指标超过了 IMT-Advanced 需求）。LTE-A 除了扩展 LTE 已有技术外，还引入了一系列新技术以提高系统性能，主要包括载波聚合（CA）技术、多天线增强技术、协作多点传输（CoMP）技术、中继（Relay）技术、增强型小区间干扰消除（eICIC）技术以及网络自组织与优化（SON）技术、增强型广播多播服务（eMBMS）技术等。3GPP R10 之后的版本继续增强系统性能，R11 是对 R10 技术的修订与增强，R12 主要研究方向为热点增强技术、3D MIMO（三维多输入多输出）、终端直通（D2D）技术等，R13 已开始讨论和研究 5G 技术。

下面介绍并讨论 LTE-A 的主要关键技术。

7.2.2.1　载波聚合技术

IMT-Advanced 要求系统的最大带宽不小于 40MHz，考虑到现有的频谱分配方式和规划，无线频谱已经被 2G、3G 以及卫星等通信系统所大量占用，很难找到足以承载

IMT-Advanced 系统带宽的整段频带，同时，如何有效利用现有剩余的离散频段是一个十分有研究价值的问题。基于这样的现实情况，3GPP 在 LTE-A 中开始研究载波聚合技术，通过两个或更多的基本载波的聚合使用，解决 LTE-A 系统对频带资源的需求。

　　LTE-A 支持连续载波聚合以及频带内和频带间的非连续载波聚合，如图 7-6 所示，5 个连续的 20MHz 的频带聚合成 1 个 100MHz 带宽，2 个不连续的载波聚合成 1 个 40MHz 的带宽。

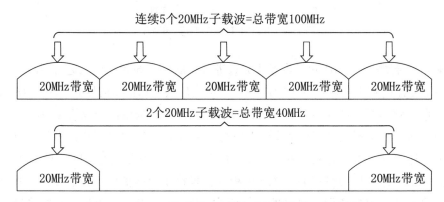

图 7-6　LTE-A 连续载波聚合与非连续载波聚合示意图

　　增大系统带宽：LTE R8 支持最大 20MHz 的系统带宽，LTE-Advanced 可以通过载波聚合支持 100MHz 的系统带宽。

　　为了在 LTE-A 商用初期能有效利用频率资源，即保证 LTE R8/R9 终端能够接入 LTE-A 系统，各个单元载波都能够配置成与 LTE 后向兼容的载波。在载波聚合中，终端可能被配置为在上下行分别聚合不同数量、不同带宽的单元载波。而对于 TDD，典型情况下，上下行的单元载波数是相同的。

　　LTE-A 系统中最多支持 5 个载波的聚合，相对单载波情况，多载波的上下行控制信令的设计是重点研究的内容，下行控制信令除了支持本载波调度外，还支持跨载波调度，以增强灵活性和提高吞吐量，上行控制信令在终端专用的主载波上发送。

　　在物理层设计中，LTE-A 系统还需要解决载波间的时间同步、频点分配和保护带宽设计等问题。在 MAC 层和 RLC 层设计中，要解决不同载波间的协调机制、联合队列 / 单数据队列 / 多数据队列的调度等问题。

7.2.2.2　增强的 MIMO 技术

MIMO 技术的增强是满足 LTE-A 峰值谱效率和平均谱效率提升需求的重要途径之一。

（1）下行 MIMO 增强

LTE R8 里面引入的 MIMO 多天线技术下行最大支持 4 根天线，在 LTE R8/R9 系统的多种下行多天线模式基础上，LTE-A 将支持的下行最高多天线配置扩展到 8×8，支持数据流最大 8 层传输的 SU-MIMO 和数据流最大 4 层传输的 MU-MIMO。此外，LTE-A 下行支持 SU-MIMO 和 MU-MIMO 的动态切换，并通过增强型信道状态信息反馈和新的码本设计（8天线的码本设计）进一步增强下行 MU-MIMO 的性能。可以确定的是，下行单用户峰值速率将因此提高一倍。LTE-A 下行多天线技术如图 7-7 所示。

LTE R8   LTE Advanced

图 7-7   LTE/LTE-A 下行 MIMO

LTE-A 下行增强 MIMO 除了将天线数量进行扩展外，导频设计也进行了改进，将导频分为终端专用的数据解调导频（DM-RS）和反馈信道状态信息的导频（CSI-RS）2 种。其中，数据导频需要设计到最多 8 个层，为了降低开销，采用码分复用（CDM）的方式进行复用；CSI-RS 只是用来反馈信道状态信息，相对于 LTE R8，可以降低导频设计的密度。此外，还引入了很多的优化机制，多用户空分复用的增强也是 LTE R10 标准化的重点，这是因为考虑到移动终端的成本和体积，很难将用户端扩展到 8 个天线，所以多个用户间共享相同的时频资源与基站的通信模式（即 MU-MIMO）成为合适的选择。每个终端层数目以及共同调度的用户数目为：最大 4 个用户共同调度，2 个正交解调导频端口支持每用户最大 2 层，MU-MIMO 支持总数最大是 4 层的发送。

（2）上行 MIMO 增强

LTE R8 上行仅支持用户单天线的发送，随着系统需求的提升，在 LTE-A 中对上行多天线技术进行了增强，将扩展到支持 4×4 的配置，可以实现 4 倍的单用户峰值速率。LTE/LTE-A 上行多天线技术如图 7-8 所示。

相应的增强技术主要集中在如何利用终端的多个功率放大器、上行多流信号的导频设计、上行发射分集方案和上行空间复用的码本设计等方面。

在导频设计方面，LTE-A 在原有的 LTE 中的上行解调导频基础上，引入正交扩频序列来支持上行 MU-MIMO 的不等长带宽配对，以提高上行吞吐量。同时，为了增加多天线情况下探测导频的灵活性，在 LTE 已有周期导频的基础上，引入非周期探测导频。

LTE R8   LTE Advanced
LTE R8上行1流   LTE-A（R10）上行4流

图 7-8   LTE/LTE-A 上行 MIMO

为扩大上行覆盖，在部分上行控制信道格式中引入发射分集。上行空间复用的码本设计主要考虑到峰均比的影响，确保立方量度（CM）特性。

　　另外，与 LTE 系统明显不同的是，LTE-A 支持上行数据的非连续传输以及数据和控制信令的同时发送，以提高灵活性和资源分配的有效性。

7.2.2.3　协作多点传输技术

（1）CoMP 技术概念

　　CoMP（协作多点传输）技术是指在相邻基站间引入协作，在协作基站之间共享信道状态信息和调度有用信息，通过协作基站间的联合处理和发送，将传统的点对点 / 点对多点系统拓展为多点对多点的协作系统，对多个接入点信号的发送与接收进行紧密协调，可以有效降低干扰、提高系统容量、改善小区边界的覆盖和用户数据速率，对小区边界用户的性能改善十分有效。

　　在同频组网的 LTE 系统中，由于上下行分别采用 SC-FDMA 和 OFDMA 的正交多址方式，小区间干扰成为主要干扰，限制了小区边缘用户的吞吐量。如图 7-9 所示，用户 1 有用信号的发送和接收对于邻近小区的用户 2 而言是干扰信号，尤其是当用户处在小区边缘时相互干扰更为严重，将严重影响系统性能。因此，在 LTE-A 系统中，如何抑制小区间的干扰，改善小区边缘用户的服务重量，从而进一步提高系统的频谱利用率，已成为一个亟待解决的问题。

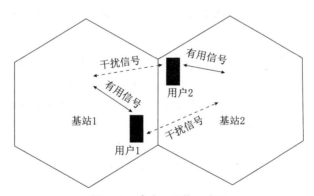

图 7-9　多小区干扰示意图

　　传统的小区间干扰抑制技术包括干扰随机化、干扰消除、干扰协调。干扰随机化将来自相邻小区的信号经过随机化处理后等效为噪声，从而减小了相邻小区同频信号的干扰；干扰消除利用对于干扰信号的估计，在进行信号检测时尽可能地消除干扰小区的信号，从而提高接收端的性能；干扰协调在相邻小区之间进行协调调度，以避免或降低小区间的干扰，由于这种"协调"实际上是通过在小区边缘采用不同的频率覆盖实现的，又称为"软频率复用"或"部分频率复用"。这些技术在 R8/R9 中已经有了初步的应用，由于属于半静态的干扰抑制，并不能实时跟踪干扰的变化，对小区平均吞吐量和边缘用户服务质量的改善有限。为了实现 LTE-A 系统高频谱利用率的需求，协作多点传输技术作为消除小区间干扰的有效手段受到了广泛关注，如图 7-10 所示。

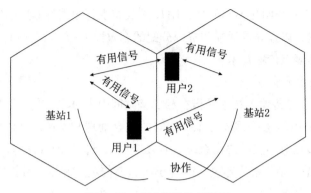

图7-10　多小区协作示意图

（2）CoMP技术分类

根据基站间是否共享用户的数据信息，可将CoMP分为两类：联合处理（JP）和协作调度/协作波束赋形（CS/CB）。

①CS/CB也称为"干扰避免"，不需要在基站间共享用户数据，通过对系统资源的划分和限制或者有效分配，减小相邻小区边缘区域使用的资源在时间、频率或者空间上的冲突，从而尽可能保持系统在高频谱利用率的基础上避免小区间的干扰，提高信号的接收信噪比。

②JT也称为"干扰利用"，需要在基站间共享用户数据，通过协作接收或者发送多个协作用户的信号，实现小区之间的干扰减少或抑制。JP技术可以将干扰信号作为有用信号加以利用，从而降低小区间的干扰，提高小区边缘用户的服务质量和吞吐量，提高系统的频谱利用率。对于上行链路的JP，基站端的干扰抑制需要利用下行信道状态信息；对于FDD系统，由于上下行信道不互易，需要反馈使用码本量化的下行信道信息到协作基站，为降低反馈开销，反馈的信道矩阵信息存在较大量化损失，使用IP技术困难较大；然而对于TDD系统，由于上下行信道存在互易性，可以通过上行信道估计获得下行信道的状态信息，因此更适合使用JP技术。

CoMP-JP根据是否同时在多个节点进行数据传输，又可分为JT（下行联合发送）、JR（上行联合接收）和DPS（动态节点选择）。

①对于下行CoMP-JT，根据预编码时是否考虑协作小区间的相位信息以及是否进行联合预编码，还可以分为相干JT和非相干JT方案。相干JT由于在各个协作基站发出的信号可以做到相位的正向叠加，预编码矩阵是联合生成；而非相干JT的预编码矩阵由协作基站各自独立生成，且没有考虑相互之间的相位信息，用户在接收时可能发生反向叠加，因此相干JT性能优于非相干JT。

②对于上行CoMP-JR，根据对联合接收信息的处理方式，还可分为"联合均衡"和"均衡后合并"两种方案。"联合均衡"是指在基站侧利用联合的信道进行均衡接收，由于联合处理单元能将更多的信道信息用于干扰消除，其复杂度较高但性能最优；"均衡后合并"是指各小区独立均衡，再进行软信息合并，由于协作小区间不共享信道信息，其

复杂度较低但性能欠优。

③ DPS 是指在协作的小区间共享数据、信道、调度等信息，用户数据由动态选择的最优小区发送 / 接收，其他小区可以动态地配置为不发送 / 接收数据。

7.2.2.4　中继技术

中继（Relay）是通过快速、灵活地部署一些节点（中继站），通过无线的方式和基站连接，从而达到改变系统容量和改善网络覆盖的目的。

扩展系统覆盖：通过中继站对基站信号进行接力传输，扩大无线信号的覆盖范围，如图 7-11（a）所示。提高系统容量：通过中继站，减小无线信号的传播距离，提高信号质量，如图 7-11（b）所示。

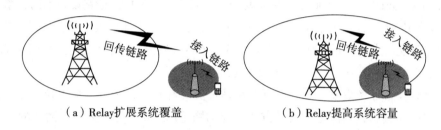

（a）Relay 扩展系统覆盖　　　　　　　（b）Relay 提高系统容量

图 7-11　Relay 扩展系统覆盖和提高系统容量示意图

Relay 和传统移动系统中的直放站（Repeater）工作过程类似，但也存在较大差异。直放站只是进行简单的无线转发，中继站需要对基站的下行发射信号或者终端的上行发射信号进行解调和译码以及资源调度等基带处理，再重新编码、调制、再生放大后转发给终端或基站，因此可以有效抑制网络干扰的抬升，提高信号传输的质量和可靠性，克服无线直放站的干扰问题。

依据不同的功能定位，3GPP 定义了两种类型的 Relay，即 Type1 Relay（属于 Layer3 Relay）和 Type2 Relay（属于 Layer2 Relay）。

Type1 Relay 具有以下特性：

①作为控制小区，每个 Type1 Relay 有独立 PCI；

② Type1 Relay 的小区 ID 与所属基站的小区 ID 不同；

③ Type1 Relay 具有资源调度和 HARQ 功能；

④对于 LTE R8 终端，Type1 Relay 的表现如同一个基站；

⑤对于 R10 终端，Type1 Relay 可能具有比 LTE R8 基站更先进性能。

Type2 Relay 具有以下特性：

①不具备独立的 PCI，不能建立新的小区；

②至少 LTEUE 不会检查到 Type2 Relay 的存在；

③ Type2 Relay 应该能够为 LTE UE 提供上、下行中继服务；

④ LTE UE 一方面接收来自 LTEeNB 的物理层下行控制信道（PDCCH）和公共导频信道（CRS），一方面接收来自 Type2 Relay 的物理层下行共享信道（PDSCH）。

Type1 Relay 和 Type2 Relay 的本质差别是前者属于非透明 Relay，后者属于透明 Relay。非透明的 Type1 Relay 不仅可用于系统容量的提升，也可用于系统覆盖的扩展；但透明的 Type2 Relay 只能用于系统容量的提升，不能用于系统覆盖的扩展。由于 Type2 Relay 不具备独立的 PCI（物理层小区 ID），因此 Type2 Relay 不会创建独立的小区。在中继传输过程中，Type2 Relay 能够更加灵活地与 eNB 相互协作，提高中继链路的传输质量。

根据接入链路（中继站与终端之间）和回传链路（中继站与基站之间）是否采用相同频率分为带内中继（Inband Relay）和带外中继（Outband Relay）。带内中继采用相同的频率，可以共享同一条射频通道，但由于 LTE 上下行采用不同的传输机制（上行 SC-FDMA，下行 OFDMA），因此中继站需要分别为回传链路和接入链路设计不同的基带处理模块。带外中继采用不同的频率，可以在同一时间进行全双工收发，链路容量更高。

中继可能的应用场景包括广域覆盖、城市覆盖、室内覆盖、高速覆盖和紧急覆盖等。

7.2.2.5 异构网络与增强型小区干扰协调技术

在移动宽带业务爆发性增长、频率和站址资源有限的背景下，采用异构方式搭建移动网络是疏导热点数据流量的有效方式。异构网（HetNet）将成为移动网络的长期发展趋势。

异构网络由一些采用不同无线接入技术的基础节点组成，它们具有不同的容量、约束条件和功能。LTE-A 系统引入的异构节点类型包括无线射频拉远（RRH）、有 X2 接口和网络规划的微蜂窝基站（pico）、无 X2 接口和无网络规划的家庭基站（HeNB）、带有回传链路的无线中继。异构网络场景的优先级排序是宏蜂窝 + 室内 HeNB、宏蜂窝 + 室外 Pico、宏蜂窝 + 室内 Pico 以及其他场景，这些异构节点中大部分是由通信运营商来部署，某些节点则由用户自行购买安装（如 HeNB），它们很可能在相同的地理范围内共存。新节点的部署可以减轻宏蜂窝负载，提高特定区域的覆盖质量，改善边缘用户性能。此外，采用这样的部署方式还可以有效降低网络开销、减少能量消耗、降低运营商网络部署成本。

异构网络的引入面临着诸如自组织、自优化、回程设计、切换、小区间干扰等一些重要技术挑战，其中，最为突出的是网络拓扑结构改变而带来的小区间干扰——由用户部署的叠加在宏蜂窝上即插即用的热点（如 HeNB）小区会产生新的小区边缘，处于小区边缘的终端用户会受到来自其他小区强烈的干扰，这种干扰的成因可能是无规划部署、封闭角户组接入、不同节点的功率差异、覆盖范围扩展用户。

在干扰方面，考虑到不同基站的部署目标，主要研究宏基站（Macro）对 Pico 站的干扰及家庭基站对宏基站的干扰，主要降低控制信道间的干扰。干扰控制方法主要包含 3 个维度，即功率、时域、频域。在 LTE R10 之前，主要通过功率控制的方式来控制异构网小区间的干扰问题，即在保证封闭用户群（CSG）用户控制信道达到解调门限的前提下，降低家庭站的发射功率。通过载波聚合，两个小区将不同的载波设置为主载波，并使用跨载波调度，可以实现频域上的干扰消除。在 LTE R10 中，增强型小区干扰协调

（elCIC）技术通过时域设置近空子帧（ABS）或多播 / 组播单频网络（MBSFN）来降低小区间的干扰，并标准化了辅助 CSI 测量的无线资源控制（RRC）信令，以指示终端对近空子帧或正常子帧进行 CSI 测量，并支持特定资源的无线链路测量及无线资源测量。

　　基于 ABS 的干扰协调机制则是通过基站的静默来实现干扰协调。以 Macro 与 Pico 场景为例，Macro 基站通过配置 ABS 来保护 CRE（扩展区域）区域受到较强干扰的用户，宏基站仅在 ABS 内传输 CRS，而 Pico 此时可以在受到较小干扰的情况下服务 CRE 区域的用户或者覆盖范围内的所有用户。

　　考虑到近空子帧中不发送数据信息带来的资源浪费，LTE R11 设计了低功率近空子帧，通过采用低功率为小区中心用户发送数据，降低小区间干扰，同时充分利用频域资源。另外，设计信令支持基于终端的干扰删除技术以降低小区间的干扰。

　　在异频异构网，频繁地进行异频测量会带来较大的功率损耗和大量的信令负荷。为了负载均衡，提高异频测量频率，需要优化异频小区识别和发现机制、小区接入方案，并优化移动状态估计机制，提升高速移动时切换性能。

7.3　LTE/LTE-Advanced 移动性管理与安全机制

7.3.1　LTE/LTE-Advanced 移动性管理

对于连接入网的 UE 来说，移动性过程可以分为空闲模式和连接模式。

7.3.1.1　空闲状态移动性管理

（1）空闲模式移动性

UE 根据无线测量值，在已选的公用陆地移动网（PLMN）确定合适的蜂窝。UE 开始接收该蜂窝的广播信道，并确认该蜂窝是否适合预占，它要求蜂窝处于非禁止状态，且无线信号质量足够好。选择好蜂窝后，UE 必须在网络处进行注册，这样能够将已选PLMN 告知完成注册的 PLMN。根据重选标准，如果 UE 能够找到一个较好的重选对象，它将在该蜂窝上进行重选和预占，并再次检查蜂窝是否适合预占。如果 UE 预占的蜂窝不属于 UE 注册的任何一个跟踪区（TA），则需要重新进行位置注册，如图 7-12 所示。

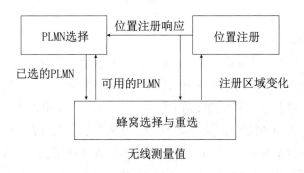

图 7-12　空闲模式移动性管理示意图

可以为 PLMN 分配优先级值以便 UE 选择 PLMN。如果另一个 PLMN 已经被选择，则 UE 将定期搜索高优先级 PLMN，并选择合适的蜂窝。例如，运营商可能会为全球用户身份模块（US1M）卡用户配置首选漫游运营商。当 UE 进行漫游而无法预占首选运营商时，它将周期性地寻找首选运营商。

如果 UE 无法找到合适的蜂窝进行预占，或者如果位置注册过程失败，它将不考虑 PLMN 标识，来预占蜂窝，并进入到"有限服务"状态，仅允许用户进行紧急呼叫。

（2）蜂窝选择与重选过程

① 蜂窝选择。当 UE 首次处于开机状态时，它将启动初始蜂窝选择过程。UE 根据其寻找适当蜂窝的能力，扫描 E-UTRA 频段中的所有射频（RF）信道；在每个载波频率上，UE 只需要寻找信号最强的蜂窝；一旦发现合适的蜂窝，则选择该蜂窝。初始蜂窝选择用于确保 UE 尽快接受服务（或到达服务区），UE 也可以存储可用载波频率和邻近蜂窝的信息。这些信息可能与系统信息有关，也可能与 UE 先前获取的其他信息有关——3GPP 规范并未明确定义 UE 需要或允许存储何种信息来为蜂窝选择提供服务。如果 UE 无法根据存储的信息找到一个合适蜂窝，则初始蜂窝选择过程将开始，确保找到一个合适蜂窝。

对于一个合适蜂窝来说，它应当满足 S 标准：Srxlevel>0，且有 Srxlevel = Qrxlevelmeans −(Qrxlevmin−Qrxlevminoffset)

Qrxlevelmeans 表示接收电平测量值（RSRP）；Qrxlevmin 表示所需的最低接收电平值（单位为 dBm）；当搜索高优先级 PLMN 时，就会用到 Qrxlevminoffset。

② 重选过程。当 UE 预占了某个蜂窝时，它将根据重选标准，继续寻找一个信号较好的蜂窝作为重选对象。频内蜂窝重选主要基于蜂窝分级标准，为了做到这一点，UE 需要对邻近蜂窝进行测量，测量结果将出现在服务蜂窝中的邻近蜂窝列表中。网络也可能禁止 UE 将一些蜂窝列为重选对象，这些蜂窝称为列入黑名单的蜂窝。为了限制重选测量的要求，目前已经规定如果 Ssering Cell 值足够大，则 UE 不需要进行任何频内、频间或系统内测量。当 Ssering Cell 不大于 Sintrasearch 时，必须进行频内测量。当 Ssering Cell 不大于 Snonintrasearch 时，必须进行频间测量。如果 UE 运动速率过快，网络可能会对蜂窝重选参数进行调整。

此外，LTE/LTE-A 还确定了频内和同等优先重选方法以及频间/RAT（无线接入技术）间重选方法，同样需要建立在蜂窝分级的基础上。

（3）位置注册与跟踪区优化

终端处于空闲态时，网络并不清楚终端具体驻留在哪个小区。在 LTE/LTE-A 中，由于只有 PS 域，因此引入 TA 的概念。网络将若干个小区划分为一个 TA，网络侧的 MME 为 UE 维护一个 TA 列表，即网络侧知道 UE 当前处于哪些 TA 中，当有该 UE 的寻呼到达时，网络就在相应的 TA 列表下所有小区发起寻呼来寻找目标 UE。当 UE 新驻留的小区所属的 TA 不在现有 TA 列表中时，UE 就必须发起位置注册流程，以便使网络侧获知 UE 新的位置信息，避免无法寻呼 UE。此外，终端也需要周期性触发位置注册。处于空闲状态的终端还将不断评估其他相邻小区的信号强度和质量，如果有更合适驻留的小区将进行小区重选。

在进行网络规划时，可以优化跟踪区的大小。大型跟踪区有利于避开跟踪区更新信令。另一方面，小型跟踪区有利于降低负荷输入分组呼叫的寻呼信令。在 UTRAN 中对应概念称为路由区（RA），它通常包括上百个基站。

可以为 UE 分配多个跟踪区，以避免在跟踪区边界进行不必要的跟踪区更新，如当 UE 在两个不同跟踪区的蜂窝之间频繁进行切换时。也可以为 UE 分配 1 个 LTE 跟踪区和 1 个 UTRAN 路由区，以避免在两个系统之间转换时发送信令。

7.3.1.2　连接状态移动性管理

这里的连接状态是指 EPS 连接性管理（ECM）的连接状态，即 ECM-CONNECTED。其主要状态特征如下：

① UE 与网络之间有信令连接，这个信令连接包括 RRC 连接和 S1-C 连接两部分。

②网络对 UE 位置的所知精度为小区级别。

③在此状态的 UE 移动性管理由切换过程控制。

④当 UE 进入未注册的新跟踪区时，应执行跟踪区更新。

⑤ S1 释放过程将使 UE 从 EGM-CONNECTED 状态迁移到 ECM-IDLE 状态。

连接状态下 LTE/LTE-A 接入系统内的移动性管理指的是处理在连接状态下 UE 的移动，其主要内容包括核心网节点的重定位以及切换过程。

LTE/LTE-A 支持异系统切换和系统内部切换，系统内部切换又分为如下 3 种切换类型：

①在 eNB 内部的切换。

②在 eNB 之间的切换（有 X2 接口，核心网节点不重定位）。

③在 eNB 之间的切换（没有 X2 接口，核心网节点重定位或者不重定位）。

现在来讨论 eNB 之间具有 X2 接口进行资源预留和切换操作的情况，即不含 EPC，也就是有关准备的切换直接在 eNB 之间通过 X2 接口进行交互。整个切换流程采取了 UE 辅助网络控制的思路，即测量、上报、判决、执行 4 个步骤。当原基站根据 UE 及 eNB 的测量报告，决定 UE 向目标小区切换时，会直接通过 X2 接口和目标基站进行信息交换，完成目标小区的资源准备，然后命令 UE 往目标小区切换。在切换成功后，目标基站通知原基站释放原来小区的无线资源。除此以外，还要把原基站尚未发送的数据传送给目标基站，并更新用户平面和控制平面的节点关系。

为了实现连接状态下 LTE/LTE-A 接入系统内切换过程中数据不丢失，切换过程采用了数据转发的方法。源 eNB 将切换准备过程缓冲的下行数据通过 X2 接口转发给目标 eNB。在 IP 网中，双播技术作为另一种比较有效解决数据丢失的技术也逐渐被引入到 LTE/LTE-A 中来。连接状态下 LTE/LTE-A 接入系统内切换的双播机制是，当 UE 从源 eNB 移动到目标 eNB 的过程中，下行数据到达 S-GW 后，S-GW 对数据进行复制，同时发送给源 eNB 以及目标 eNB；当切换结束后，S-GW 将只发送下行数据至目标 eNB。

7.3.2　LTE/LTE-Advanced 的安全机制

7.3.2.1　LTE/LTE-A 系统的安全威胁与需求

以 LTE/LTE-A 为代表的 4G 移动通信系统，继承了 3G 系统的安全体系设计理念，在结构完善和功能增强方面都有新的进展。

LTE/SAE 是面向 4G 的宽带移动通信体制，主要目标是为移动用户提供更高的带宽、更好的频谱效率、更安全的移动业务，通过更好融合其他无线接入网络，使用户享受完美的业务体验。

GSM 系统主要关注无线链路的安全特性，UMTS 系统增强了无线接入安全，并开始关注网络功能的安全。

LTE/LTE-A 将基于全 IP 结构，尽管具备提供高效灵活业务的能力，但 IP 机制也意味着面临更多的安全威胁和隐患。因此，其网络系统需要更加强健的安全体系，处理各种网络架构的差别，提高安全机制的健壮性。

总体来说，LTE/LTE-A 系统受到的安全威胁来自以下几方面：

①非法使用移动设备 ME 和用户的识别码接入网络；

②根据用户设备（UE）的临时识别码、信令消息等跟踪用户；

③非法使用安全过程中的密钥接入网络；

④修改 UE 参数，使正常工作的手机永久或长期闭锁；

⑤篡改 E-UTRAN 网络广播的系统信息；

⑥监听和非法修改 IP 数据包内容；

⑦通过重放攻击数据与信令的完整性。

LTE/LTE-A 系统的安全需求有以下几方面：

①提供比 UMTS 更强壮的安全性：增加新的安全功能和安全措施；

②用户身份加密：消除任何非法鉴别与跟踪用户的手段；

③用户和网络相互认证：保证网络中的通信双方是安全互信；

④数据加密：确保无法在传输过程中窃取业务数据；

⑤数据完整性保护：保证任何网络实体收到的数据都未被篡改；

⑥与 GERAN 和 UTRAN 互操作：在网络互操作条件下，保证安全性低的接入网不会对 LTE/SAE 产生威胁；

⑦重放保护：确保入侵者不能重放已经发送的信令消息。

7.3.2.2　LTE/LTE-A 系统的安全体系与密钥管理

LTE/LTE-A 的总体安全架构是由 3GPP 制定的，和 3G 是一致的，但其健壮性得到了增强。LTE/LTE-A 系统的安全体系具有以下特点：

① NAS 层引入安全机制，包括加密与完整性保护。由于 LTE/LTE-A 支持非 3GPP 网络接入，因此需要采用移动 IP 机制。为了提高系统安全的健壮性，NAS 层的所有信令都要进行加密和完整性保护。

②使用临时用户识别码，在 UE 接入网络初始附着时，强制进行 AKA（认证与密钥协商）双向认证。

③使用加密技术，保证用户数据和信令的安全，使用完整性技术，保证网络信息的安全。

④采用动态密钥分配与管理机制，增加抽象层，对密钥进行分层管理，保护各级密钥。

⑤在 IP 传输层，采用 IPSec 协议保护传输数据。

⑥增加 3GPP 与非 3GPP 接入网之间的安全互操作机制。

LTE/LTE-A 的密钥采用分层管理机制，如图 7-13 所示。

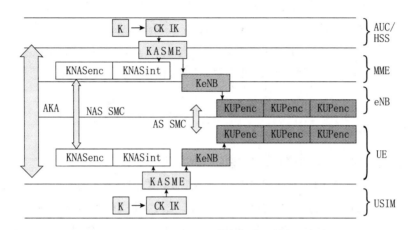

图 7-13　LTE/LTE-A 的密钥分层储存和生成

LTE/LTE-A 系统各个密钥说明如下：

①K、CK 与 IK,K 是主密钥，位于 USIM 与 AUC 中，基于 KDF 生成 CK，用于加密，生成 IK 用于完整性保护，CK 与 IK 位于 UE 和 HSS 中。

②KASME，由 CK 与 IK 派生，位于 UE 与 ASME（接入安全管理实体，位于 MME）中，用于生成 AS（接入层）与 NAS 的各种会话密钥，进行加密和完整性保护。

③KeNB，当 UE 在连接状态时，由 UE 和 MME 从 KASME 派生；当 UE 在切换状态时，由 UE 和目标 eNode B 派生。

④KNASint 与 KNASenc，分别用于 NAS 数据完整性保护和数据加密算法的密钥，由 UE 和 MME 从 KASME 派生。

⑤KUPenC、KRRCint 和 KRRCenc，分别用于 AS 层上行业务数据加密、RRC 数据完整性和加密的密钥，由 UE 和 eNodeB 从 KeNB 派生。

AKA 过程用于 USIM/UE 与 MME/HSS 间相互认证。AKA 过程包含两个部分，MME 从 HSS 获取安全认证信息，MME 向 UE 发起安全认证过程。

LTE/LTE-A 系统采用的加解密算法 EEA（EPS 加密算法）包括不加密的 EEAO 算法、EEA1 算法（对应 SNOW3G 算法）、EEA2 算法（对应 AES 算法）、EEA3 算法（对应我国提出的 ZUC 算法，即祖冲之算法）。采用的完整性保护算法 EIA（EPS 完整性保护算法）包括不进行完整性保护的 EIAO 算法、EIA1 算法（SNOW3G）、EIA2 算法（AES）、

EIA3 算法（ZUC）。

LTE 的 UE 端、eNB 端和 MME 都应实现以上算法，UE 的 NAS、AS 层安全所使用的算法分别由 MME 和 eNB 配置。

7.4　LTE/LTE-Advanced 语音解决方案

由于 LTE/LTE-A 的主要设计目标是提供宽带高速业务，只定义了 PS 域，并没有像 2G 或者 3G 制式那样为时延敏感和带宽要求较低的语音业务定义一个专用的基于 CS 域的承载。因此，针对 LTE/LTE-A 网络的各种语音解决方案，从技术演进的角度分类，可以分为过渡阶段语音解决方案和终极语音解决方案，CSFB（电路域回落）和 SVLTE（语音和 LTE 同步）属于过渡语音解决方案，VoLTE（基于 LTE 的语音）则属于终极语音解决方案。

7.4.1　CSFB 语音方案

CSFB 是 CS Fall Back 的简称，其基本原理是终端驻留在 LTE 网络，其发起或接收语音呼叫时，需要先从 LTE 回落到 2G/3G 网络，由 2G 或者 3G 的电路域来提供语音业务服务。作为 LTE/LTE-A 的过渡语音解决方案，CSFB 是 3GPP 定义的标准方案，在国际上已经被一些运营商商用部署，比如美国的 AT&T、日本 DoCoMo 等。虽然从技术上可以把语音业务回退到 2G 或者 3G 的网络承载，但是多数运营商都选择了回退到 3G 的 WCDMA 上，比如 DOCOMO、AT&T 等运营商都选择了回退到 WCDMA 上进行语音业务的承载。

图 7-14 是 3GPP 的相关标准中给出的关于 CSFB 的网络架构，从图中直接可以看出，为了支持 CSFB，需要 LTE/LTE-A 网络中的核心网的网元设备 MME 与传统 2G/3G 核心网的网元设备 SGSN 和 MSC 之间分别透过 S3 和 SCs 接口连接起来，这就需要对 2G/3G 的核心网设备进行升级。除此之外，从接入网的角度看，也需要对 LTE/LTE-A 小区与传统 2G/3G 小区的覆盖及邻小区配置进行优化。

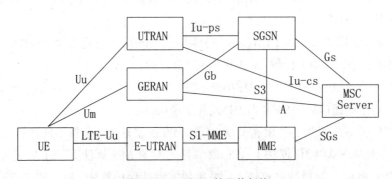

图 7-14　CSFB 的网络架构

　　对应于 CFSB 语音方案，3GPP 定义的 CSFB 标准考虑了各种不同场景下的 CSFB 信令流程，比如终端在 PS 空闲状态下的主叫及被叫、终端在 PS 激活状态下的主叫及被叫等。

　　因此，在软件方面，终端需要支持 CSFB 对应的协议栈软件，方可与网络配合支持 CSFB 语音方案的信令流程。图 7-15 是 CSFB 终端的射频部分硬件架构参考图。

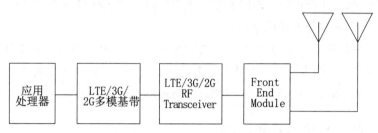

图 7-15　CSFB 终端硬件架构参考图

7.4.2　SVLTE 语音方案

　　SVLTE 又称为双待方式，该解决方案是通过终端同时工作在 LTE/LTTE-A 和 CS 域（2G/3G），前者提供数据业务，后者提供语音业务来实现的。由于终端的 CS 域和 PS 域是在两个网络上独立进行注册，互不影响，无须网络升级和改造，因此这是纯粹基于终端的解决方案。3GPP 标准中并未定义此方案，也是因为此方案是一个完全终端自主实现的方案，并不需要网络设备的配合和改造。2011 年，北美运营商 Verzion 商用了此方案，其需求是 CDMA+LTE 的双待，语音业务基于其 CDMA 网络承载，数据业务则基于 LTE 网络承载。近期，国内的运营商中国移动也宣布选择双待方案作为 LTE 的语音过渡阶段方案，其需求是语音通过 2G 或者 3G 承载，数据通过 LTE 承载，因此会有两种终端的实现，即 GSM/TD-SCDMA+TD-LTE 或者 GSM+TD-SCDMA/TD-LTE。

　　图 7-16 是 GSM+TD-SCDMA/TD-LTE 终端的射频部分硬件实现架构参考图。

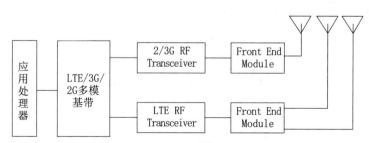

图 7-16　双待终端硬件架构参考图

　　双待方案的优点是可以支持语音业务和数据业务的并发，即通过传统的 2G/3G 网络的 CS 域支持语音业务，PS 业务在 LTE 网络上可以获得很好的高速数据业务体验。其缺点是，由于需要同时在两个网络上驻留，终端的待机功耗会比较高。另外，终端需同时支持 2 套 Radio，也会增加终端实现的成本及复杂度。

在 LTE/LTTE-A 网络部署的中早期，LTE/LTTE-A 网络覆盖还不太完善、VoLTE 技术和产品不够成熟之前，CSFB 和 SVLTE 这两种方案是主要的语音解决方案。这两种方案本质上都是依赖传统的 2G 或者 3G 网络的 CS 域来承载语音业务，而 LTE/LTTE-A 只用于承载数据业务。

其主要区别是，CFSB 需要网络和终端配合实现；而 SVLTE 则完全是一个终端自主实现的方案，不需要网络升级改造。

VoLTE 则直接基于 LTE 网络来承载语音业务，以 VoIP 的方式通过 LTE/LTTE-A 的 PS 域来传输语音业务的数据包。此技术非常适合承载基于 WB-AMR（宽带自适应多速率）的高采样速率语音服务，从而为用户带来较好体验的语音服务。

7.4.3　VoLTE 语音方案

VoLTE 作为 LTE/LTTE-A 的终极语音解决方案，在网络演进方面，无线侧体现为 2G/3G 向 LTE/LTTE-A 发展，核心网侧则体现为从 CS 向 IMS 发展，因此 VoLTE 非常符合移动通信产业演进的方向。为了支持 VoLTE，需要在核心网部署完善的 IMS 核心网的网元设备来控制语音业务的发起和呼叫，GSMA 的标准 IR.92 对 VoLTE 的协议栈做了详细的规定和描述。

图 7-17 是端到端的 VoLTE 协议栈架构图。由图可见，终端侧只需要增加 IMS 协议栈以及相应的 SRVCC 协议栈，可以沿用与 CSFB 类似的射频硬件部分实现；接入网需要支持对应于语音业务的承载，核心网需要增加 IMSServer。图 7-18 则是对应于 VoLTE 的网络架构参考图。

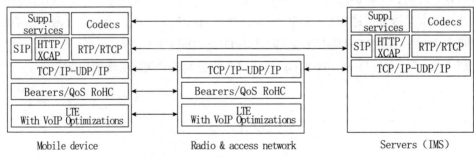

图 7-17　端到端 VoLET 协议架构

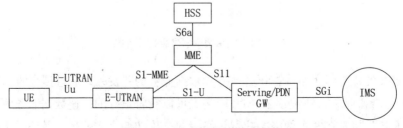

图 7-18　VoLET 网络参考架构

一方面，由于 VoLTE 涉及较多新技术，需要必要的测试和试验；另一方面，IMS 的部署也需要一定的周期，此阶段在 LTE/LTTE-A 网络的覆盖不完善的情况下，可以结合 SRVCC（单模式语音呼叫连续性）技术，利用已有的 2G/3G 网络，实现通话中的 LTE/LTTE-A 到 CS 域的切换，来为用户提供连续的语音服务。

思考题与习题

7.1　IMT-2000 系统和 IMT-Advanced 系统的关键技术有何异同点？主要技术性能差异表现在哪些方面？　，

7.2　4G 移动通信系统有哪几种标准？这些标准之间的主要技术差异是什么？

7.3　ITU 给 4G 分配了哪些频段？这些频段的商用情况如何？中国的运营商如何使用 4G 频率？

7.4　画出 LTE/LTE-Advanced 网络架构图，说明各网元的功能。LTE/LTE-Advanced 网络与 UTRA 网络有何差异？

7.5　LTE 为何要采用 OFDM，而不是 3G 系统使用的 CDMA？

7.6　OFDM 和 OFDMA 有何区别？

7.7　OFDMA 和 SC-OFDM 实现方式有何差异？性能上又有何差异？

7.8　在帧结构上，TD-LTE 继承了 TD-SCDMA 的哪些特性？又进行了哪些改进？

7.9　MIMO 和智能天线有何区别？

7.10　对于 LTE 网络来说，为什么 TDD/FDD 的共性是产业融合的基础？

7.11　小区专用参考信号和用户专用参考信号有何区别？

7.12　对于 LTE 系统，为什么上行有功率控制，下行却没有？下行又是采用什么方式安排功率发送？

7.13　LTE 系统的关键技术有哪些？LTE-A 系统的关键技术又有哪些？这些技术分别解决什么问题？

7.14　CoMP 的几种典型实现方式，JP 和 CS/CB 分别有哪些应用场景？

7.15　中继站与无线直放站有何区别？

7.16　LTE/LTE-A 的最小资源是什么？最小调度资源又是什么？

7.17　LTE/LTE-A 的安全机制和 3G 的安全机制在哪些方面有增强？

7.18　LTE/LTE-A 的语音解决方案有哪几种？试比较其优缺点。

第8章 移动通信与网络通信

8.1 网络通信概述

所谓计算机网络，就是把分布在不同地理区域的计算机与专门的外部设备用通信线路与通信设备互联成一个大规模、功能强的网络系统，从而使众多的计算机可以方便地互相传递信息，共享硬件、软件和数据信息等资源。这种通过通信子网以计算机互联形式进行的通信方式称为计算机网络通信，它是现代通信技术和计算机技术的综合体。

构成通信的计算机网络有多种分类方式，按照网络规模大小可分为个域网（PAN）、局域网（LAN）、城域网（MAN）和广域网（WAN）；按照网络拓扑结构可分为网状网、格式网、星形网、树形网、环形网和总线网；按照传输介质可分为有线网、光纤网和无线网；按照通信方式可分为点对点传输网络和广播式传输网络。

计算机通信网络经历了 4 个发展阶段，即联机系统的数据通信、面向终端的计算机通信网、多机互联系统、标准化计算机通信网络（互联网）。通信业务也从资源共源、数据传输等简单业务阶段发展到多媒体通信阶段，传输带宽和传输速率得到了极大的提高。

国际标准化组织（ISO）为实现开放式系统，提出了开放系统互联（OSI）模型。OSI模型从下至上分别是物理层、数据链路层、网络层、传输层、会话层、表示层和应用层，共 7 层。计算机通信网络通常采用比 OSI 模型简单的 TCP/IP（传输控制协议 / 互联网协议）模型，共分为 4 层。

8.1.1 Internet 的形成与发展

Internet（互联网）是全球最大的、开放的、由众多网络互联而成的计算机网络，也是全球最大的广域计算机网络，它是由美国的 ARPANET 发展和演变而来的。ARPANET是美国国防部高级研究计划署于 1969 年资助建立的一个军用网络，其目的是为了验证远程分组交换网的可行性，最初只有 4 个节点，连接美国的 4 所大学。20 世纪 70 年代末至 80 年代初，计算机网络蓬勃发展，各种各样的计算机网络应运而生，如 MILNET、USENET、BITNET、CSNET 等，在网络的规模和数量上都得到了很大的发展。一系列网络的建设，产生了不同网络之间互联的需求，并最终导致了 TCP/IP 协议的诞生（1980 年研制成功），解决了终端使用不同操作系统、网络使用不同传输介质的计算机网络之间的互联问题。1986 年，美国国家科学基金委员会（NSF）资助建成了基于 TCP/IP 技术的主干网 NSFNET，连接了 ARPANET 和其他网络，形成了 Internet 网。此后在 20 世纪 90 年代，随着 Web 技术和相应浏览器的出现，互联网得到了进一步的发展和应用，更多的网络连接到了 Internet 网上。到 1995 年，Internet 正式开始商用。

Internet 自商用起，其规模每年约翻一番，至 2014 年 11 月，世界范围内 Internet 用户数突破 30 亿，中国的 Internet 用户数超过了 6.7 亿。现在 Internet 已覆盖了全球的各个角落，也深入到了人们的生活和工作中。

8.1.2 TCP/IP 参考模型

8.1.2.1 TCP/IP 参考模型的协议结构

TCP/IP 参考模型（比 OSI 模型产生要早）是实现网络连接性和互操作性的关键。它使得网络上不同的计算机具有互操作能力，并且在较差的网络环境下仍可维持主机之间的连接。TCP/IP 参考模型如图 8-1 所示，模型中给出了其协议结构。

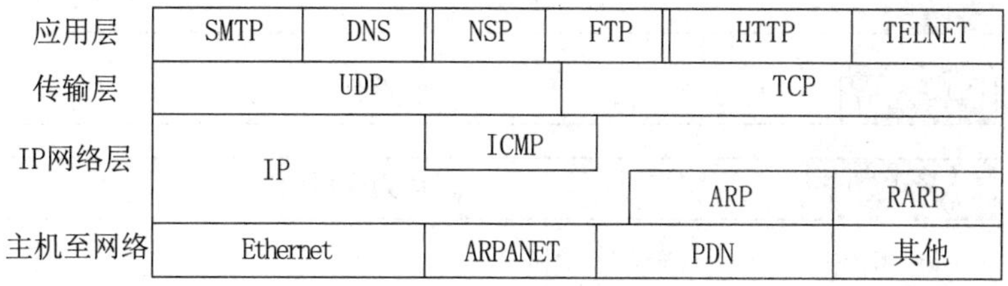

应用层	SMTP	DNS	NSP	FTP	HTTP	TELNET
传输层	UDP			TCP		
IP网络层	IP		ICMP		ARP	RARP
主机至网络	Ethernet		ARPANET	PDN		其他

图 8-1 TCP/IP 参考模型

① SMTP 是简单邮件协议，它用于客户机与服务器传输电子邮件。

② DNS 是域名服务系统，用于处理主机名与 IP 地址之间的映射。

③ NSP 是名字服务协议。

④ FTP 是文件传输协议，用来在计算机之间传送文件。

⑤ TELNET 是远程终端访问协议，它用于本地计算机登录到远程系统，以便实现资源的共享。

⑥ HTTP 是超文本传输协议，它用于传输 WWW（万维网）方式数据。

8.1.2.2 IP 协议

IP 协议是 IP 网络层的重要协议，它将要传送的报文封装成包，每一个数据包独立地传向目标，然后在目的地按发送顺序重新组合。一个 IP 数据报由一个报头和一个正文部分组成，报头包括源目标 IP 地址、目的 IP 地址、报头长度、服务类型、报头校验等数据。IP 协议不保证服务的可靠性，在主机资源不足的情况下，它可能丢弃某些数据包，同时 IP 协议也不检查被数据链路层丢失或遗失的报文。数据报在传输过程中可能需经过不同的网络，IP 协议提供了寻找路由的功能。

（1）IP 地址及其表示方法

所谓 IP 地址，就是给每个连接在 Internet 上的主机分配一个在全世界内唯一的 32bit 的地址（IPv4，即对于 IP 协议的第 4 个版本）。IP 地址可以使 IP 数据报在 Internet 上很方便地进行寻址，方法是：先按 IP 地址的网络号 Net-id 把网络找到，再按主机号 Host-id 在网络内把主机找到。所以 IP 地址表明了 Internet 上的计算机所处的网络号和计算机在所处网络中的具体编号。

IP 地址分为 5 类，即 A 类到 E 类，国际上流行的 A 类、B 类和 C 类。地址的最前端是地址类别的标识号，下面接着是网络号字段和主机号字段，如图 8-2 所示。

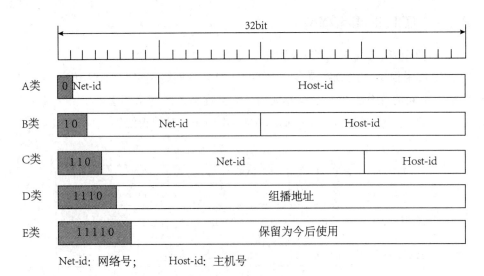

Net-id：网络号；　　　Host-id：主机号

图 8-2　IP 地址的 5 种类型（IPv4）

常将 32bit 地址中每 8bit 用其等效十进制数字表示，并且在这些数字之间加上一个点，这就是点分十进制记法。例如，有下面的 IP 地址

10000000 00001000 00001011 00001011

这是一个 B 类 IP 地址。如用十进制表示，则为 128.8.11.11。

（2）IP 地址与物理地址

图 8-3 表示 IP 地址与物理地址的区别，IP 地址放在 IP 数据包的首部，而硬件地址则放在 MAC 帧的首部。在 IP 网络层及以上使用的是 IP 地址，而链路层及以下使用的是硬件地址。在 IP 网络层抽象的互联网上，看到的只是 IP 数据报，而在具体的物理网络的链路层，看到的只是 MAC 帧。

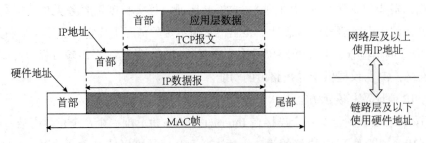

图 8-3　IP 地址与物理地址的区别

（3）子网的划分

从 IP 地址表示方法中可以看出，网络号以后的 bit 均用来表示主机号，但一个小的网络往往不需要这么大的数目，造成浪费。为了增加可用 IP 地址的数目，在 IP 地址中又增加了一个"子网号字段"，子网号字段的长度由本单位根据情况确定。用子掩码来区分子网号与主机号的分界线。子网掩码由一连串的"1"和一连串的"0"组成。"1"对应于网络号和子网络字段，"0"对应于主机号字段。图 8-4 表示子网掩码的意义。

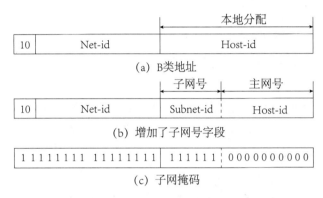

图 8-4　子网掩码的意义

若一个单位不进行子网划分，则其子网掩码即为默认值，此时子网掩码"1"的长度就是网络号的长度。因此，A、B、C 类 IP 地址对应的子网掩码默认值分别为 255.0.0.0，255.255.0.0，255.255.255.0。

（4）地址转换

存在两类地址转换，一类是 IP 地址与硬件地址之间的转换（IP 地址不能用来直接通信），由 ARP 和 RARP 完成；另一类是主机名字与 IP 地址之间的转换，由 DNS 完成。

（5）IPv6 技术

IPv4 技术取得了巨大成功后，随着 Internet 的发展，它出现了地址枯竭、网络号码匮乏和路由表急剧膨胀 3 大问题，与此同时，它也不适于传输语音和视频等实时性业务（分组转发速率慢，时延大）。为了解决上述问题，IETF（Internet 工程任务组）提出了 IPv6（IP 协议第 6 版）这样一个下一代互联网协议。它的主要变化是，IPv6 使用了 128bit 的地址空间，并使用了全新的数据报格式，简化了协议，加快了分组的转发，允许对网络资源的预分配和允许协议继续演变，并增加了新的功能。

由于以前的互联网络都是基于 IPv4 技术的，不可能在短时间内全部支持 IPv6 技术，需要实行平滑演进方法，即 IPv4 → IPv4 和 IPv6 共存 → IPv6。IPv4 和 IPv6 共存需要相当长的时间，在这段时间内，IPv4 和 IPv6 的互通采用双协议栈技术或隧道技术来解决。双协议栈技术的方式为：一台主机同时支持 IPv6 和 IPv4 两种协议，该主机既能与支持 IPv4 协议的主机通信，又能与支持 IPv6 协议的主机通信。隧道技术的方式为：路由器将 IPv6 的数据分组封装入 IPv4，IPv4 分组的源地址和目的地址分别是隧道（指 IPv4 骨干网）入口和出口的 IPv4 地址。在隧道的出口处，再将 IPv6 分组取出转发给目的站点。

8.1.2.3 TCP 协议

TCP 协议是提供主机间高可靠性的端到端的包交换传输协议。TCP 提供面向连接的可靠传输，为确保这一点，采用了检错、纠错、滑动窗口、流量控制、拥塞控制、慢启动和快速重发等措施。

（1）检错

TCP 利用校验和来检测传输中的错误。发送方对 TCP 段（以及部分 IP 报头）进行计算得到校验和，将校验和放在 TCP 校验和域中，然后将数据包发送给接收方。接收方重新计算校验和，然后将计算结果与校验和域中的值进行比较。如果不相等，那么传输过程中就肯定有错误发生，接收方将丢弃这个包。

（2）纠错

TCP 通过确认和重发来纠正错误，确认是用来通知发送者数据已被它所希望的接收方正确接收的一个消息，如果发送方在"合适的时间"内没有收到确认，它就假设数据已经丢失，应重发这个数据。

（3）滑动窗口

如果 TCP 节点只是简单地发送一个数据段，并在发送另一个数据段前一直等待确认的到来，那么它需花很多的时间用于等待确认。实际上，TCP 允许节点在一些确认到达之前发送其他数据段。在节点必须停下来等待确认到达之前，它允许发送的最大数据段数称为一个窗口。当节点收到它已发送的数据段的确认时，它可以将窗口向前"滑动"，有时还可以改变窗口的大小。当窗口向前滑动或尺寸增加时，节点可以发送更多的数据包。

（4）流量控制

滑动窗口提供了一种流量控制机制，以防止一个较快的发送者发送的包太多，而较慢的接收者处理不过来，从而造成慢速的接收者被快速的发送者淹没。快速的发送者在发送另外的数据段前，必须等待较慢的接收者发送确认。第 1 个节点可以在 TCP 报头中设置窗口的大小，以通知第 2 个节点它目前希望接收并能处理的数据段的数目。

（5）拥塞控制

拥塞是指网络中的路由器由于所连接的链路速率等原因而过载，从而不能对数据包进行转发。在一个拥塞的网络中，一些数据包被丢弃，另一些则可能时延变大，造成真正能传送的数据量大大下降。TCP 可以检测拥塞，并通过降低发送（或重发）数据段的速率来缓解这种局面。

（6）慢启动

当 TCP 发现一个拥塞现象有所缓解时，它就开始增加发送数据段的数目，并调整等待确认的时间。如果增加得太快，考虑到 Internet 上所有的主机数目，拥塞可能很快再次发生。因此，在拥塞发生后和开始一个新的连接时，TCP 都慢慢地增加以上两个参数，以防止在一个新链路开始时主机发送太多的数据段（因为主机不知道在这条新链路上 Internet 上能传送多少数据段）。

（7）快速重发

TCP 的接收端对接收到的数据进行确认。确认从连接启动开始，确认第 2 个节点已正确地、按顺序地接收了第 1 个节点的多少个字节。另外，TCP 只在收到数据段后才发送确认，而不会还未收到数据段就发送确认。例如，如果第 2 个节点正确无误地接收了 1～9 个数据段，那么在接收到第 9 个数据段后，它会对接收到的所有数据段进行确认。现在来看一下如果第 10 个数据段丢失而第 11、12、13 个数据段都正确到达会发生什么。第 2 个节点仍然只会对每 1～9 个数据段的接收做出确认，因此，第 11、12、13 个数据段的到达只是激发起了对第 1～9 个数据段的确认。第 1 个节点检查确认，注意到 3 个相同的确认，于是得出结论：数据中有"洞"，即第 10 个数据段丢失了。第 1 个节点进一步得出第 10 个数据段的丢失不是因为网络拥塞。如果是这样，其他数据段和确认也不会顺利地通过网络。因此，第 1 个节点立即重发第 10 个数据段，而不用像原来那样等一段时间再重发。这种立即进行的重发就称为快速重发。

8.1.2.4　UDP 协议

传输层的另外一个协议 UDP 提供了一种发送封装的原始 IP 数据报的机制。每个 UDP 报文中除了包含要发送的数据外，还包含数据的源端口号和目的地端口号，从而使报文可以被正确地送到目的地，接收者收到数据后返回一个应答。使用 UDP 传送数据时不需要先建立连接，UDP 不对报文排序，也不进行流量控制，是不可靠服务。

8.2　移动通信与网络通信的融合

通信是实体之间的交互，计算是对于实体的某种方式的处理。交互和处理都含有实体的生成、变换、传送、存储、呈现、消解等过程的全部或部分。所以，通信和计算的内在联系和共同基础是自然的、广泛的。但是，通信和计算机一直被分成两个独立的学科，也被认为是两个独立的工业，各自走过了自己的发展道路。

计算机技术及工业的形成晚于通信，但很快发展为一种通用的技术，形成强大的工业群体。但就计算的本质来说，计算资源的共享，计算实体之间的交互作用，都离不开通信的参与，而移动计算的发展将更多地依靠移动通信来支持。

同样，现代通信技术的发展也离不开计算机技术，电信网中的程控交换、管理、计费等都是采用计算机技术来完成的；移动通信系统核心网的运行有赖于计算机技术的支持，其很多网元其实就是特定功能的计算机。

随着技术的发展和用户需求的引领，通信业的翘楚移动通信和以计算机技术为基础的计算机网络通信正在逐步融合。

在第一阶段，它们沿着各自的发展道路在前进，相互之间在网络和业务上是独立的，只是互相需要对方的技术来支撑。在第二阶段，它们之间出现了融合，实现了互联、互通。移动通信系统自 2.5G 起就能通过 WAP（无线应用协议）网关与 Internet 相连，手机可通过 WAP 协议在互联网上浏览信息。到了 3G 时代，无线接入速度更快，所能支配的带宽更宽。2.5G 和 3G 除了能支持手机上网之外，也支持 PC 终端通过无线数据卡上网。互联网发展到 WiMAX 阶段，除了有足够的带宽提供数据服务之外，也能提供较好质量的语音服务，出现了基于 WiMAX 技术的手机终端，特别是移动 WiMAX 技术还能提供移动状态下的语音、数据等多媒体服务。在第二阶段，全球信息产业发展最快的两个领域即移动通信和互联网出现了融合的趋势，两者之间的融合也产生了一个新的名词——移动互联网（不同于简单的无线互联网）。移动互联网是强强联合，体现了移动通信和互联网各自的优势，能极大地满足用户需求。但移动通信网和互联网毕竟是采用不同技术和协议的异质、异构系统，移动互联网要进一步发展，两者之间需要进一步地融合和协调。因此，在第三阶段，3G 后期版本和 4G 的核心网目标是建立一个全 IP 网络，接入网也要逐步实现 IP 化；移动 WiMAX 需要在移动性、实时通信等方面进一步满足 4G 标准的要求。

移动互联网的发展将对价值链各方带来很大的冲击，导致产业格局的变化。对此，运营商越来越管道化，终端捆绑内容扩大市场；互联网公司利用低成本展开全球性业务形成新的垄断；传统产业利用互联网到达手机形成新的商业模式等。如果说在 PC 时代的网络与社会的结合还局限在一定的时间和空间，那么当网络到达手持终端，网络社会化和社会网络化将真正地渗透到每一时刻和每一角落。

8.2.1 技术融合

移动通信和计算机网络通信都是处理信息的学科，信号样式也相同（计算机网络通信从一开始就是处理数字信号，移动通信也早已进入到数字通信阶段），因此，两者具有许多相同的学科理论，实践中也用到大量相同的技术。比如，信息度量方法是两者共同的理论基础。共性技术有：信息编码技术、纠错技术、中间件技术、开放系统模型技术、Agent（代理）技术、路由技术、信息安全技术等。

在两者融合阶段，原先一些不能共用的技术开始共用，或者经过改进之后共用。比如 IP 的网络架构在移动通信中逐步得到使用，但移动通信中的 IP 技术是需要改进的，因为要考虑终端移动性和子网移动性。目前，移动 IPv4（MIPv4）技术在 3G 和移动 WiMAX 中得到了广泛应用，同固定互联网的发展趋势一样，移动互联通信中的移动 IPv4 也要向移动 IPv6（MIPv6）过渡，以提供更多的 IP 地址空间。

从无线接入技术看，从 3G 到 4G，不再沿用以扩频为主要技术手段的 CDMA 技术，因为它不能在给定带宽基础上再大规模地提高信息传输速率，所以在 4G 中，采用了 OFDM、智能天线及 MIMO 等技术。而这正是 WiMAX 采用的技术，可见移动通信和计算机网络通信在技术发展上是"志同道合"。由于二者在覆盖热点、提供服务内容上的互补性，人们认识到，二者在未来融合到一个统一的下一代网络（NGN）的核心网中是必然的和可能的。

8.2.2 业务融合

8.2.2.1 业务融合的必要性

"业务融合"意味着什么？"业务融合"意味着不管身在何处，不管使用哪种设备，运营商都将提供无缝链接的、直观的、合适的接入方式，实现各种不同的应用和实时、方便的沟通。对用户来说，既扩大了用户的活动空间，又节省了用户的费用。对运营商来说，业务融合结合了固定和移动的优势，使运营商可以在基本语音业务的基础上开发出丰富多彩的增值业务，如可视电话、增强型信息业务以及数据业务等。

8.2.2.2　业务融合的可行性

目前，业务融合所需要的技术已经基本到位，如多模的终端设备、数字化的内容、技术的成熟和广泛部署，相互补充的多种接入网络、统一的核心网络和业务平台技术逐渐成熟等。

国家相关政策（世界管制政策相同）鼓励电信网、互联网和广播电视网实现三网合一，因此允许移动网和互联网运营商进入对方领域提供服务，为业务融合提供了便利条件。

总之，市场需求、市场竞争和管制政策的逐步放开已成为网络融合的外部推动力，电信与信息业将进入全面竞争时代，融合的大势已不可阻挡。

8.2.2.3　实现的融合业务

通过融合方案，普通的手机可接入移动通信网，实现通话、短信及其他增值业务，电脑软终端、WiMAX 手机、SIP 电话机也可通过互联网，连接到 NCG（网络融合网关）系统，实现与普通手机接入移动通信网完全一样的功能。通过 Wi-Fi（无线保真）或 WiMAX 双模手机，用户可以自动选择互联网或者移动网络，并实现在两个网络间自动切换和无缝漫游。

现阶段，具体实现的融合业务如下：

①不同制式的终端接入相应的网络，实现接听、拨打电话及收发短信功能。

②无缝切换。Wi-Fi 或 WiMAX 双模手机可以实现无缝切换，即用户原来登录到 WLAN（或 WMAN）区域进行通话，如果用户进行移动通话并在通话过程中离开 WLAN（或 WMAN）区域，用户可以不掉线切换到移动通信网上继续通话。

③数据业务融合。用户可以自主选择 2.5G、3G、4G 或者 WLAN（或 WMAN）上网，支持在两个网之间平滑切换，缓解用户在无线上网热点地区 2.5G、3G、4G 的上网压力。

④增值业务融合。通过 NCG 系统，移动网络与互联网已经互通，可以把互联网上一些比较热门的应用延伸到手机上，大大增强传统电信运营商的竞争力。

8.2.3　网络融合

8.2.3.1　下一代网络

NGN 是真正实现三网融合的载体，自然是移动通信网和计算机通信网的最终融合体。NGN 的核心思想是采用 IP 协议及相关技术，电信网的商业模式、运行模式，电信业务的设计理念，即集传统电信网（包括移动网）和 Internet 之长，产生新一代网络技术。NGN 是大量采用创新技术，支持语音、数据和多媒体业务的融合网络。NGN 目前还没有统一的标准，尚处于探索阶段，但它是我们努力的方向。

8.2.3.2　现阶段网络融合

现阶段的网络融合主要任务是实现互联和互通，通过增加一个 NCG 跨接在移动通信网和软交换系统之间，NCG 与移动通信网以 SS7 信令互通，与软交换系统以 SIP（UDP/TCP）协议相连。通过移动通信网和互联网业务的组网融合，融合网关和软交换系统协作来接收呼叫控制信息（例如，呼叫建立和呼叫解除），并向公用和专有网络发送高级的应用控制信息（例如，800 号呼叫路由、呼叫转接等）。融合网关是一座桥梁，它使现有的手机用户和正在出现的宽带（因特网）网络之间的移动 VoIP 漫游和高级功能成为可能。

随着网络和标准不断进步，融合网关将成为标准的 IMS（IP 多媒体子系统）应用服务器，为服务供应商带来巨大的便利。融合网关在宽带网络中作为 SIP 注册器 / 代理，在移动网络中作为 S-MSC（服务移动交换中心）/VLR。融合网关实现了两个网络之间的跨网络融合功能：注册、呼叫处理和切换。这些功能都是在两个网络"互不知情"的情况下实现的，而且不需要采取任何行动来弥补在不同网络上采用不同路径的服务。

融合方案使用的是移动和宽带网络上的开放标准。宽带网络使用 SIP 协议作为最终用户服务的选择协议。移动网络定义了很好的电路交换协议，并且正在向 SIP 演进，以符合下一代的 IMS 和 MMD。该方案通过使用 SIP 和现有移动网络的标准，很好地实现了网络的融合。

本方案的 NCG 系统功能上等同于现有的 S-MSC。融合网关在移动网络上注册宽带用户，对这些用户的手机号码来说作为 S-MSC。它接收来自注册在宽带网中的设备的呼出呼叫，完成运营商网络中 S-MSC 所执行的功能（包括呼叫禁止、呼叫路由、特殊呼叫处理和补充服务配置操作）。它使用 ISDN 用户部分（ISUP）信令和跨机器中继（IMT），将移动网络的其他部分和公共交换电话网络连接起来。

系统接收来自移动网络的接入呼叫（从 OMSC 转接而来的），并执行 S-MSC 对接入呼叫所采取的呼叫处理功能（呼叫禁止、忙 / 无应答处理、路由到语音信箱等）。接入呼叫是通过 ISUP 信令和 IMT 中继转接到本系统的。

系统支持移动网络中的 SMS 处理和消息等待指示（MWI）通知。融合网关将 SS7 的 SMS 和 / 或 MWI 消息翻译成 SIP，并将它们转发到宽带网中的设备上。系统还支持宽带网中的设备发送 SMS 消息，此时融合网关将通过 SIP 接收到的 SMS 消息翻译成适当的消息发送到短消息服务中心（SMSC）。

8.3 WAP 技术

WAP 是"无线应用协议"的简称。它是一个开放的、全球性的标准。由多家厂商共同组成的 WAP 论坛制定了 WAP 协议（它已有 1.0 和 2.0 版本，其 3.0 可能由 OMA 来制定），用来标准化无线通信设备（例如蜂窝电话、PDA 等）及有关的网络设备（如网关等），使用户使用轻便的移动终端就可获得互联网上的各种信息服务和应用，包括收发电子邮件、访问 WWW 页面等。移动网络和 Internet 以及局域网以 WAP 为桥梁紧密联系在一起，向用户提供一种与承载网络无关的、不受地域限制的移动增值业务。

8.3.1　WAP 的网络结构

WAP 系统工作流程如下：用户从移动终端向内容服务器发出请求，请求信息通过无线网络送到 WAP 网关，WAP 网关进行协议转换和消息解码后，把请求通过互联网传至内容服务器（由普通 Web 服务器充当即可），内容服务器再把响应信息通过互联网送到 WAP 网关，WAP 网关再进行协议转换和消息编码后，发给移动终端，从而在移动终端和内容服务器之间完成了信息交互。

WTA（无线电话应用）服务器可直接响应客户机的请求，中间不需要 WAP 网关。

WTA 服务器可供无线通信运营商向用户提供电话呼叫等传统电信业务。

在 WAP 系统中，WAP 网关成为无线网络和 Internet 之间连接的纽带，从而使无线网络中的移动终端和 Internet 上的 Web 服务器得到沟通。原有的 Web 服务器技术及结构不需做任何改变而直接应用于无线环境。

若 Web 服务器上存放的内容是由 WAP 定义的 WML（无线标记语言）或 WMLScript（WML 脚本语言）来描述的，由于 WML 和 WMLScript 是专门针对移动终端的特点来定义的，所以 WAP 网关可将其直接编码为二进制格式后发送客户端；若 Web 服务器提供的内容为 WWW 格式的，即是用 HTML 或 JavaScript 编写的，则在 WAP 网关编码之前，必须先将文档通过一个 HTML 过滤器，将 WWW 格式的消息转化为 WAP 格式。由于 HTML 网页的复杂性，因此 HTML 过滤器的转换功能是有限的，并且效率不高，因为这一点，大量以 WML 或 WMLScript 描述内容的网站出现了，以提高移动终端浏览互联网信息的服务质量。

8.3.2　WAP 协议栈

WAP 定义了一个如图 8-5 所示的分层体系结构，它为移动通信设备上的应用开发提供了一个可伸缩和可扩充的环境。在协议栈中，每一层都为其上一层提供服务，另外也可以为其他服务与应用提供接口。

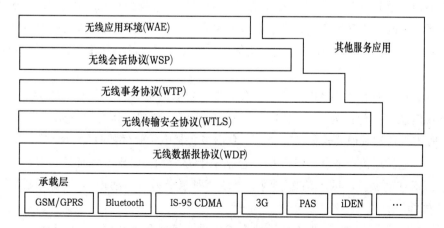

图 8-5　WAP 协议结构

协议结构中各层具有如下功能：

①无线应用环境（WAE）。WAE是结合WWW技术和移动电话技术，为网络运营商和服务提供商提供的一个通用的应用平台。它可以迅速方便地生成新的业务，并支持各种应用和服务之间的互操作。

②无线会话协议（WSP）。WSP为两种会话服务提供了一致的上层界面：一种是面向连接的服务，操作于无线事务协议（WTP）层之上；另一种是无连接的服务，操作于安全或不安全的数据报服务之上。WSP还特别针对窄带、长时延承载网络进行了优化。

③无线事务协议（WTP）。WTP运行在无线数据报服务之上，提供适合于移动终端和无线网络的有效的运输服务。WTP提供3类事务服务：不可靠的单方请求、可靠的单方请求、可靠的双向请求－应答事务。

④无线传输安全协议（WTLS）。WTLS是由TLS（传输安全协议）协议发展而成的安全协议，具体应用时可根据业务安全性要求及承载网络的特性决定是否选择WTLS功能。WTLS提供以下功能：数据的完整性，即保证数据在移动终端与服务器之间传送不会被修改或损坏；数据的保密性，即通过加密，使数据在移动终端与服务器之间传输时第三方即使截获数据也无法理解；验证功能，即可对移动终端与服务器进行验证；拒绝服务保护，即WTLS能够检测出重复的数据和未通过验证的数据，并拒绝接收这类数据。WTLS也可用于终端之间的安全通信，如电子商务卡交换时终端的身份验证。

⑤无线数据报协议（WDP）。WDP是WAP的传输层协议，可支持各种承载网络的业务。由于各种无线网络内WDP对上层的接口都是一致的，使事务层和应用层的各种功能独立于网络，因此通过使用中间网关可实现全球的互操作。

8.3.3　WAP的应用

WAP的应用模式采用客户机/服务器模式，与WWW的应用模式结构极为相似。在WAP应用模型中，WWW应用模型中的标准命名模型、内容类型、标准内容格式和标准通信协议等几项机制均有所保留。

与固定互联网相比，移动互联网提供的应用具有自身的特点：由于WAP协议是通过移动网络入网，移动用户不需要和商家建立新的认证体系（沿用移动网络原有安全机制），使得其服务更有安全保障；终端更简便，能提供方便的移动服务；用户可更高效获取信息。

目前，网上提供的WAP业务主要有3类：公众信息服务、个人信息服务和商业应用。公众信息服务包括为用户实时提供最新的天气、新闻、体育、娱乐、交通、旅游、教育、股市行情和其他公告信息；个人信息服务包括电子邮件的收发、传真、上传信息、移动博客、电话增值业务等；商业应用包括网上办公和移动电子商务等，其中，移动电子商务包括移动银行、网上购物、网上书店、股票交易、移动拍卖、机票及酒店预定、WAP广告等。

现阶段，我国的WAP业务有两种模式：收费模式和免费模式。收费模式是主流模式，以运营商为主导，其典型代表是中国移动的"移动梦网"和中国联通的"UNI- 互动视界"；免费模式是由免费的 WAP 站点提供内容。

8.4　移动应用技术

随 3G、4G 移动通信网络的发展，移动通信网络数据传输能力越来越强，与此同时，移动终端的硬件处理能力也进一步增强。由此催生了以智能手机、平板电脑介质为代表的移动应用（MA）技术的发展，也使移动互联网应用获得了爆炸式增长。

8.4.1　应用开发模式

从总体上讲，现有的移动互联网终端应用开发方式主要有原生模式、Web 模式和混合模式 3 种类型。这 3 种不同的开发模式，具有不同的优缺点，因而也有着不同的应用场景。

8.4.1.1　原生应用开发模式

原生应用开发模式也称 Native 开发模式，开发者需要根据不同的操作系统构建开发环境、学习不同的开发语言及适应不同的开发工具。原生应用开发模式如图 8-6 所示。

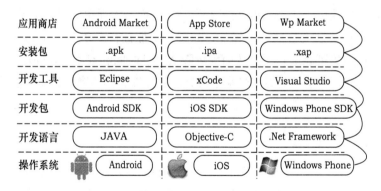

图 8-6　移动互联网终端原生应用开发模式示意图

Native 应用开发模式最大的优势是：基于操作系统提供的原生应用程序接口（API），开发人员可以开发出稳定、高性能、高质量的移动应用。缺点是：需要具备多种不同开发语言和开发工具的开发能力，开发、更新、维护的周期长，所以对于专业性要求比较高的移动应用，大都由具有较高技术水平的团队作为保障，团队内部不同操作系统版本的应用开发人员之间的工作需要密切合作，确保版本质量及不同版本被消费者使用时具有一致性的用户体验，团队间的沟通协调成本也较高。

Native 应用开发模式适用场景是针对那些高性能、快速响应类的面向广大用户的终端应用。例如：有些 3D 游戏类应用（APP）需要提供实时响应的丰富用户界面，对于这类 APP 而言，Native 开发模式可以充分展示其性能和稳定性优势，只要投入足够的研发力量，就可以开发出高质量的 APP。

8.4.1.2　Web 应用开发模式

超文本链接标记语言（HTML5）技术的兴起给 Web APP 注入了新的生机，由于浏览器作为移动终端的基本组件以及浏览器对 Web 技术的良好支持能力，熟悉 Web 开发技术的人才资源丰富，因此 Web APP 具有开发难度小、成本低、周期短、使用方便、维护简单等特点，非常适合企业移动信息化的需求。特别是上一轮的企业信息化在 PC 端大多选择了浏览器 / 服务器（B/S）架构，这样就能和 Web APP 通过手机浏览器访问的方式无缝过渡，重用企业现有资产。对于性能指标和触摸事件响应不苛刻的移动应用，Web APP 完全可以采用 Web 技术实现；但是对于功能复杂、性能要求高的应用，Web APP 还无法达到 Native APP 的用户体验。

8.4.1.3　跨平台 Hybrid 应用开发模式

Hybrid APP 是一种结合 Native 开发和 Web 开发模式的混合模式，通常基于跨平台移动应用框架进行开发。比较知名的第三方跨平台移动应用框架有 PhoneGap、Appcan 和 Titanium。这些引擎框架一般使用 HTML5 和 JavaScript 作为编程语言，调用框架封装的底层功能，如照相机、传感器、通讯录、二维码等。HTML 5 和 JavaScript 只是作为一种解析语言，真正调用的都是类似 Native APP 的经过封装的底层操作系统（OS）或设备的能力，这是 Hybrid APP 和 Web APP 的最大区别。

企业移动应用采用 Hybrid APP 技术开发，一方面开发简单，另一方面可以形成一种开发的标准。企业封装大量的原生插件，如支付功能插件，供 JavaScript 调用，并且可以在今后的项目中尽可能地复用，从而大幅降低开发时间和成本。Hybrid APP 的标准化给企业移动应用开发、维护更新都带来了极高的便捷性，如工商银行、百度搜索、街旁、东方航空等企业移动应用都采用该方式开发。

8.4.2　应用开发工具

支持智能手机的操作系统有很多，主流的有 Google 公司的 Android 和苹果公司的 iOS 等。其中，iOS 相对来说性能稳定，但由于其开发方式的密闭性，使用受限；Android 是基于 Linux 内核的操作系统，其显著特性是开放性和服务免费，它是一个对第三方软件完全开放的平台，开发者在为其开发应用程序时拥有更大的自由度，因而广受欢迎并迅速占领了市场。

Android 由基础系统软件层、中间层、应用框架层和应用层组成。其中，基础系统软件层由 Linux 内核和驱动程序组成；中间层为运行环境和各种服务模块，其中运行环境定义为 Dalvik 虚拟机；应用框架层为应用框架；应用层提供移动设备基础应用，包括电话、多媒体播放、邮件、日历、地图等生活中常用的应用。Android 应用为 Java 应用，其优点为成熟、存在大量可重用代码，缺点是占用内存大、运行速度略低。Android 系统运行在高性能 CPU 和大内存的终端环境下，其成本和能耗相比其他操作系统不具备优势。

搭建 Android 应用程序开发平台的通常方法是：在 PC 的 Windows 环境下，首先安装 JDK（Java Development Kit）确保 JRE（Java Runtime Environment）的支持；随后安装 Eclipse 提供一个 Java 的集成开发环境；再安装 Android 专属的软件开发工具包 Android SDK（Software Development Kit）；最后安装一个 Android 为 Eclipse 定制的插件 ADT（Android Development Tools），这样 Eclipse 就可以和 Android SDK 建立连接。Android 采用软件堆层的架构，其中运行层包括了 C/C++ 库，应用程序可以通过 JNI（Java Native Interface）来调用它。因为这一点，PC 平台上开发的 C/C++ 程序适合于移植到 Android 系统中。

8.4.3 应用开发关键技术

8.4.3.1 网络访问加速技术

移动网络发展迅猛，目前运营商提供各种从 2G、3G、WiFi 甚至 4G 的网络，如何确保用户在各种复杂网络环境下使用移动应用获得良好的体验，是移动应用开发中的关键问题之一。总体指导原则为：应用动态感知用户的网络状况，调整应用处理逻辑和应用内容展现机制。例如，在没有网络的情况下，应用需要从缓存中获取数据展现给用户；在 2G、3G 网络的情况下，数据均通过压缩传输，图片通过设置确定是否加载，大图默认不加载；在 WiFi 网络下，默认加载完整数据和图片，并对数据进行预读和缓存。

用户在使用移动应用过程中，会出现网络切换、网络中断、网速异常下降的情况。应用需要根据网络异常进行严格处理，如网络请求采用异步线程处理，不影响用户的主流程操作和响应；在代码编写中对网络请求代码做多重异常保护措施，增强代码的健壮性，防止应用因为网络不稳定导致闪退等问题。

8.4.3.2 能耗控制技术

受限于电池的供电能力，移动应用的耗电控制是开发过程中要重点考虑的因素之一，应用耗电控制的技术涉及应用开发方法和应用网络访问等多个方面。在应用开发中，需要掌握各种省电的手段，例如使用 JPEG 格式图片、减少不必要的 JS 库加载、减少内存占用降低应用耗电量。另外，在 Android 应用开发过程中尽量多采用 GridView 组件，该组件在一个应用页面切换到另外一个页面时，GridView 可以智能地以整页生成的方式刷新界面，这不仅能加快刷新速度，同时也降低了 CPU 和内存的使用率，这样可以大大节约应用耗电量。网络频繁访问和大数据交互也是应用耗电的一大重要原因，在应用设计过程中，需要考虑应用网络访问的频度，并减少不必要的数据交互。

8.4.3.3 安全技术

在移动互联网的大环境之下，安全问题无处不在。移动应用的安全包括数据安全和运行安全，其中数据安全保护目的是防止静态和传输中的数据泄露，涉及数据的安全存储、清除及数据通信的加密两个方面。在开发过程中，应用需要明确规定机密数据范围以及可存放于移动设备的数据的范围，机密数据必须存储于固定加密空间中；此外，应用还可能需要支持远程删除丢失或遭窃设备中的数据。对重要业务系统的访问需要通过加密通道，访问地址支持黑白名单控制等方式进行数据的访问控制。

在应用开发过程中还需要注意，应用内针对用户输入密码的文本框，应提供软键盘输入方式，禁止第三方输入法输入，避免通过拦截用户输入获取用户密码，有效增加应用的安全机制。应用运行安全是要实现应用运行态下的应用隔离，让第三方的钩子程序无法获知应用入口，不能够加载关联外部应用。

8.4.3.4 开发框架选择技术

开发框架主要定义了整体结构、类和对象的分割及其之间的相互协作、流程控制，便于应用开发者能集中精力于应用本身的实现细节。同时，框架更加强调设计复用，好的框架可以让开发者事半功倍。

常用的 JavaScript 开发框架种类非常繁多，jQueryMobile 是 jQuery 公司发布的针对手机和平板设备，经过触控优化的 Web 框架，在不同移动设备平台上可提供统一的用户界面。jQueryMobile 框架基于渐进增强技术，并利用 HTML5 和 CSS3 特性。Sencha Touch 是一款 HTML5 移动应用框架，通过它创建的 Web 应用，在外观上感觉与 iOS 和 Android 本地应用十分相像，它利用 HTML5 发布音频 / 视频并进行本地存储，利用 CCS3 提供圆角、背景渐变、阴影等广泛使用的样式。

Android Annotations 是一个开源的 Native 应用开发框架，该框架提供的 Android 依赖注入（Dependency Injection）方法，可以使得开发 Android 应用和 J2EE 项目一样方便，加速 Android 应用的开发。根据应用需要的关键需求，权衡选择应用的开发框架，是基本原则。

8.4.3.5 能力接口封装技术

在跨平台技术开发应用过程中，为了实现能力统一调用及接口复用，通常需要将系统底层的能力封装成统一的接口，如 JS 形式的接口，从而使 HTML5/JS 编写的代码能通过浏览器核心模块 WebView 组件实现底层能力的调用，如摄像头、定位、通讯录等能力。由于存在多种不同的终端操作系统，如 Android、iOS、Windows Phone 等，如何实现同一个接口功能在不同操作系统上的封装，是 Hybrid 类应用开发的关键技术之一。能力接口的封装具有重要的价值和应用前景，可以广泛应用于移动终端，例如网络电视（IPTV）机顶盒等终端类产品。

8.4.3.6 远程服务的调用技术

远程服务调用是移动应用与后台服务之间数据交换的实现方式，移动应用通常使用基于超文本传输协议（HTTP）的 Web Service 协议来实现终端和服务器之间的数据交换。

Web Service 通常基于简单对象访问协议（SOAP）的标准方式和基于表述性状态转移（REST）两种方式。前者由于数据传输量较大，应用场景受限；后者能基于可扩展标记语言（XML）和 JSON 等多种方式。特别地，JSON 是一种轻量级的数据交换格式，以容易阅读、解析速度更快、占用字节更少等优点在移动应用领域比原有的 XML 数据格式更受欢迎。

由于采用字符串式的内容编解码，JSON 串的处理性能更高，更有利于提供移动应用的性能及用户体验。目前业界有多种 JSON 的开源实现，选择高性能的 JSON 编解码器也是提升移动应用远程服务调用性能的关键技术。

8.4.3.7　Web 展现技术

该技术主要用于 Web、Hybrid 模式中的用户交互界面的开发，利用 HTML5、JavaScript、CCS3 实现界面展现、业务逻辑、人机交互和特效展现。Web 开发工程师可采用熟悉的 HTML5、CSS3 完成终端的应用展现，如使用 Local Storage 存储用户持久化数据、sessionStorage 存储用户临时数据（如登录信息）等。业务逻辑处理通过 JavaScript 代码实现，增加 touchstart、touchmove、touchend 等多点触摸事件提高用户交互，通过 Web 展现技术开发的应用可以和 Native 的应用媲美。同时该技术开发的应用具有良好的跨平台优势、应用升级简单、用户不需要到应用商店更新应用等特点，这成为越来越多应用开发者追捧 Web 技术开发的主要原因。

思考题与习题

8.1　在互联网中为什么要使用 IP 地址？它与物理地址有何不同？

8.2　子网掩码 255.255.255.0 代表什么意思？一个网络的子网掩码为 255.255.255.248，该网络能够容纳多少台主机？若该网为 C 类 IP 地址，借用 3 个主机位作为子网部分，它能划分多少个子网？一个 A 类网络的子网掩码为 255.0.0.250，它是否为一个有效的子网掩码？

8.3　IPv4 存在哪些主要问题？IPv6 针对这些问题进行了哪些改进？

8.4　互联网的应用模式如何？它有哪些具体的应用方式？

8.5　简述移动网和互联网的融合过程，以及它们在技术上、业务上和网络上的融合各自有什么方案。

8.6　WAP 是一种什么样的协议？它的应用模式和 WWW 应用模式有何异同点？

8.7　移动应用开发有哪三种模式？其应用开发的关键技术有哪些？

参考文献

[1] 田辉，康桂霞，李亦农，等 . 3GPP 核心网技术 [M]. 北京 : 人民邮电出版社 , 2007.

[2] 程宝平，梁守青 . IMS 原理与应用 [M]. 北京 : 机械工业出版社 , 2007.

[3] 赵晓秋 . 3G/B3G 网络核心技术与应用 [M]. 北京 : 机械工业出版社 , 2008.

[4] 吴伟陵，牛凯 . 移动通信原理 [M]. 2 版 . 北京 : 电子工业出版社 , 2009.

[5] 彭伟军，宋文涛，罗汉文 . 第三代移动通信系统中的数字无绳技术综述 [J]. 电讯技术 , 1999(5):19-24.

[6] 王志勤，罗振东，魏克军 . 5G 业务需求分析及技术标准进程 [J]. 中兴通讯技术 , 2014(2):2-4.

[7] 张克平 . LTE/LTE-Advanced—B3G/4G/B4G 移动通信系统无线技术 [M]. 北京 : 电子工业出版社 , 2013.

[8] 李正茂，王晓云 . TD-LTE 技术与标准 [M]. 北京 : 人民邮电出版社 , 2013.

[9] 席向涛，邱世坤 . HSDPA 技术细解 [J]. 邮电设计技术 , 2006(9):19-25.

[10] 李有鑫，郑光伟 . Globalstar 低轨道移动卫星通信系统 [J]. 南京邮电学院学报 , 1995,15(4):130-135.

[11] 郭刚 . 全球卫星移动个人通信与铱系统 [J]. 电信技术 , 1999(1):5-9.

[12] 杨军 . 分组无线网多址技术研究 [D]. 西安 : 西安电子科技大学 , 2003.

[13] 杨旸，王浩文，许晖 . 第 5 代移动通信测试技术 [J]. 中兴通讯技术 , 2014(2):33-35.

[14] EI AYACH O , PETERS S W, HEATH R W J. The practical challenges of interference alignment[J]. IEEE wireless communications, 2013, 20(1): 35-42.

[15] 李建东，郭梯云，邬国扬 . 移动通信 [M]. 4 版 . 西安 : 西安电子科技大学出版社 , 2006.

[16] 杨大成 . cdma2000 lx 移动通信系统 [M]. 北京 : 机械工业出版社 , 2003.

[17] 啜钢，王文博，常永宇 . 移动通信原理与系统 [M]. 2 版 . 北京 : 北京邮电大学出版社 , 2009.

[18] 陈曦，杨福慧 . 3G3 种制式的无线网络设计规划比较 [J]. 电信技术 , 2006(1):120-123.

[19] HUA Y B, LIANG P, MA Y M, et al. A method for broadband full-duplex MIMO radio[J]. IEEE signal processing letters, 2012, 19(12): 793-796.

[20] SAHIN A, GUVENC I, ARSLAN H. A survey on multicarrier communications: prototype

filters, lattice structures, and implementation aspects[J].IEEE communications surveys & tutorials ,2014, 16(3):1312–1338.

[21] MICHAILOW N, LENTMAIER M, ROST P, et al. Integration of a GFDM secondary system in an OFDM primary system[C]// Proceedings of Future Network & Mobile Summit, 2011: 1–8.

[22] 章坚武 . 3G/IMT–2000 的移动性管理分析 [J]. 电子学报 , 2000(11):40–44.

[23] 杨太星 , 王亚平 , 董文斌 , 等 . CDMA2000 核心网的演进介绍 [J]. 移动通信 , 2006(4):67–72.

[24] 杜滢 .CDMA2000 1XEV–DV 进展状况及关键技术 [J]. 移动通信 , 2005(2):66–71.

[25] 郑嘉舟 , 吴海宁 . 开放结盟创新 : 移动通信业回顾与展望 [J]. 移动通信 , 2014(1):33–36.

[26] 周金芳 , 朱华飞 , 陈抗生 .GSM 安全机制 [J]. 移动通信 , 1999(9):24–25.

[27] 刘艳 , 陆健贤 .3G 网络规划内容和流程 [J]. 电信技术 , 2005(1):2–6.

[28] 秦妍 , 柏溢 , 王民北 .CDMA 系统通信安全与鉴权 [J]. 中国数据通信 , 2004(2):66–70.

[29] 张级华 . 第三代移动通信系统的网络安全 [J]. 现代电信科技 , 2007(4):56–59.

[30] 朱湘琳 . 移动通信网络体系架构 [J]. 移动通信 , 2013(13):47–51.

[31] 翟俊生 . IMS 框架体系及协议分析 [J]. 电信工程技术与标准化 , 2006(2):27–30.

[32] 张婧婧 , 陈福文 , 陈继努 .IPv6 在 3G 中的应用 [J]. 移动通信 , 2005(8):22–24.

[33] 龙薇 , 唐宏 , 单鹏 , 等 .TD–SCDMA 空中接口物理层概述及其与 WCDMA 的比较 [J]. 通信技术 , 2007(7):45–47.

[34] 文红玲 , 谢永斌 .TD–SCDMA 系统接力切换技术 [J]. 中国无线电 , 2005(8):40–42.

[35] YALLAPRAGADA R . UMB network architecture[J]. ZTE communications, 2008(1):45–49.

[36] 单方骥 , 曹常义 .UMTS 移动性管理分析 [J]. 电信网技术 , 2002(3):16–19.

[37] 孙江胜 , 高振斌 , 韩月秋 . 第三代移动通信系统自适应多速率编码技术研究 [J]. 河北工业大学学报 , 2005(3):34–38.

[38] 赖卫国 , 曾礼荣 , 王其忠 . 移动通信网与互联网的业务融合试验 [J]. 中国无线电 , 2006(6):61–63.

[39] MAN Y R. CDMA 蜂窝移动通信与网络安全 [M]. 北京 : 电子工业出版社 , 2002.

[40] RAPPAPORT T S . 无线通信原理与应用 [M]. 2 版 . 北京 : 电子工业出版社 , 2004.

[41] MischaSchwartz. 移动无线通信 [M]. 北京 : 电子工业出版社 , 2005.

[42] 廖晓滨 , 赵熙 . 第三代移动通信网络系统技术、应用及演进 [M]. 北京 : 人民邮电出版社 , 2008.

[43] 赵铁 .LTE 空中接口物理层过程浅析 [J]. 电信技术 , 2009(9):81–83.

[44] 杨勇 , 邝宇锋 , 魏骞 . 移动互联网终端应用开发技术 [J]. 中兴通讯技术 , 2013(6):19–23.